全国测绘地理信息类职业教育规划教材
"十四五"职业教育国家规划教材《摄影测量与遥感(第2版)》配套实训

摄影测量综合实训教程

主　编　张　军　周金宝
副主编　凌培田　申　静　靳娟丽

本书立体化资源

黄河水利出版社
·郑州·

内 容 提 要

本书为“十四五”职业教育国家规划教材《摄影测量与遥感(第2版)》配套实训教材。本书按照摄影测量项目生产流程模块化编写,每个项目列出了项目参考标准、制作了项目流程图,项目实施以案例的形式展现,给出了具体的考核方式。本书共分十个项目,包括无人机航空摄影、像控点采集、竖直摄影解析空中三角测量、倾斜影像解析空中三角测量、DLG 采集编辑、DEM 采集编辑、DOM 采集编辑、实景三维模型精细化处理、实景三维模型单体化和平民化低空摄影测量实训。

本书可作为摄影测量相关实践教学用书,也可作为学生、企业技术人员的学习参考材料。

图书在版编目(CIP)数据

摄影测量综合实训教程/张军,周金宝主编.—郑州:黄河水利出版社,2023.9

ISBN 978-7-5509-3718-5

Ⅰ.①摄… Ⅱ.①张…②周… Ⅲ.①摄影测量-高等职业教育-教材 Ⅳ.①P23

中国国家版本馆 CIP 数据核字(2023)第 161633 号

策划编辑 陶金志 电话:0371-66025273 E-mail:838739632@qq.com

责任编辑 母建茹 责任校对 杨秀英
封面设计 黄瑞宁 责任监制 常红昕
出版发行 黄河水利出版社
地址:河南省郑州市顺河路 49 号 邮政编码:450003
网址:www.yrcp.com E-mail:hhslcbs@126.com
发行部电话:0371-66020550
承印单位 河南匠心印刷有限公司
开 本 787 mm×1 092 mm 1/16
印 张 15.5
字 数 359 千字
版次印次 2023 年 9 月第 1 版 2023 年 9 月第 1 次印刷

定 价 48.00 元

前 言

党的二十大报告站在国家经济社会发展大局的高度，将教育作为一个整体进行设计，明确提出“三协同”和“三融合”的教育发展要求，作为教育高质量发展的重要环节，职业教育高素质技术技能人才培养的需要凸显。

党的二十大报告指出，“加快建设数字中国”，“加快发展数字经济，促进数字经济和实体经济深度融合”。《数字中国建设整体布局规划》指出，数字中国是数字时代推进中国式现代化的重要引擎，是构筑国家竞争新优势的有力支撑。建设数字中国，发展数字经济已成为国家战略选择。作为基础设施，时空信息、定位导航服务成为数字经济发展的基础平台，成为数字中国需优先建设的重要内容。而实景三维是基础设施建设的重要内容，作为真实、立体、时序化反映人类生产生活生态空间的时空信息，是国家重要的新型基础设施，通过“人机兼容、物联感知、泛在服务”，实现数字空间与现实空间的实时关联互通，为数字中国提供统一的空间定位框架和分析基础，是数字政府、数字经济重要的战略性数据资源和生产要素。摄影测量技术作为实景三维信息采集的最主要手段，近年来将在测绘地理信息产业中发挥重要作用，目前行业中相关技术人才较为稀缺。

在此背景下，本书的编写结合职业教育的特点，注重理论及实践内容的结合；结合无人机摄影测量技术发展需求，联合众多行业企业；结合各位参编者多年摄影测量技术的教学及生产经验并充分参考相关资料；在编写过程中，贯彻高等职业教育的教学原则，做到“必须、够用、实用”。

本书按照摄影测量项目生产流程模块化编写，每个项目列出了项目参考标准、制作了项目流程图，项目实施以案例的形式展现，给出了具体的考核方式。本书内容包含了生产常用摄影测量软件的操作介绍，结合生产，注重技能培养，可作为摄影测量相关实践教学用书，也可作为学生、企业技术人员的学习参考材料。

本书编写分工如下：项目一～项目三由张军（甘肃工业职业技术学院）编写，项目四由王旭科（兰州资源环境职业技术大学）编写，项目五由周金宝（三和数码测绘地理信息技术有限公司）编写，项目六由靳娟丽（三和数码测绘地理信息技术有限公司）编写，项目七～项目九由申静（甘肃工业职业技术学院）编写，项目十由凌培田（北京达北时代科技有限公司）编写。全书由张军、周金宝担任主编，凌培田、申静、靳娟丽担任副主编。

全书录制了完整的微视频及课件配合实践任务开展，视频资源由三和数码测绘地理信息技术有限公司、北京达北时代科技有限公司、武汉大势智慧科技有限公司、瞰景科技发展（上海）有限公司、北京山维科技股份有限公司等企业提供。

由于编者水平有限，书中难免有疏漏及不足之处，敬请各位读者批评指正。

编 者

2023 年 7 月

目 录

项目一　无人机航空摄影

导　学

随着集成制造的普及，无人机基础零部件生产开始向小型化、低成本、低能耗方向发展，无人机制造成本不断走低，同时伴随着人工智能、5G 通信等新技术的逐步完善应用，无人机行业迎来新的发展机遇，行业在良好的发展环境中迅速增长，行业规模不断扩大。中国民用无人机经过多年的发展，应用范围已涉及国土资源调查、环境监测、水情监测、救灾等多个领域。

党的二十大报告指出，“加快建设数字中国”“加快发展数字经济，促进数字经济和实体经济深度融合”。《数字中国建设整体布局规划》指出，数字中国是数字时代推进中国式现代化的重要引擎，是构筑国家竞争新优势的有力支撑，建设数字中国，发展数字经济已成为国家战略选择。摄影测量技术作为新型基础测绘与实景三维中国建设信息获取的主要手段之一，对相关专业高素质技术技能人才培养提出了新的要求。实景三维中国建设是面向新时期测绘地理信息事业，服务经济社会发展和生态文明建设新定位、新需求，是对传统基础测绘业务的转型升级，是测绘地理信息服务的发展方向和基本模式。现代地理信息需要三维化，以原来点线面为核心的表达方式，正在逐步扩展成为以体为核心的表达方式，来对现实世界实现三维表达。实景三维模型作为新型测绘发展模式的重点工作内容之一，具有强烈的经济市场需求和国家新基建时代地理产业建设需求，而无人机摄影测量技术起到了关键作用，它是目前获取城市级三维模型的最主要手段。

国内无人机技术的发展也推动了摄影测量技术的平民化进程，使得摄影测量这项高端技术被广泛应用于测绘地理信息产业各领域，为“十四五”时期测绘地理信息产业高质量发展打好了基础，也推动了摄影测量相关专业发展，无人机测绘技术应运而生，教育部印发的《职业教育专业目录（2021 年）》中测绘地理信息类就新增了“无人机测绘技术”专业。

一、项目描述

摄影测量是基于各类影像构建立体模型进行测量的测绘技术，影像获取的核心设备是影像传感器。随着无人机技术逐步成熟并广泛应用，以无人机为平台搭载传感器进行航空摄影成为新的影像获取手段。以消费级无人机航空摄影项目实施为例，从任务准备、任务规划、任务实施、成果检查等方面进行无人机航空摄影综合实践，使学生对无人机航空摄影流程有系统的了解，并掌握无人机航空摄影任务实施的基本技能。

码 1-1　微课-无人机航空摄影任务实施

说明：本实训可以使用大疆精灵系列、御2、M300、M600等无人机，通过手机或平板使用DJI Pilot等软件控制无人机进行正射和倾斜三维影像采集，使用Pix4Dmapper软件进行影像质量检查及快拼图制作。进行无人机航空摄影任务实施前，必须掌握消费级无人机基本操作技能，保障任务安全实施。

二、项目目标

（一）知识目标

（1）掌握航高、重叠度、ISO等航空摄影的基本概念及要求；

（2）掌握航高与分辨率的关系，了解飞行速度与像点位移的关系；

（3）了解无人机操控的基础知识。

（二）能力目标

（1）会根据地形条件、气象条件选择航空摄影任务实施的时间、地点；

（2）会进行微型无人机航空摄影前的组装与检查；

（3）能使用微型无人机进行航空摄影任务实施；

（4）能根据《低空数字航空摄影测量外业规范》（CH/T 3004—2021）及相关软件进行航摄成果质量检查。

（三）素质目标

无人机属于航空器，具有高使用风险性，无人机的不规范使用会危及国家公共安全，飞行事故有可能造成人身伤害及较大的经济损失，所以在无人机使用过程中一定要具备极强的安全意识。

（1）航飞无小事，培养学生严格遵照法律法规要求执行无人机航摄任务的素质；

（2）以保障无人机航摄安全为核心要求，培养学生按工作内容和相关规范要求进行航摄作业的素质，侧重于规范航摄安全作业的行为，培养良好的职业素养、法治观念；

（3）通过开展小组作业及小组任务，培养学生的团结协作精神。

三、项目实施

本项目涉及无人机的安全使用，在任务实施前需要注意以下几点要求：一是《民用无人驾驶航空器实名制登记管理规定》要求自2017年6月1日起，民用无人机（大于250 g）的拥有者必须进行实名登记；二是任何单位、组织和个人不得在无人驾驶航空器禁飞区域范围内进行违规飞行活动，若违反规定公安机关将依法处置，构成违反治安管理行为的，严格按照《中华人民共和国治安管理处罚法》给予治安处罚，构成犯罪的，依法追究刑事责任；三是无人机驾驶员需要取得驾驶员证；学生需要专门的场地来完成无人机航空摄影的实践任务。

（一）项目参考标准

本项目参考《低空数字航空摄影测量外业规范》（CH/T 3004—2021）、《倾斜数字航空摄影技术规程》（CH/T 3021—2018）、《低空数字航空摄影规范》（CH/T 3005—2021）、《无人机航摄安全作业基本要求》（CH/Z 3001—2010）。

（二）项目流程

项目流程如图 1-1 所示。

图 1-1　项目流程

（三）任务实施

【任务】　精灵 4 无人机航空摄影

以大疆精灵 4 无人机影像采集为例完成航空摄影任务（航线设计选择大疆的 DJI Pilot）其他无人机影像信息采集方法基本相同，可参考执行。各摄影分区基准面的地面分辨率根据不同比例尺航摄成图的要求，结合分区的地形条件、测图等高距、航摄基高比及影像用途等，在确保成图精度的前提下，本着有利于缩短成图周期、降低成本、提高测绘综合效益的原则在表 1-1 的范围内选择［《低空数字航空摄影规范》（CH/T 3005—2021）］。

表 1-1　地面分辨率设置要求

测图比例尺	地面分辨率/cm
1∶500	≤5
1∶1 000	8～10
1∶2 000	15～20

1. 无人机组装

取出无人机，检查电池电量（短按电源键）后插入无人机电池槽，安装螺旋桨，螺旋桨安装要点如图 1-2、图 1-3 所示。

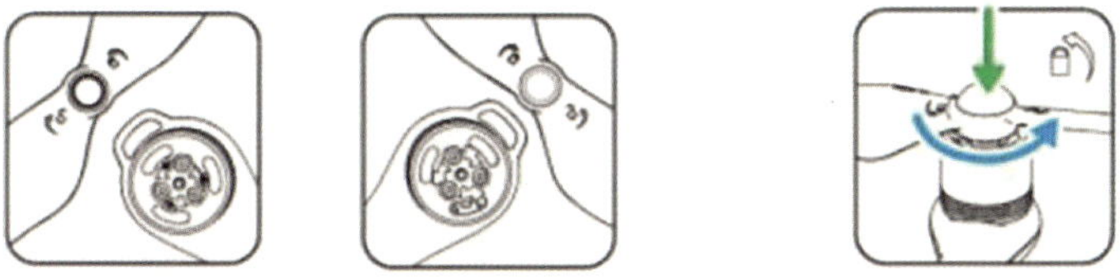

桨帽有黑圈的螺旋桨安装到有黑点的电机桨座上

桨帽银圈的螺旋桨安装到没有黑点的电机桨座上

使桨帽嵌入电机桨座并按压到底，沿锁紧方向旋转螺旋桨至无法继续旋转，松手后螺旋桨将被弹起锁紧

图 1-2　螺旋桨安装要点示意图

注意：安装螺旋桨时注意螺栓的样式，有黑点的桨座安装黑圈螺旋桨，没有黑点的桨座安装银圈螺旋桨，安装时将螺旋桨插入桨座，下压后旋转即可安装完成，确保螺旋桨安装正确、紧固。使用完毕拆卸时按下螺旋桨，按螺旋桨上示意箭头取下螺旋桨，注意保存，以免损坏。不同版本的螺旋桨安装操作有所不同，请参考对应无人机的操作说明书。

2. 通信连接

（1）检查无人机电量、遥控器电量，启动无人机（注意无人机及 App 在使用前需要进行实名注册）；

（2）打开遥控器，利用对应数据连接线，将手机或平板接入无人机控制遥控器（先打

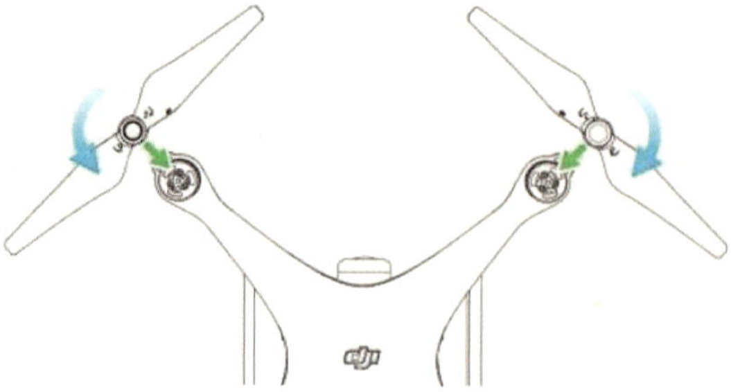

图 1-3　螺旋桨安装示意图

开遥控后插入手机连线,或插入手机连线后再开遥控都可);

(3)弹出"为 USB 设备选择一个应用",选择 DJI Pilot,点击"仅此一次"(如果先弹出是否允许访问设备数据,点击 "是,访问数据"),如图 1-4 所示。

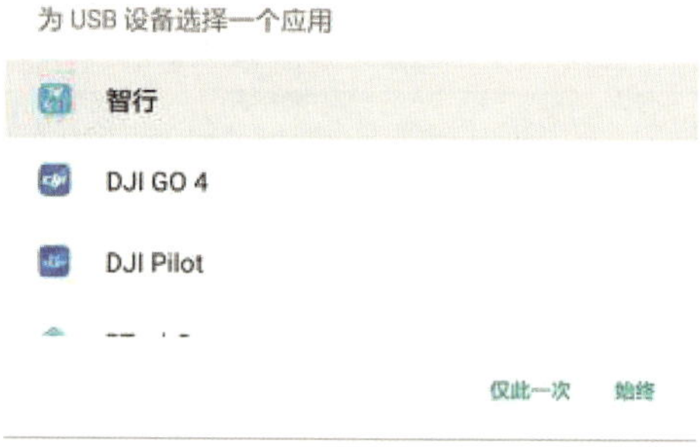

图 1-4　DJI Pilot 与手机 App 连接

3. 罗盘校准

罗盘校准可在 DJI GO 里提前完成,也可在任务规划结束、航飞前任务检查时根据系统提示进行,对于大疆精灵 4 无人机这里可先忽略,待有提示再做,若后期无提示可忽略。已经做过罗盘校准的无人机在同一区域执行任务时不必重复做此工作。罗盘校准的过程根据系统提示操作完成。

4. 任务规划

1)DJI Pilot 主界面

打开 DJI Pilot(见图 1-5),在主界面检查设备连接状态,进入航线飞行模块主界面(见图 1-6)。

2)航线飞行主界面

进入航线飞行界面块,通过创建航线模块可以创建新的航摄任务;通过 KML 导入可以导入外部软件设计好的航线任务;其他区域显示系统已经完成或设计过的航线任务,可直接打开使用。点击"创建航线"进入航摄模式选择界面,如图 1-7 所示,其中航点飞行用于补拍等工作;建图航拍用于完成正射影像的航摄任务;倾斜摄影用于三维建模的航摄任务;航带飞行用于带状地形航摄。本次任务选择建图航拍进行正射影像获取。

注意:在实际工作中若遇到测区范围较大、地形比较复杂等情况时,外业任务实施前可在室内先划分航摄分区,然后分区建好航飞任务,到实地任务实施时,只需要根据地形调整航线以节约外业操作时间,提高工作效率。

图 1-5　DJI Pilot 主界面

图 1-6　航线飞行模块主界面

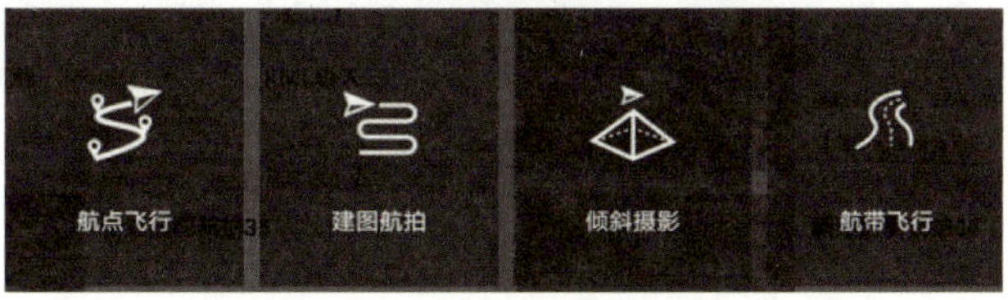

图 1-7　航摄模式选择界面

3）航线规划

进入建图航拍界面（正射航摄模式）创建航线，航拍设置界面如图 1-8 所示。

（1）点击“测绘范围线”生成测绘区域，通过拉升、增加节点确定测绘范围；

（2）打开航拍设置，选择航摄相机（无人机连接后自动选择）、指定地面分辨 GSD（根据 GSD 要求确定航高）、拍摄模式（默认）、飞行高度（决定 GSD 大小，飞行高度必须小于飞控参数设置的限高）、确定起飞速度（默认）、航线速度（5～9 m/s，速度太快容易产生像点位移，影响影像模糊度）、完成动作（原地降落）；

（3）打开高级设置，设置旁向重叠率（60%～80%）、航向重叠率（70%～85%），主航线角度 90°；

图 1-8　航拍设置界面示意图

(4)在“飞控参数设置”里进行限高、返航高度(返航时无人机飞行高度,根据地形来提前设置)、限远、失控行为设置。部分设置可参考图 1-9。

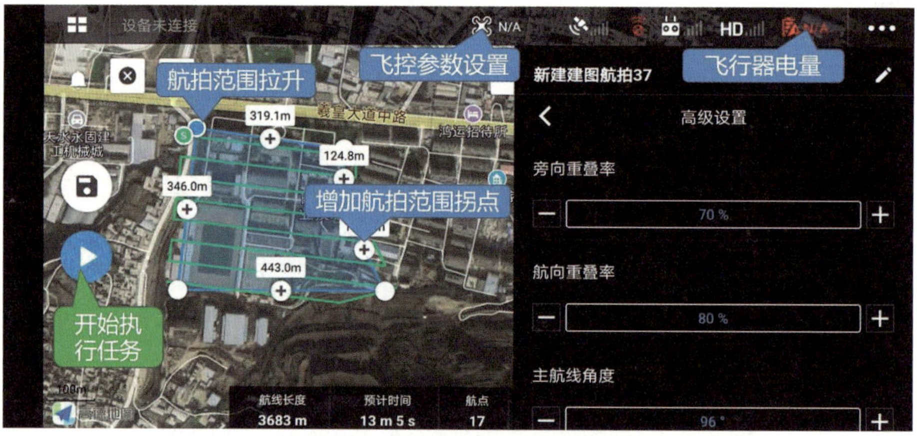

图 1-9　航拍界面设置示意图

设置完成,点击“开始执行任务”按钮,系统进入飞行准备界面并开始自动进行各项检查,检查无误,点击“自动起飞”按钮开始执行任务,检查有误按提示调整设置消除错误内容,重新执行。

5. 航空摄影

无人机执行飞行任务需要两人完成,任务实施过程中,通过 DJI Pilot 软件可以监控无人机飞行的位置、状态、是否拍照,飞行过程中电量不足会提醒返航,同时另外一位同学观察无人机空中的飞行状态,发现障碍物等意外情况及时进行悬停、返航、手动控制等应急处理。航拍任务完成后,无人机自动返航并着陆,若着陆点位置不准确,着陆前可手控降落以保障安全。着陆后依次关闭无人机电源、遥控器电源,并按要求将无人机拆解装箱。

6. 航空摄影成果质量检查

1) 数据传输

飞行任务执行完毕后,无人机拍摄的影像存储在无人机 SD 卡中,可以将拍摄影像下载到手机或平板电脑检查拍摄效果，也可以直接将 SD 卡中的影像拷贝到电脑上查看。这种无人机获取的影像，飞行 POS（影像的坐标及姿态）数据记录在对应的影像文件中，可以通过读卡器将 SD 卡数据导出，或将无人机与电脑通过数据线连接将 SD 卡数据导出。

2）使用 Pix4Dmapper 进行影像快拼图制作并检查影像飞行质量

航摄任务完成后，需要及时检查航摄成果质量，发现问题及时更正。航摄成果质量主要包含两部分内容：一是检查影像的飞行质量是否满足相关规范及成图要求，二是检查影像是否清晰可用。完成影像质量检查有多种方法，如通过专门的影像质量检查软件，一些专业的航摄处理软件也有这些功能。本书选用 Pix4Dmapper 快速成图的功能完成此任务。

Pix4Dmapper 是瑞士 Pix4D 公司的全自动快速航摄数据处理软件，是集全自动、快速、专业精度为一体的无人机数据和航空影像处理软件，也是目前行业应用比较广泛的一款航测数据处理软件。本次任务使用该软件快速生成测区正射影像及质量报告，用以对航摄任务成果进行评价。

（1）新建项目：确定项目名称及项目路径，注意项目名称与路径不要出现中文，项目类型为新项目，如图 1-10 所示。

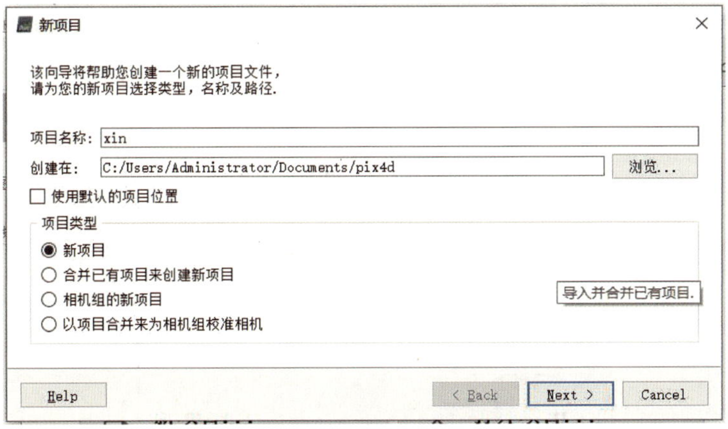

图 1-10　新建项目

（2）添加影像：点击"添加图像"，全选图像添加，如图 1-11 所示。注意影像目录不要有中文。

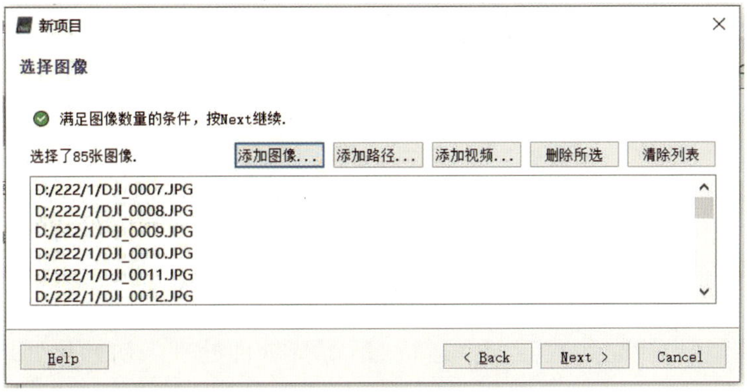

图 1-11　添加图像

(3)自动识别影像 POS 信息:软件会自动识别影像位置信息,影像位置默认的坐标系为 WGS 84。

注意:坐标系选择必须与影像 POS 坐标系一致,若设置错误,会出现两方面的问题:一是坐标的单位定义错误,例如以度为单位的坐标若定义米为单位会导致所有影像聚集在一个点上;二是坐标位置错误不能与控制点位置匹配。由于影像一般采用 WGS 84 坐标系,所以这里坐标系一般为默认,如图 1-12 所示。

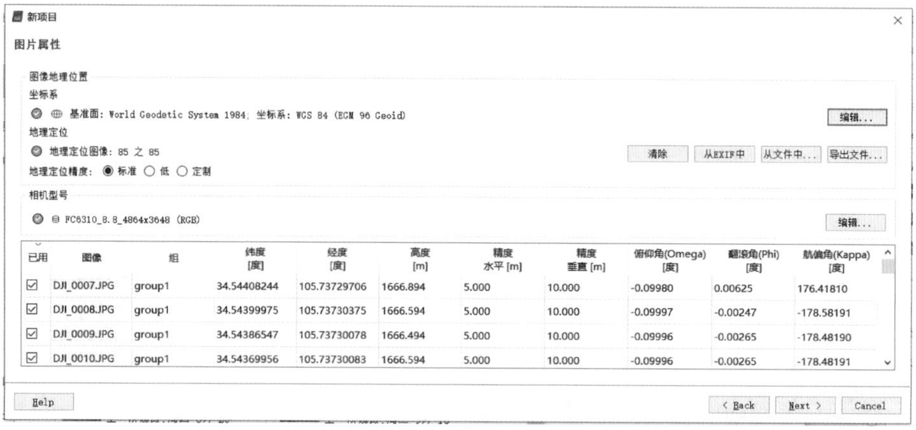

图 1-12　识别图像信息

(4)选择输出坐标系:影像添加完成后,根据成果要求从已知坐标系中选择输出坐标系(最终成果会转换到这里设置的输出坐标系中)或自定义高级坐标系,如图 1-13 所示。完成后选择建立 3D maps 完成项目建立。

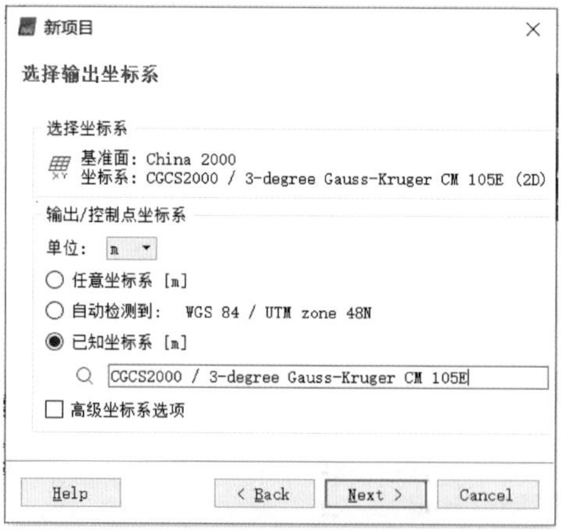

图 1-13　选择输出坐标系

(5)执行初始化任务:观察软件视图界面中航点视图是否符合航摄规律;观察定位转弯处影像名称,打开项目设置,将这些影像从影像列表中去掉使其不参与运算;本地处理中全选初始化处理、点云和纹理、DSM、正射影像和指数,点击“开始”,如图 1-14 所示。

(6)检查质量:设置完参数,点击“运行”后等待软件处理。初始化处理完成后,在地图窗口会生成 Quality Report(质量报告),质量报告中各项内容分析如下。

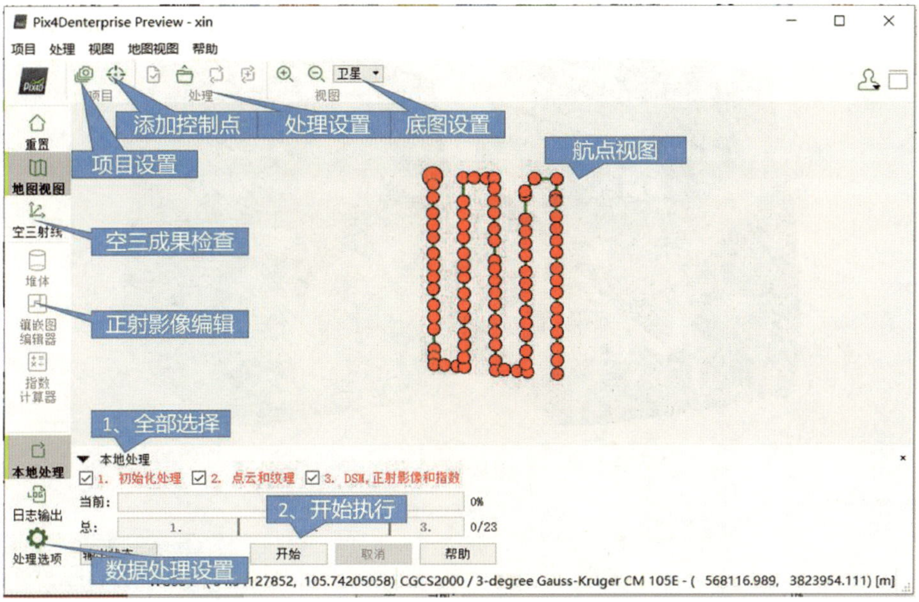

图 1-14 软件主界面

①质量报告:包括项目概要(相机型号、分辨率、覆盖范围、坐标系、投影及运算耗时等)和质量检查情况,质量检查为绿色则合格,如图 1-15 所示,本次任务为获取测区快拼影像,无控制点参与计算时,Georeferencing(控制点中误差)一块为黄色。

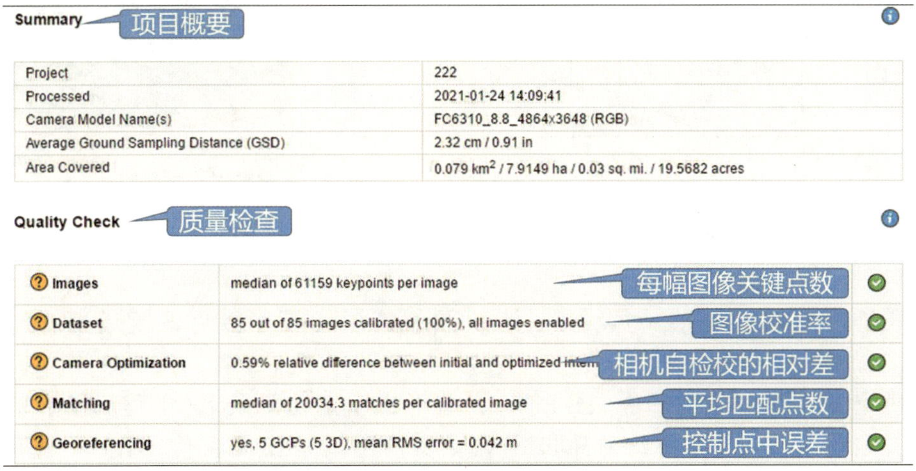

图 1-15 质量检查报告

②质量报告:质量检查过程中会生成测区的正射影像和 DSM 预览图,这里的正射影像也可以理解为快拼影像,但是经过了畸变纠正等处理,如图 1-16 所示。

③质量报告:影像拍摄的航迹点、航迹线及拍摄起点检查(加粗的蓝点为起点),如图 1-17 所示。

④质量报告:影像重叠度检查,绿色表示重叠度满足要求,红色表示重叠度不够的区域,如图 1-18 所示。

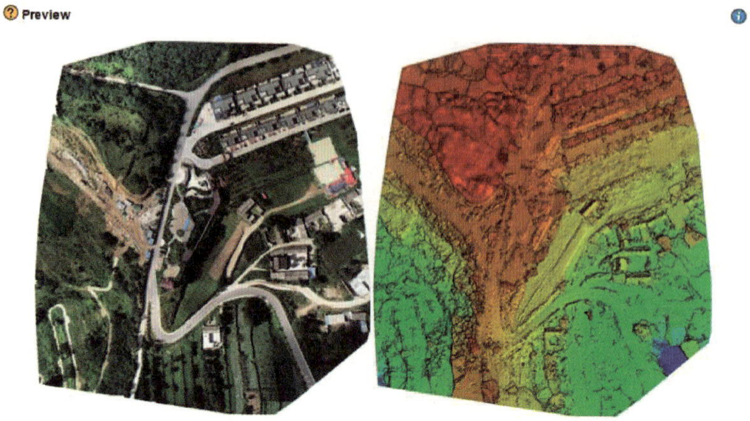

图 1-16　正射影像和 DSM 预览图

图 1-17　航迹检查报告

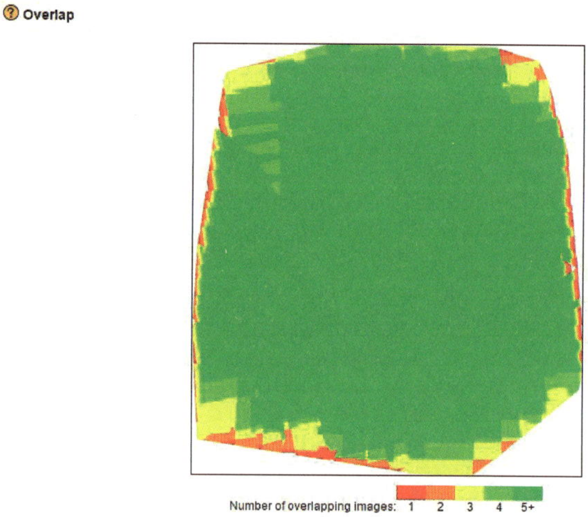

图 1-18　重叠度检查报告

⑤质量报告：二维连接点示意图，连线颜色越深代表连接点匹配越好，如图 1-19 所示。

快拼完成后，快拼正射影像（TIFF 格式）会导出至工程目录下（工程目录下\3_dsm_ortho），并自动加载到地图窗口中，同时导出的文件还包括 DSM 文件（TIFF 格式）和点云文件（LAZ 格式）等。通过质量报告及正射影像来判断航摄成果质量是否满足航摄任务要求。

四、任务考核

参考《低空数字航空摄影测量外业规范》（CH/T 3004—2021），以成果质量为考核核心，兼顾实践教学实际情况制订任务考核标准（见表 1-2）。

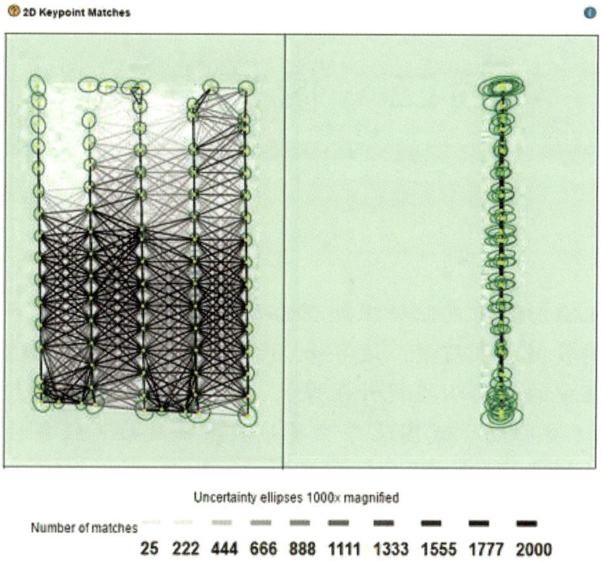

图 1-19　连接点检查报告

表 1-2　无人机航空摄影任务实施考核标准

序号	内容	说明	比例/%	分项成绩	总成绩
1	考勤	出勤率、纪律情况	30		
2	实践报告	实践活动形成的技术报告	20		
3	实践成果	航空摄影影像成果	10		
4		快拼成果质量报告	40		

注:成果质量报告有明显错误者,综合成绩判定为不合格。

五、学习资源

(一)相关规范

(1)《数字航空摄影测量 控制测量规范》(CH/T 3006—2011);

(2)《低空数字航空摄影测量外业规范》(CH/T 3004—2021);

(3)《测绘作业人员安全规范》(CH 1016—2008);

(4)《测绘成果质量检查与验收》(GB/T 24356—2023);

(5)《摄影测量与遥感术语》(GB/T 14950—2009)。

(二)参考在线教学资源

(1)职业教育国家在线精品课“无人机摄影测量”(智慧树);

(2)1+*X* 无人机摄影测量职业技能等级认证综合平台,模拟训练。

项目二　像控点采集

导　学

像控点是无人机摄影测量内业数据处理的必备参考数据,像控点的布设方法、采集方法等内容都直接影响数据成果质量。近年来,随着国家科技力量的稳步提升,一些高新技术在像控点采集过程中的应用明显提升了像控点采集的效率及精度,大大减少了测绘人员的外业工作量,这主要归功于我国北斗卫星导航系统及位置服务技术的高速发展。

中国北斗卫星导航系统(BeiDou Navigation Satellite System,BDS)是中国实施的自主发展、独立运行的全球卫星导航系统。我国北斗卫星导航系统(BDS)和美国 GPS、俄罗斯 GLONASS、欧盟 GALILEO,是联合国卫星导航委员会已认定的供应商。我国北斗卫星导航系统的建设目标是建成独立自主、开放兼容、技术先进、稳定可靠的覆盖全球的卫星导航系统,该系统促进了卫星导航产业链形成,形成了完善的国家卫星导航应用产业支撑、推广和保障体系,推动卫星导航在国民经济社会各行业中的广泛应用。

利用多基站网络 RTK 技术建立的连续运行(卫星定位服务)参考站(Continuously Operating Reference Stations,CORS)。CORS 系统是卫星定位技术、计算机网络技术、数字通信技术等高新科技多方位、深度结晶的产物。基于多方面的应用考虑,少数发达国家自 20 世纪 90 年代就建立或正在建立连续运行参考站系统。随着我国信息化程度的提高及计算机网络和通信技术的飞速发展,电子政务、电子商务、数字城市、数字省区和数字地球的工程化和现实化,需要采集多种实时地理空间数据的手段,因此我国发展 CORS 系统的紧迫性和必要性越来越突出。我国 GNSS CORS 发展的雏形可以追溯到 1992 年国家测绘局在武汉建立的第一个 GPS 跟踪站,1993—1996 年中国科学院等单位又陆续在全国建立了 8 个 GNSS CORS,国家测绘局(现已更名为国家测绘地理信息局)2005 年 12 月 7 日颁布了《全球导航卫星系统连续运行参考站网建设规范》(CH/T 2008—2005),这标志着我国 CORS 系统的建立逐步规范化,自此各地区逐步建立了覆盖全国的 CORS 系统,为服务国家经济发展起到了重要作用。2012 年,《全球导航卫星系统连续运行基准站网技术规范》(GB/T 28588—2012)对 CORS 系统又进一步进行了完善补充。

千寻位置是近年来测绘地理信息技术领域应用比较广泛的一种新的位置服务技术,该技术以“互联网+位置(北斗)”的理念,通过北斗地基一张网的整合与建设,基于云计算和数据技术构建的位置服务云平台,其位置服务功能强大,可提供厘米级定位、毫米级感知、纳秒级授时服务,是数字时代时空智能基础设施。千寻位置基于北斗卫星系统(兼容 GPS、GLONASS、GALILEO)基础定位数据,利用北斗地基增强站及星基增强系统和自主研发的定位算法,通过互联网技术进行大数据运算,为全球用户提供精准定位及延展服务,体现了中国在全球定位服务技术领域的优势地位,彰显了我国的科技创新能力。

北斗卫星导航系统及位置服务技术的高速发展也带动了测绘地理信息产业的高质量发展,其中基于高精度定位的无人机航摄系统已经成熟,使航空摄影变得简单高效,像控点布设方案与采集方法也实现了改革。

一、项目描述

像控点的作用一是为内业数据处理提供地理参考基准，二是对匹配得到的加密点重新平差解算，所以测区像控点的整体布局会影响控制网平差的精度及可靠性。此外，像控点自身的精度会直接影响解算精度，因此像控点布置必须合理、量测必须准确。由于无人机飞行高度低、影像像幅小、测区范围小等特征的约束，无人机航空摄影测量像控点的布设方案及测量方法与传统航空摄影测量有所区别，本项目从像控点的布设、像控点的测量两个方面针对无人机航空摄影测量的要求展开实践。

二、项目目标

（一）知识目标

（1）理解像控点的相关概念；

（2）了解像控点布设的原则；

（3）理解不同像控点布设方案的要点。

（二）能力目标

（1）会根据地形情况及无人机设备选择合理的像控点布设方案；

（2）会根据环境及地形情况制作及布置标靶；

（3）会使用不同的 GNSS 设备进行像控点测量，并掌握拍照方式记录像控点位置的方法；

（4）掌握不同条件下像控点测量方法、点之记制作方法。

（三）素质目标

（1）相互合作进行像控点的外业采集，培养学生的团队合作意识；

（2）通过实践案例培养学生利用网络、手机等资源辅助测绘工作的素质；

（3）通过技术创新案例的挖掘，引导跨学科交叉应用的意识，培养学生的创新思维；

（4）告诫学生外业像控点测量时可能涉及的会危害国家安全利益的违法行为，培养学生的保密意识和法治观念。

三、项目实施

（一）项目参考标准

本任务参考《低空数字航空摄影测量外业规范》（CH/T 3004—2021）、《倾斜数字航空摄影技术规程》（CH/T 3021—2018）、《1∶500 1∶1 000 1∶2 000 地形图航空摄影测量外业规范》（GB/T 7931—2008）实施。

（二）项目流程图及相关要求

1. 项目流程

项目流程见图 2-1。

2. 无人机摄影测量像控点布设方案

实践证明，像控点数量的增加，会使空三加密（简称空三）精度提高，但像控点增加到一定数量后，像控点数量对精度变化影响就很小了。过多的像控点不但大大增加了外业

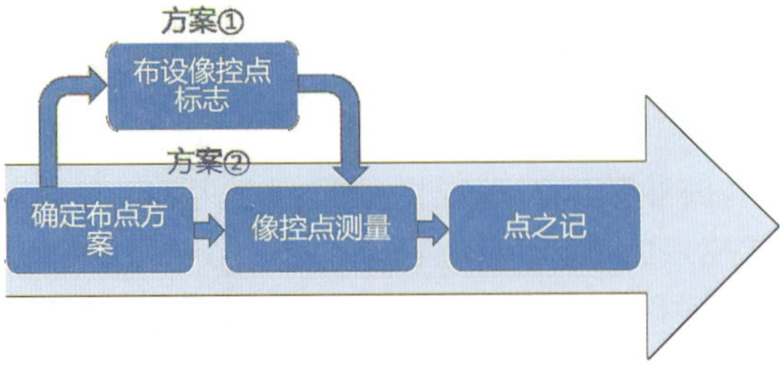

图 2-1　项目流程

和内业的工作量，而且对于空三精度提高作用不大。无人机空三精度最弱点位于控制区域外围，而不在控制区的中央，控制区外误差会迅速发散，离控制区越远，越靠近影像边缘，误差越大，所以控制点要沿测区边缘布设，内部适当增加。目前，无人机航摄主要采用的像控点布设方案有如下几种：

(1)四角单点布设方案，即只在测区的四个角布设控制点，如图 2-2(a)所示。

(2)四角点组布设方案，即把测区的四角布设成点组的形式，如图 2-2(b)所示。

(3)四周均匀布设，边角不加密的方案，即在测区四周按照一定密度均匀布设控制点的方法，如图 2-2(c)所示。

(4)四周边均匀布设，四角点组布点方案，即在测区四周按照一定密度均匀布设控制点，边角处采用点组布设，如图 2-2(d)所示。

(5)四周边均匀布设加少量内部点的布设方案，即在测区四周采用均匀布设控制点的方式，使用少量的内部控制点，如图 2-2(e)所示。

(6)四周边均匀布设，四角点组布点，加少量内部点的布设方案，即在测区四周均匀布设控制点，边角处采用点组布设，如图 2-2(f)所示。

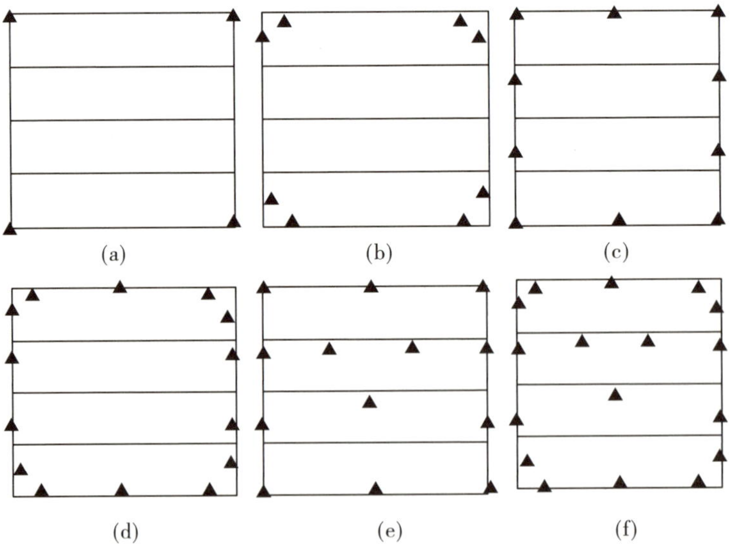

图 2-2　无人机航摄像控点布设方案示意图

3. 像控点布设方案选择的原则

(1)在区域四角布设平高像控点，虽然控制了整个测区，但是像控点精度太低。相较之下，区域四周均匀布设平高像控点可以提高整体精度。

(2)采用四角点组布点，四周边均匀布设，加少量区域中间点的布点方式精度最高。

(3)点组像控点布设方案与单点布设方案实验比较，其精度有着明显的提高，对于光束法平差来说，只要区域周边均匀布点及区域四角布设合适的点组，区域中可以不用布设像控点，方便了大型区域网像控点的布设。

(4)采取点组均匀布设时，像控点的密度过小，多余的观测量不足，会影响到解算精度。

(5)无论区域大小，四周均匀布设像控点，四点布设平高像控点均有利于保证区域内部的精度。

4. 倾斜摄影测量像控点布设

倾斜摄影测量一般用于高精度测绘，所以在像控点布设时要遵循一定的原则。

(1)根据项目对精度的要求，合理控制像控点间距。

(2)范围线边缘、拐角处、重点区域等关键位置需布设像控点。

(3)像控点布设需根据三角网构网原理，内业先确定像控点的大致点位。

(4)布设像控点时必须覆盖整个测区的范围，做到不重不漏。

(5)每个架次，在空三精度薄弱区域布设 3~4 个检查点，用于检测空三精度。

(6)若使用带有 RTK 设备的无人机系统，像控点数量可适量减少。

(三)任务实施

【任务一】 像控点布设

本次任务以校园为实践区域，在快拼影像或导航地图上完成像控点的布设。

1. 不同飞行区域控制点的布设要点

(1)规则矩形区域：小面积区域最少布设 5 个像控点，航飞区域内 4 个角各 1 个，区域中间 1 个，大面积区域相应增加像控点。

(2)不规则区域：飞行区域若是不规则的图形，根据地形均匀布设像控点，且在地形拐点加布像控点，使布设的像控点所连接的三角网能覆盖整个测区，保障平差时坐标传递是向内加密而不是外推算。

(3)带状、河道、公路等区域采用“Z”字形布设像控点，垂直于带状两边各两个控制点，带状区域中间间隔一定距离加布一个像控点，具体距离和成图精度及单张影像像幅范围大小有关。

2. 无 RTK 无人机航测任务的像控点布设

本次选用 ArcMap 来辅助完成像控点的布设任务，也可以使用其他绘图软件来完成。

(1)打开 ArcMap 软件，加载快拼影像图。

码 2-1 影像快拼

(2)新建像控点要素层，空间参考系随层(与快拼图一致)，如图 2-3 所示，用于标注像控点位置，图式选择亮色，右键点击“要素层”—“打开属性表”—“增加控制点点号”的属性字段用于记录控制点点号，如图 2-4 所示。

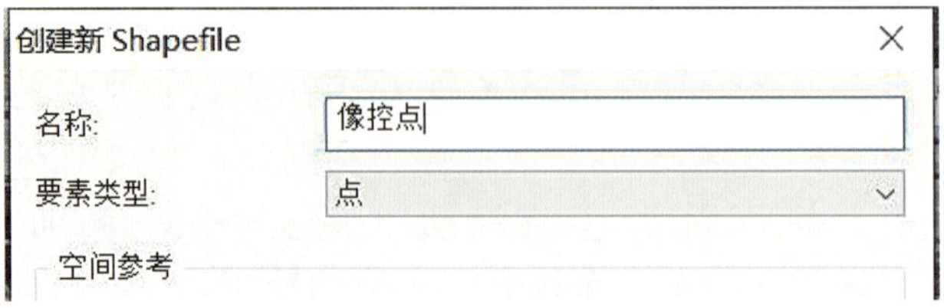

图 2-3　ArcGIS 新建点要素

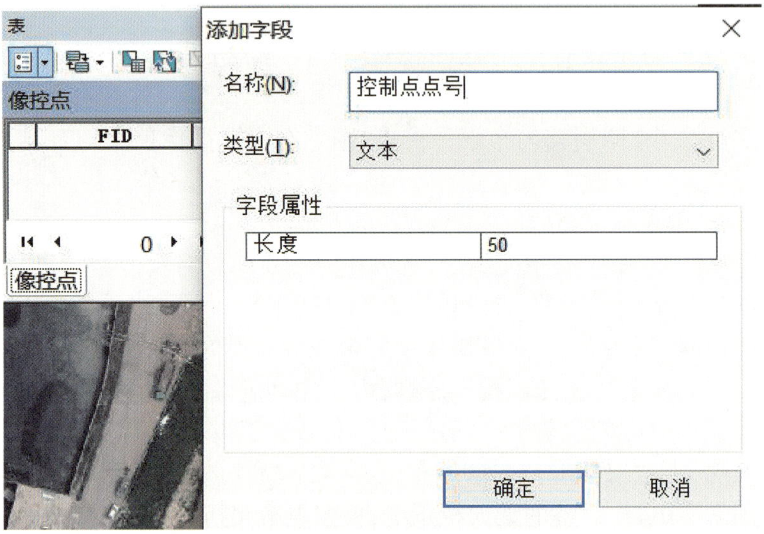

图 2-4　增加属性字段控制点点号

(3)像控点均匀布设在地形没有起伏的区域,覆盖整个测区,本次参考数据间隔 100 m 左右布设一个像控点,按顺序编号(测区范围较小时可任意编号),如图 2-5 所示。

图 2-5　像控点布设示意图

若是大范围测绘项目编号可参考如下编号规则执行:

(1)像控点编号:K 地名+测区区号+点编号。

(2)检查点编号:J 地名+测区区号+点编号。

(3)将成果以电子地图形式输出,方便外业携带并查看,或将点文件输出成 SHP、KML 等格式,方便在电子地图上查看。

(4)若无快拼影像,像控点布设可以在奥维等网络电子地图上完成。打开奥维地图,利用标签功能,在需要布设像控点的区域打上标签,将标签成果保存,外业可直接调取。布设像控点的同时为了进行成果精度检查,需要均匀布设部分检查点,方便对内业数据解算成果进行精度验证,检查点与像控点的不同在于位置不同(在必要时两种点可进行身份互换)。如图 2-6 所示,在奥维地图中进行像控点的布设,其中黄色标签为像控点,绿色标签为检查点。

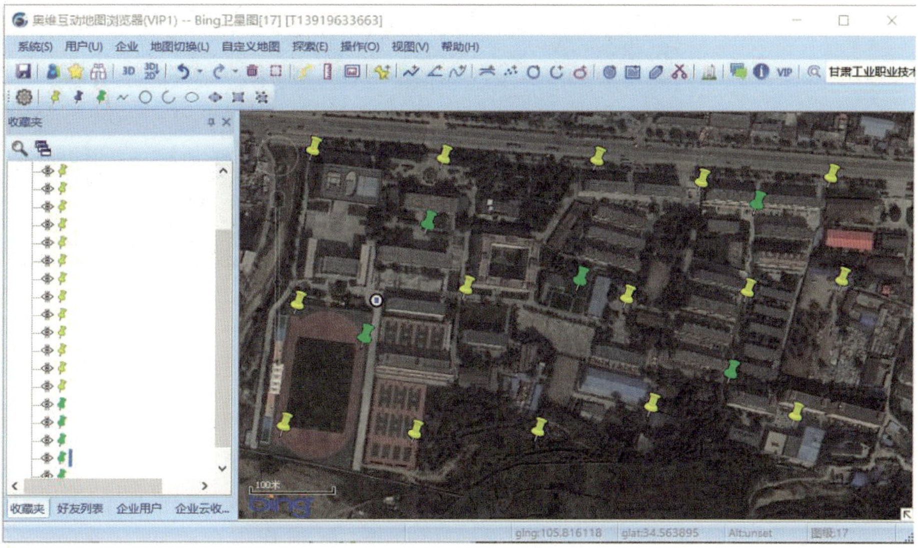

图 2-6　奥维地图布设控制点示意图

操作步骤:

①打开电脑版奥维地图;

②导入航摄范围地图或手动绘制范围;

③打开比例尺网格,一个格网长、宽均为 200 m,5×5 的小方格就是 1 km^2;

④添加标签(控制点),像控点文件另存为 KML 格式;

⑤导入手机端奥维地图查看效果。

3. RTK 无人机航测任务像控点布设

带 RTK 的无人机近年来逐渐普及,其优势在于航摄时通过无人机自带网络 RTK 可以获取影像高精度 POS 数据(可理解为影像外方位元素,精度达到厘米级),此时像控点在空三加密过程中的作用被弱化,甚至可以免像控进行数据解算,研究发现在地形条件较好的区域免像控航测成果可达到相关规范要求。但是为了提高解算精度并验证成果精度,一般项目还需布设少量控制点及部分检查点,如图 2-7 所示,其中黄色标签为像控点,绿色标签为检查点,可以看到像控点的数量明显减少。由于免像控是新技术,像控点数量暂无相关规范约束,任务实施时可参考相关文献资料。

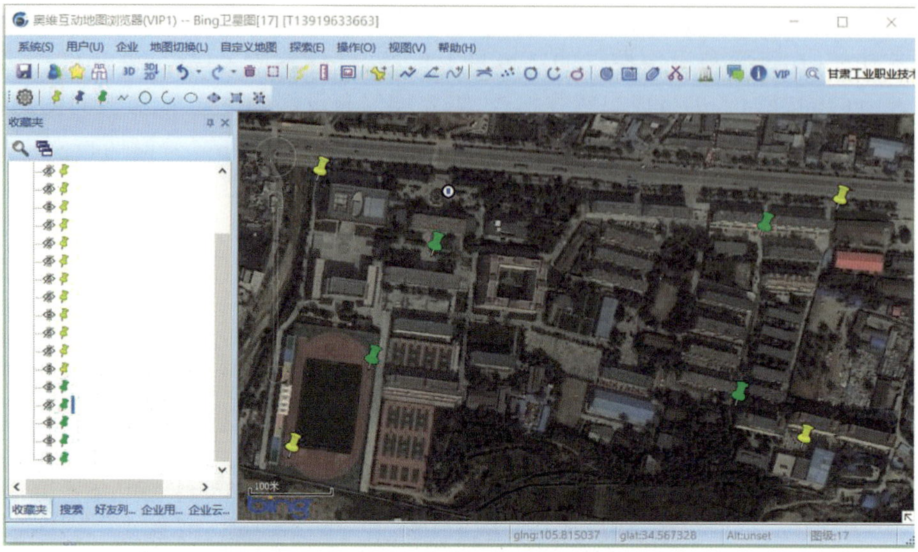

图 2-7　RTK 无人机航摄像控点布设示意图

【任务二】　像控点测量

像控点测量是将在底图上布设好的像控点到实地准确量测并做点之记的工作。像控点测量分两种情况：一是在航飞之前按像控点布设方案在实地布置像控点标志，准确量测标志坐标，在保障标志不被破坏、移动的情况下再完成航空摄影，相当于像控点的测量在航摄任务之前完成；二是选择明显地物点作为像控点，量测其坐标并做点之记，这种情况下像控点测量任务在航摄任务实施前后均可进行。

在进行高精度测绘时，地物点很难作为准确的标志进行量测，所以一般在航飞前按像控点布设方案布置像控点标志作为像控点是常用的方法。

1. 实训准备

（1）领取像控点布设示意图；

（2）领取 GNSS 设备并申请动态定位系统（千寻、CORS）账号；

（3）领取像控点标志或油漆；

（4）设备调试；

（5）根据像控点布设示意图在导航地图或影像上规划像控点测量路线，避免走重复路，提高工作效率。

2. 像控点标志布置

像控点标志的形式多样，可做成标志安置在实地，在不影响环境的情况下也可拿油漆刷出标志，如图 2-8 所示，图 2-8（a）为提前做好的固定标志，图 2-8（b）为油漆标志。像控点标志可以边布置边测量（注意标志全部布置完毕后再进行航空摄影）。

3. 像控点标志测量

使用网络 RTK 测量控制点坐标。高精度动态定位时，需使用简易三脚架辅助对中，量测至少两次取平均值，如图 2-9 所示为测量示意图。采用网络 RTK 作业时，测量技术要求应符合表 2-1 的规定。

(a)　　(b)

图 2-8　像控点标志常用形式

图 2-9　像控点测量示意图

表 2-1　网络 RTK 测量像控点标志

测回数	观测历元数	同一时段测回间平面互差
≥2	≥30	≤2 cm

4. 制作像控点点之记

若选地物点作为像控点，测量过程中需拍摄像控点位置示意照片，并制作点之记文件，方便内业人员根据点之记判断像控点位置；若布置像控点标志，则不需要进行点之记的制作，表 2-2 为无像控点标志时点之记。注意：像控点测量时，对观测点进行至少 4 次拍照，分别为 1 张近照、3 张远照，近照要求摄清天线摆放位置及对中位置或者是杆尖落地处，一张不够描述，可拍摄多张；远照的目的是反映刺点处与周边特征地物的相对位置关系，便于空三加密内业人员刺点。周边重要地物可参考：房屋、道路、花圃、沟渠等。为描述清楚，远照可摄多张，如图 2-10 所示。

表 2-2　无像控点标志时点之记

<table>
<tr><td>点号</td><td colspan="6">P003</td></tr>
<tr><td>刺点者</td><td>* * *</td><td>检查者</td><td>* * *</td><td>日期</td><td colspan="2">年　　月　　日</td></tr>
<tr><td rowspan="2">坐标</td><td colspan="2">X/m</td><td colspan="2">Y/m</td><td colspan="2">H/m</td></tr>
<tr><td colspan="2"></td><td colspan="2"></td><td colspan="2"></td></tr>
<tr><td colspan="4" rowspan="2">概略点位图(片号:DSC_0304)
</td><td colspan="3">点位略图
</td></tr>
<tr><td colspan="3">点位详细图
</td></tr>
<tr><td>说明</td><td colspan="6">该点刺于灰色影像(房屋)左下角处,高程测至房屋角顶部,房屋角距地面高 4.05 m</td></tr>
</table>

图 2-10　像控点示意照片

四、任务考核

参考《低空数字航空摄影测量外业规范》(CH/T 3004—2021),以成果质量为考核核心，兼顾实践教学实际情况制订任务考核标准（见表 2-3）。

表 2-3　像控点采集任务实施考核标准

序号	内容	说明	比例/%	分项成绩	总成绩
1	考勤	出勤率、纪律情况	30		
2	实践报告	实践活动形成的技术报告	20		
3	实践成果	像控点布设示意图	20		
4		像控点测量成果	30		

注：成果质量报告有明显错误者，综合成绩判定为不合格。

五、学习资源

（一）相关规范

（1）《数字航空摄影测量 控制测量规范》（CH/T 3006—2011）；

（2）《低空数字航空摄影测量外业规范》（CH/T 3004—2021）；

（3）《测绘作业人员安全规范》（CH 1016—2008）；

（4）《测绘成果质量检查与验收》（GB/T 24356—2023）；

（5）《1∶500 1∶1 000 1∶2 000 地形图航空摄影测量外业规范》（GB/T 7931—2008）；

（6）《摄影测量与遥感术语》（GB/T 14950—2009）。

（二）视频资源

码 2-2　像控点布设

码 2-3　像控点测量

（三）参考在线教学资源

（1）职业教育国家在线精品课“无人机摄影测量”（智慧树）；

（2）1+X 无人机摄影测量职业技能等级认证综合平台，模拟训练。

项目三　竖直摄影解析空中三角测量

导　学

中国的摄影测量历史最早可追溯到1902年，当年的北洋大学曾用进口的摄影经纬仪做过建筑摄影测量试验。中国的航空摄影测量始于1931年，浙江省水利局航测队与德国测量公司合作进行首次航空摄影，摄取了钱塘江支流浦阳江36 km一段河道的航片，航摄比例尺为1:2万，而后制作了像片平面图。1931年8月，国民政府在参谋本部陆地测量总局正式成立航测队，这个队在此后的几年里，主要测制了中国局部地区1:1万和1:2.5万的军事要塞图，以及湘黔、成渝一带1:5万的地形图。

1949年中华人民共和国成立以后，大规模的经济建设和国防建设急需地图资料，航空摄影得到飞速发展。国家测绘、林业、农业、地质、铁道、石油、水利等部门都积极开展了航空摄影测量工作。1980年前，我国利用航空摄影测量主要制作1:25 000至1:100 000各种比例尺地形图，采用的是分工法和全能法测图。1980年后，利用解析和数字摄影测量方法，全国范围主要制作1:50 000地形图，各省市主要制作1:10 000和1:5 000地形图，城市则是制作1:1 000和1:2 000地形图，这些地形图构成了各类GIS的地形数据库的基础。

21世纪初，数码摄影仪面世之后，城市大比例尺航测制作正射影像图得到了迅速发展，基于此我国构建了1:1 000 000、1:250 000、1:50 000和1:10 000全国空间数据库，还有地名数据库和土地利用数据库等，许多大中城市建立了1:500至1:2 000空间数据库。这些都成为构建“数字中国”“数字省区”和“数字城市”的重要基础。

随着国家西部大开发战略的实施，2006年国家测绘局（现已更名为国家测绘地理信息局）启动了西部测图计划，使用了一批新设备、新技术、新航空航天遥感影像，改写了中国西部200多万km^2无1:50 000地形图的历史。随着新型基础测绘与实景三维中国建设任务的开展，无人机摄影测量技术、高分遥感技术的逐步普及应用，全国各个区域各类比例尺地形图测绘持续开展，航测成果已经从传统的4D数据产品逐步转变为实景三维成果。

中国科学院资深院士王之卓教授（1909—2002）是中国摄影测量与遥感学科的奠基人。1934年王之卓经过严格考试筛选，考取了第二届中英庚款公费留学生中的测量学名额，与25名庚款公费留学同学一起从上海登海轮远航赴英国伦敦求学，随后，他与同窗挚友夏坚白、陈永龄多方设法转学到当时在测绘科学领域名列世界最前茅的德国深造，1937年均获柏林工业大学特许工程师文凭，继而全力攻读博士学位。为了振兴中华测绘科学，三人分工合作，各自主攻不同方向，夏坚白主攻天文大地测量，陈永龄主攻大地测量，而王之卓则选择20世纪20年代前后才新兴的边缘学科——航空摄影测量学。1939年初王之卓获工学博士学位，成为中国航测科学第一位博士，决定立即回国与同胞共赴国难。

1939年8月当他回到祖国时，半壁河山沦陷敌手，使得20世纪30年代初期起步的中国航测事业损失殆尽，自此王之卓便致力于中国的测绘教育事业，在长达63年的教学科研生涯中历尽艰辛、呕心沥血、精心耕耘，培养了大批测绘高级人才，桃李满天下，深受广大师生、测绘界与教育界的敬重。他提出了航空摄影测量中的微分关系公式，推导了在地形起伏地区可获得较高解算精度的航摄像片相对定向元素计算公式。20世纪60年代初，他首先提出了利用电子计算机进行解析法摄影测量加密的理论与实施方案，并建立了航带法空中三角测量的基本公式。20世纪70年代末，他又率先提出了全数字自动化测图的构想，随后领导了全数字自动化测图理论与方法的研究，推动了中国摄影测量技术的变革。王之卓院士同时也是一位优秀的教育家。在他的领导下，中国建立了比较完备的摄影测量学科体系，同时培养了大批的优秀摄影测量人才，使中国在摄影测量领域的技术发展始终走在世界前列。原国家测绘局评价：王之卓教授把自己全部精力和心血无私地奉献给了他所从事的教学和科学研究工作，为中国培养出一批又一批的摄影测量与遥感方面的高级人才，为中国摄影测量与遥感事业赶超世界先进水平作出了卓越的贡献。

1998年12月16日在庆祝王之卓院士执教60周年暨90诞辰庆典盛会上，面对中外学者、来宾，他在会上致答谢词，引用高尔基的话与大家共勉："世界上最快又是最慢，最长而又是最短，最平凡而又是最珍贵，最容易被忽视而又最令人后悔的，就是时间"，期望中青年一代珍惜光阴，充实知识，把自己的才智献给祖国。王之卓院士的一句"光阴丢掉太可怕"激励着一代又一代的测绘人。

一、项目描述

解析空中三角测量也叫空三加密，是利用少量外业像控点及影像，通过解析解算，获取测图所需控制点及影像外方位元素的过程，这一工作主要通过空三加密软件来完成，目前所用空三加密软件除完成上述任务外，会同时解算出测区稀疏点云，生成测区DSM及DOM成果，该工作流程是摄影测量技术的核心内容。

码3-1　微课-解析空中三角测量

从竖直角度拍摄的影像称为竖直影像，传统摄影测量技术是基于竖直影像解析获取测绘产品的技术方法。虽然近年来倾斜摄影测量技术的应用日趋广泛，但是由于竖直摄影测量技术成熟、速度快、作业范围广的优点，基于竖直影像的传统摄影测量技术还是不可替代的数据获取方式。本项目以Pix4D及航天远景等软件为例介绍解析空中三角测量的实施，Pix4D软件是瑞士Pix4D公司的全自动快速航测数据处理软件，该软件的特点是集全自动、快速、高精度于一体，无须人工干预，即可将数千张影像快速制作成专业、精确的正射影像和三维模型，适合初学者学习使用。武汉航天远景科技股份有限公司的全数字摄影测量与遥感多源地理信息综合处理平台MapMatrix系列是国内知名的摄影测量数据处理系统，目前广泛应用于各大测绘地理信息相关企事业单位用于测绘地理信息数据的采集。

二、项目目标

(一)知识目标

(1)掌握空三任务的基本流程;

(2)通过空三任务的实施,加深理解空三相关理论知识。

(二)能力目标

(1)熟练使用 Pix4D、MapMatrix、UASMaster 软件完成空三任务;

(2)熟练使用 Pix4D 软件进行 DOM 编辑;

(3)能准确分析空三质量报告,并通过质量报告结合规范要求评定空三成果是否满足要求;

(4)会进行空三成果的整理。

(三)素质目标

(1)从摄影测量技术发展史的视角认识中国近代科技发展,增加文化自信,以此增强学生的民族自豪感与文化认同感;

(2)引入我国科学家为祖国复兴努力付出的事例,以此教导学生要有爱国、敬业、专注、创新的工匠精神,树立正确的人生观与价值观;

(3)结合相关规范及任务要求进行测绘产品制作及成果检查,树立学生的保密意识和法治观念。

三、项目实施

(一)任务参考标准

本任务参考《数字航空摄影测量 空中三角测量规范》(GB/T 23236—2009)、《低空数字航空摄影测量内业规范》(CH/T 3003—2021)实施。

(二)任务流程

任务流程见图 3-1。

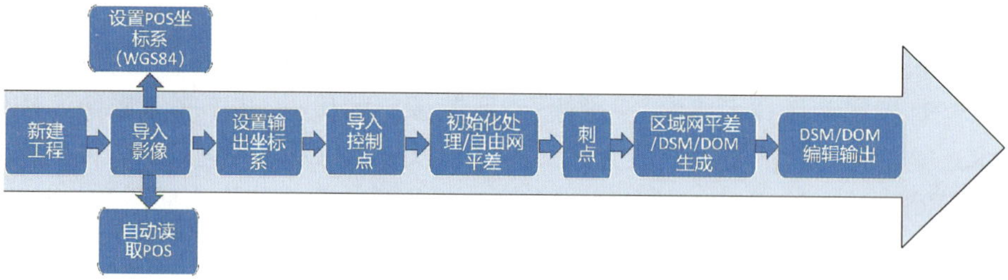

图 3-1　任务流程

(三)任务实施

【任务一】 Pix4D 软件空三任务实施

空三数据解算之前需要准备原始影像、像控点坐标及点之记、影像对应的相机检校报告等数据。相机检校报告包含影像的基本参数(内方位元素)及影像畸变参数,在进行空三解算之前,传统航测软件需要利用相机检校文件对原始影像进行畸变纠正,在此基础上完成空三解算任务,但是使用 Pix4D 软件运行空三任务时不需要相机检校报告,软件会通过自检校模型自动解算获取影像的相机参数并生成相机参数文件,自动进行影像畸变纠正,省略了单独进行影像畸变纠正的操作步骤,简化了空三的流程。

码 3-2　Pix4D 软件任务实施

任务实施需要选择符合规范要求的影像,表 3-1 显示影像分辨率与成图比例尺之间的关系[《低空数字航空摄影测量内业规范》(CH/T 3003—2021)]。

表 3-1　影像地面分辨率要求

比例尺	1:500	1:1 000	1:2 000
分辨率/m	0. 05	0. 1	0. 2

1. 新建项目

准备原始影像、影像 POS 文件、控制点文件及控制点点之记文件。目前部分航测设备获取的影像数据,其 POS 内嵌在影像数据中,也有部分航测设备获取的影像数据其 POS 文件是单独存储的,需要进行编辑使其与影像对应,在数据处理时将其载入。

打开 Pix4D 新建项目,注意录入项目名称不要与对应目录下项目重名,项目目录内确保有足够的空间,项目类型是新项目,如图 3-2 所示,注意影像路径为英文字母或数字。项目建立好之后点击"Next"进入下一步骤。

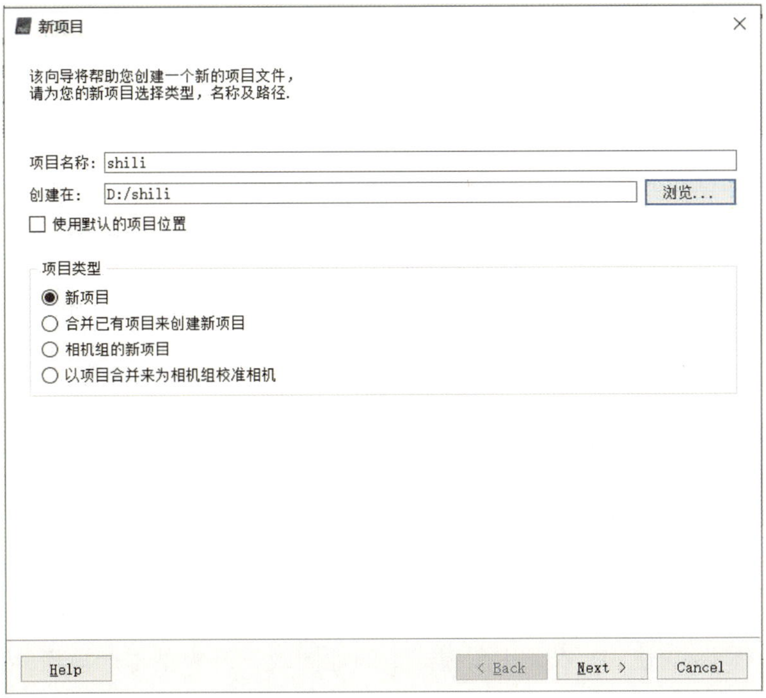

图 3-2　新建工程

2. 添加图像

通过添加图像菜单进入影像所在文件夹,按"Ctrl+A"全选影像后将影像路径添加进软件,如图 3-3 所示,之后点击"Next"加载影像后进入下一步骤。

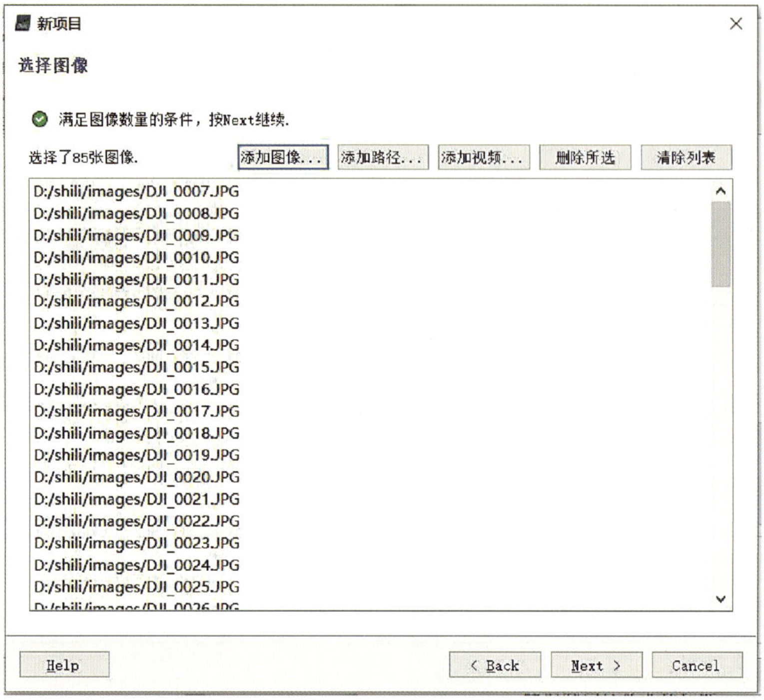

图 3-3　添加图像

3. 图片属性设置

进入图片属性设置界面后,首先检查 POS 数据是否自动载入,有无问题,然后检查 POS 的坐标系,默认 POS 坐标系是 WGS84,用经纬度、大地高表示,如图 3-4 所示。若 POS 数据没有内嵌到图片,需从地理定位处导入独立的 POS 文件,导入后从"坐标系—编辑"界面按 POS 实际坐标系进行坐标系设置。也可将已有的 POS 数据导出,方便在其他软件中使用、查看。影像属性设置完成后点击"Next"进行输出坐标系设置。

4. 输出坐标系设置

输出坐标系是空三完成后的成果坐标系,必须根据项目成果要求进行设置,如图 3-5 所示,例如软件默认输出坐标系是系统根据 POS 坐标系自动检测到的 WGS84/UTM zone 48N,而成果需要的坐标系是 CGCS2000/3-degree Gauss-Kruger CM 105E,则需要在已知坐标系中进行修改,输出单位为 m,设置完成后点击"Next"进行数据处理模板设置。

5. 数据处理模板选择

Pix4D 有标准、快速 3D、农业用图模式下的地图及三维模型生产模板,因为测绘项目主要是完成测图任务,这里选择标准 3DMaps(3D 地图)模板,按此模板完成的成果包括 DSM、DOM、3D 纹理、点云数据,如图 3-6 所示。设置完成后点击"Finish"进入软件工程主界面。

图 3-4　图片属性

图 3-5　选择输出坐标系

6. 工程界面认识

工程界面如图 3-7 所示，其中各部分内容解释如下：

(1)图像属性编辑，打开此选项可进行图像的添加、删除、POS 坐标系修改；

(2)控制点管理，打开此选项可进行控制点坐标系的选择、控制点的添加、控制点的

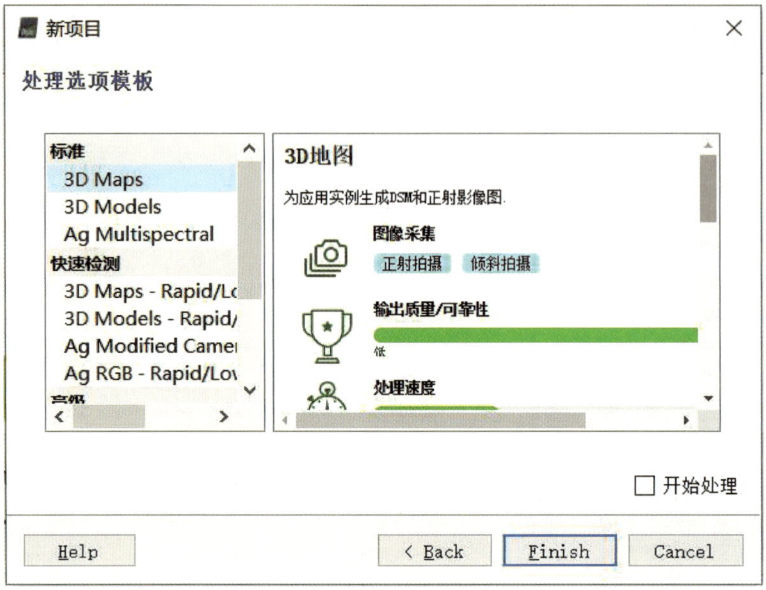

图 3-6 处理选项模板

删除，还可完成特殊情况下的刺点任务；

(3)质量报告，生成并查看空三质量报告；

(4)重新优化、重新匹配并优化，对已经完成的匹配及平差成果重新计算；

(5)影像展点图，查看影像位置、检查飞行效果、查看控制点分布情况；

(6)空三射线，空三射线界面内可以进行相机、空三射线、加密点、控制点的查看及控制点匹配刺点；

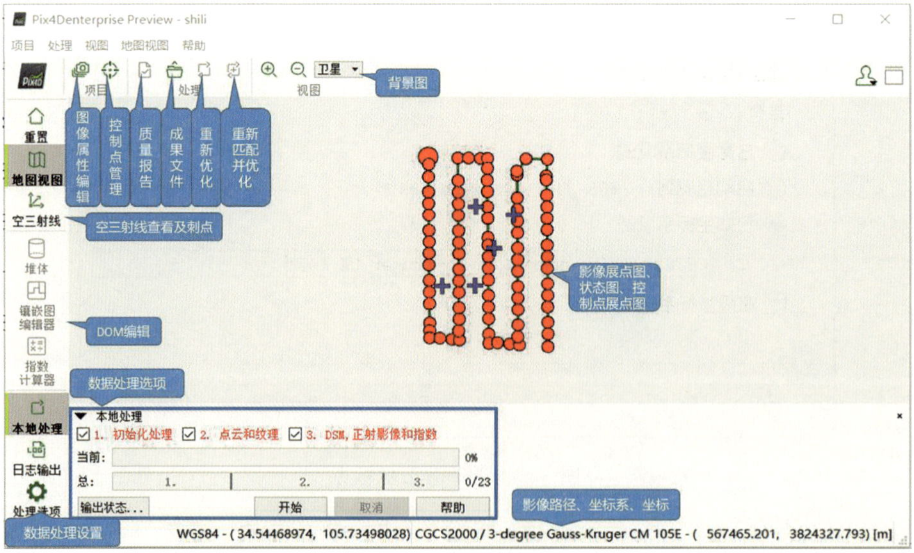

图 3-7 工程界面

(7)DOM 编辑，空三完成后进入此界面进行 DOM 编辑处理；

(8)数据处理设置，数据处理时的方法及要求设置；

(9)数据处理选项,数据处理内容设置,数据处理进度监控。初始化处理会全自动完成影像自检校、加密点的匹配、自由网平差并生成质量报告,用于检查数据质量。一般项目建好后只选择初始化处理,初始化成功后,再刺点完成区域网平差,最后生成点云、纹理、DSM、DOM 等成果。

7. 控制点导入

进入工程界面后,检查影像展点图,然后进入控制点管理界面,添加控制点,如图 3-8 所示。

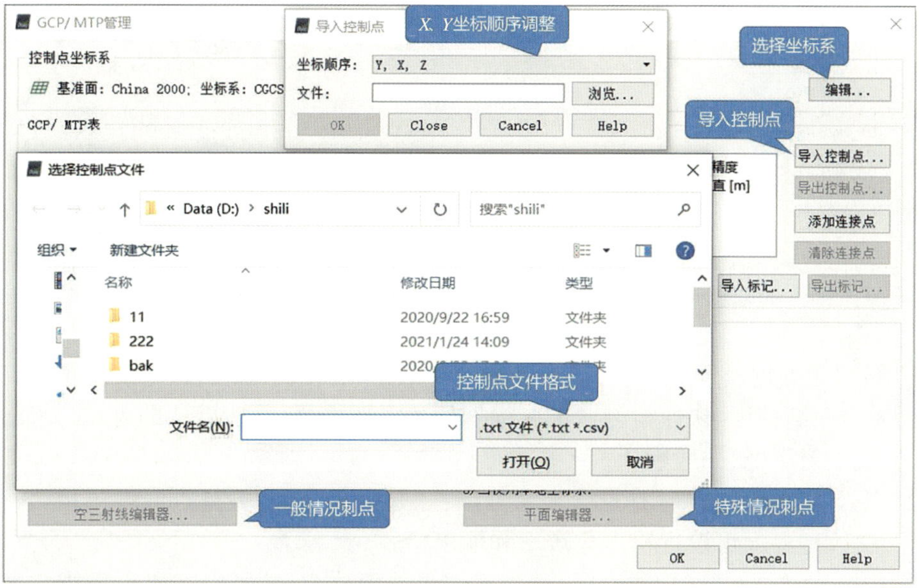

图 3-8　控制点管理

(1)控制点坐标系:必须是外业采集像控点时设置的像控点坐标系,若设置不对,则控制点不能与测区匹配,系统会提示控制点不在测区范围内,展点图也会显示错误,此步骤必须准确无误。

(2)导入控制点:导入控制点前需要进行控制点坐标顺序设置,根据外业采集控制点 X、Y 坐标的先后顺序设置,若不清楚可分别验证,在此软件里 Y 坐标 7 位、X 坐标 6 位。软件支持 TXT、CSV 格式的控制点文件。

(3)特殊情况刺点:当出现不清楚外业控制点坐标系或需要进行坐标系平移等其他控制点与测区不匹配的情况时,需要通过平面控制点/手动连接点编辑器界面完成刺点任务。平面控制点/手动连接点编辑器界面如图 3-9 所示,在此选择控制点,根据点之记找到控制点对应图像,在预览窗口准确刺出控制点位置,一个任务至少需要刺出 3 个的控制点,每个控制点至少需要准确刺出 3 张的影像才能满足空三解算要求。

(4)若非特殊情况,控制点导入后点击"OK"返回工程界面,通过展点图检查控制点与测区匹配情况,如图 3-7 所示。

8. 处理设置(一般默认)

进入处理设置界面,进行数据处理过程中各项参数及质量控制设置。

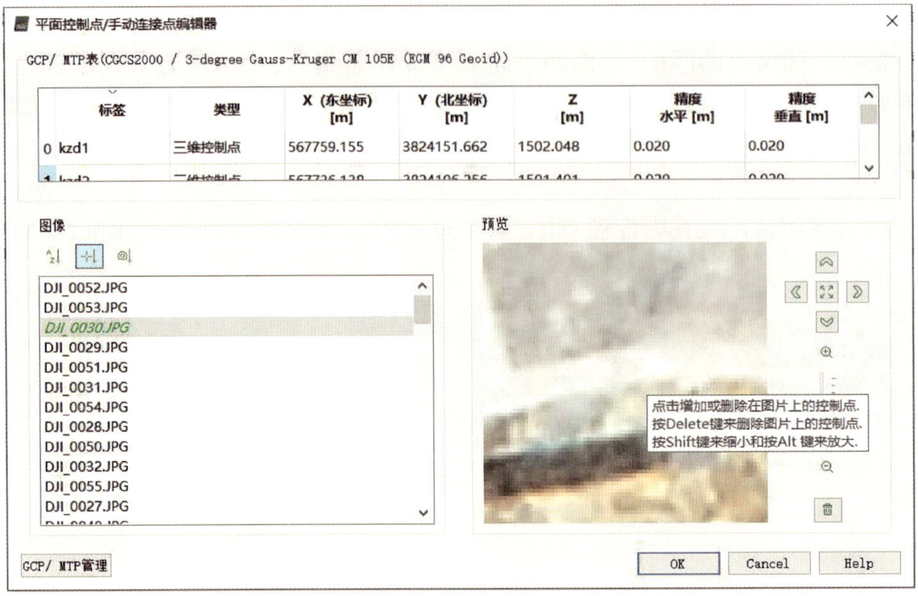

图 3-9　手动控制点/手动连接点编辑器

(1)初始化处理设置:一是特征点图像比例表示匹配特征点的数量及质量,有三个选项,分别为全面高精度、快速检测、定制,根据任务需要选择,一般默认即可;二是质量报告中是否生成正射影像,一般默认。

(2)点云和纹理设置:一是点云加密方法;二是点云分类;三是点云输出格式,根据需要选择。在纹理界面可设置输出分辨率和输出格式。

(3)DSM,正射影像和指数设置:分辨率表示地面分辨率,可以按成果需求定制,也可选用影像分辨率;DSM 过滤可以设置 DSM 噪声过滤及 DSM 表面平滑的方法(将地表微小地物过滤掉以提高 DSM 美观度);DSM 及 DOM 输出格式设置。

(4)在"处理选项"对话框左下角有一个"加载模板"按钮,这里内置了各种模板对应的选项,按需求选择,一般默认。

9. 初始化处理

处理设置完成,只勾选"本地处理"中的"初始化处理""点云和纹理""DSM,正射影像和指数"前的勾取消掉,开始初始化处理,处理完成弹出质量报告,并显示完成,如图 3-10 所示,处理完成后会自动进入空三射线界面。然后检查质量报告,质量报告检查参考项目一,这里不再赘述,空三质量报告满足需求可在空三射线界面进行刺点。

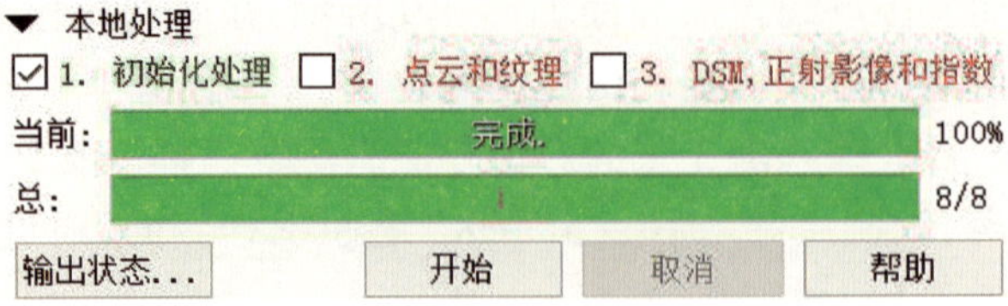

图 3-10　初始化处理

10. 刺点

空三射线界面介绍如图 3-11 所示。

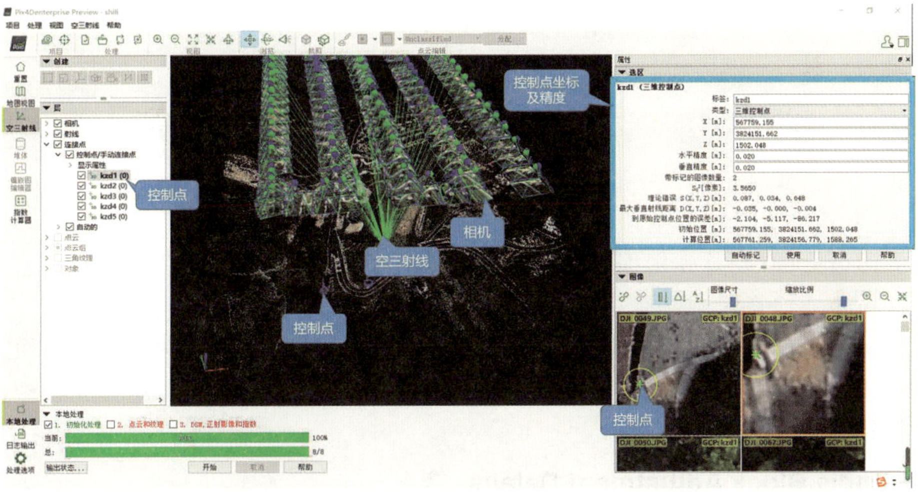

图 3-11 空三射线界面介绍

(1)相机、空三射线、控制点都可关闭显示。

(2)空三射线界面可通过鼠标控制漫游观察,鼠标左键平移、鼠标滑轮缩放、鼠标中键按住旋转。

(3)刺点:

①点击图中左侧目录控制点点号,在右侧区域会定位到控制点所在大致范围;

②根据外业像控点点之记准确定位控制点(右侧图形可通过滑轮放大缩小)。每个控制点定位两张影像后,点击“自动标记”,系统会自动匹配控制点在其他影像上的位置并标记,手动检查,位置不准确进行调整,无误后点击“使用”,左侧目录会显示此像控点一共标记了多少张影像,如图 3-12 所示的 kzd1 标记了 15 张影像,依次完成所有控制点刺点工作。

图 3-12 控制点刺点后结果

11. 点云、DSM、DOM 生产

刺点完成后在本地处理界面全选所有任务,如图 3-13 所示,开始执行任务。等待计算机运行完成,可生成点云、DSM、DOM 成果及质量报告。

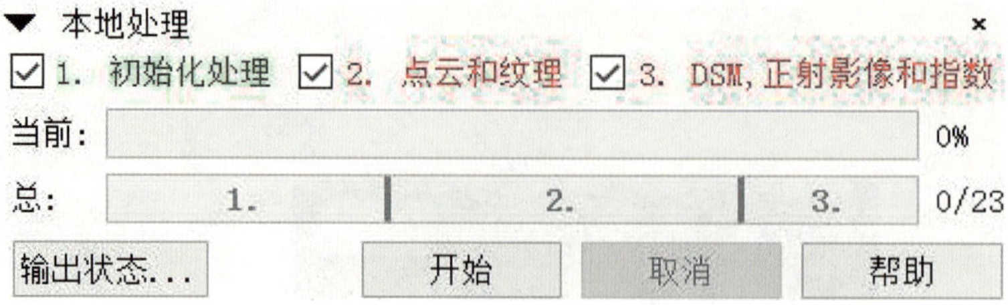

图 3-13　刺点后本地处理设置

12. 成果检查

任务运行完成后，首先根据相关规范要求检查质量报告，质量报告前部分内容参考项目一。这里主要检查区域网空三误差、自检校相机误差及控制点误差。

区域网空三误差如图 3-14 所示，Mean Reprojection Error 是空三中误差，以像素为单位。如相机传感器上的像素大小通常为 6 μm，不同相机可能不一样，换算成物理长度单位误差就是 0.223×6 μm。

Bundle Block Adjustment Details

Number of 2D Keypoint Observations for Bundle Block Adjustment	842521
Number of 3D Points for Bundle Block Adjustment	301034
Mean Reprojection Error [pixels]	0.223

图 3-14　区域网空三误差

相机自检校误差如图 3-15 所示，上下两个参数不能相差太大（例如 Focal Length 上面是 3.610 mm，下面是 3.598 mm，如果相差太多，那么肯定是初始相机参数设置有问题），*R*1、*R*2、*R*3 三个参数不能大于 1，否则可能出现严重扭曲现象。

FC300S_3.6_4000x3000 (RGB). Sensor Dimensions: 6.317 [mm] x 4.738 [mm]

EXIF ID: FC300S_3.6_4000x3000

	Focal Length	Principal Point x	Principal Point y	R1	R2	R3	T1	T2
Initial Values	2285.722 [pixel] 3.610 [mm]	2000.006 [pixel] 3.159 [mm]	1500.003 [pixel] 2.369 [mm]	-0.132	0.111	-0.016	0.000	0.000
Optimized Values	2278.027 [pixel] 3.598 [mm]	1989.288 [pixel] 3.142 [mm]	1429.475 [pixel] 2.258 [mm]	-0.008	0.011	0.004	-0.000	-0.001
Uncertainties (Sigma)	1.456 [pixel] 0.002 [mm]	0.278 [pixel] 0.000 [mm]	0.445 [pixel] 0.001 [mm]	0.000	0.000	0.000	0.000	0.000

图 3-15　相机自检校误差

检查控制点组的报告内容，其中平面、高程中误差参考相关规范和项目要求，像素误差一般要求小于 1 个像素，如图 3-16 所示。例如此报告中只有 1002 号点、1005 号点、1008 号点、1009 号点平面及高程精度满足 1∶2 000 成图精度的要求，其他控制点误差均较大，需检查原因重新刺点并进行平差处理。

任务完成且质量报告合格后，进入成果文件目录查看成果。成果文件目录 1_initial\params 文件夹中包含了空三成果文件，主要是影像的外方位元素及相机文件，这些文件是进行立体测图所需的主要文件。

相机文件：calibrated_internal_camera_parameters.cam。

GCP Name	Accuracy XY/Z [m]	Error X [m]	Error Y [m]	Error Z [m]	Projection Error [pixel]	Verified/Marked
1001 (3D)	0.020/ 0.020	-0.360	-0.017	-0.415	0.351	10 / 10
1002 (3D)	0.020/ 0.020	-0.028	0.060	-0.025	1.553	8 / 8
1004 (3D)	0.020/ 0.020	-0.009	-0.034	1.560	0.154	4 / 4
1005 (3D)	0.020/ 0.020	0.037	0.002	-0.112	0.603	8 / 8
1006 (3D)	0.020/ 0.020	-0.423	-0.042	3.649	1.092	11 / 11
1007 (3D)	0.020/ 0.020	-0.000	-0.762	-0.022	0.783	13 / 13
1008 (3D)	0.020/ 0.020	0.022	0.051	0.156	0.797	8 / 8
1009 (3D)	0.020/ 0.020	0.090	-0.136	-0.163	1.105	6 / 6
Mean [m]		-0.083907	-0.109580	0.578538		
Sigma [m]		0.181239	0.252975	1.289920		
RMS Error [m]		0.199719	0.275689	1.413718		

Localisation accuracy per GCP and mean errors in the three coordinate directions. The last column counts the number of calibrated images where the GCP has been automatically verified vs. manually marked.

图 3-16 控制点平差报告

外方位元素:calibrated_external_camera_parameters. txt。

成果文件目录 3_dsm_ortho\1_dsm 中存放了 TIFF 格式的 DSM,3_dsm_ortho\2_mosaic 中存放了 TIFF 格式正射影像文件。

13. DOM 编辑

打开镶嵌图编辑器进入 DOM 编辑界面。在右侧工具栏点击“绘制”,左键点选需要修改的区域,右键结束,如图 3-17 所示,用较好的平面投影代替正射投影(平面投影不会存在边缘区域的拉花,若是采用正射投影则需要在 PS 里进行修复,工作量较大),修改完成后保存并导出成果,修改前后对比如图 3-18 所示。

图 3-17 DOM 编辑

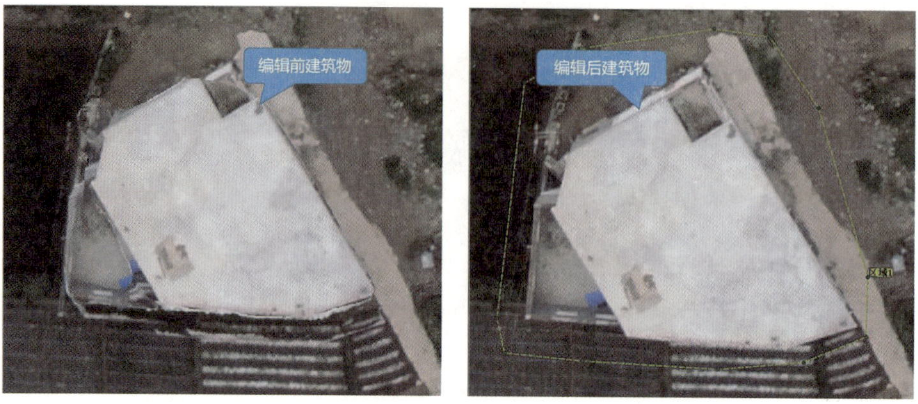

图 3-18　DOM 编辑前后对比图

【任务二】　航天远景软件空三任务实施

1. 资料准备

空三处理需要的原始数据包含:航摄影像、像控点及点之记、相机文件、POS 数据。

相机文件通过相机检校报告获得,包括焦距、传感器尺寸、像元大小、像幅等。

POS 数据需要进行预处理,使 POS 编号与对应影像数据一致,一般通过 Excle 表格处理:点击“新建 Excle 工作表”—“文件”—“打开”外业提交的数据 POS 文件,删除地面试拍数据,编辑,使点号与影像名一一对应,整理后存储,如图 3-19 所示。

DSC00007	34.3633613	105.5579989	1786.942	-5.3	-2.4	180.2
DSC00008	34.3631269	105.5540003	1787.102	-5.2	-0.9	179.9
DSC00009	34.3628924	105.5540031	1787.024	-5.9	1.2	179.6
DSC00010	34.3626584	105.5540008	1786.885	-6.9	0.2	179.9
DSC00011	34.362662	105.5544242	1787.1	-3.6	2	0.2
DSC00012	34.3628958	105.5544265	1787.178	-4.1	2.1	0
DSC00013	34.3631305	105.5544238	1787.099	-3.5	2.2	0.2
DSC00014	34.3633648	105.5544238	1787.162	-3.8	2.3	0
DSC00015	34.3635997	105.5544246	1786.987	-4	1.6	359.8
DSC00016	34.3638336	105.5544242	1787.014	-3.6	1.6	359.9
DSC00017	34.3640684	105.5544242	1787.038	-3.3	1.8	359.7
DSC00018	34.3643021	105.5544248	1786.968	-3.7	1.6	0.3
DSC00019	34.3645363	105.5544248	1786.981	-3.4	1.2	0
DSC00020	34.364771	105.5544241	1787.002	-3.5	2.2	359.9
DSC00021	34.3650053	105.5544242	1787.024	-3	2	359.8
DSC00022	34.3652398	105.5544256	1787	-3.9	1.2	359.5
DSC00023	34.365474	105.5544245	1786.937	-3.8	1.8	0.1

图 3-19　整理后的 POS 数据

2. 新建工程

(1)打开航天远景空三软件 HAT,界面显示“是否开启金字塔程序”。选择“是”,即生成全局视图缩略图及画布视图金字塔;选择“否”,仅生成全局视图缩略图。

(2)系统主界面介绍。主界面如图 3-20 所示,各区域说明如下:

区域 1:主工具条、主菜单;

区域 2:工程窗口、点窗口、争议列表窗口;

区域 3:全局视图、画布视图、立体视图;

区域 4:属性窗口;

区域 5:输出窗口;

区域 6:立体选择窗口。

图 3-20　主界面介绍

(3)工程命名。

文件命名时,IMAGES 和 POS 文件必须是同级目录。点击“新建”,指定生产测区的工程并保存文件名称。

(4)加载 POS 文件。

当 POS 文件是经纬度坐标时,创建工程后,每张影像的外方位元素坐标会自动转换为直角坐标,此时需导入 PMO 模块下使用的 POS 文件,如图 3-21 所示。

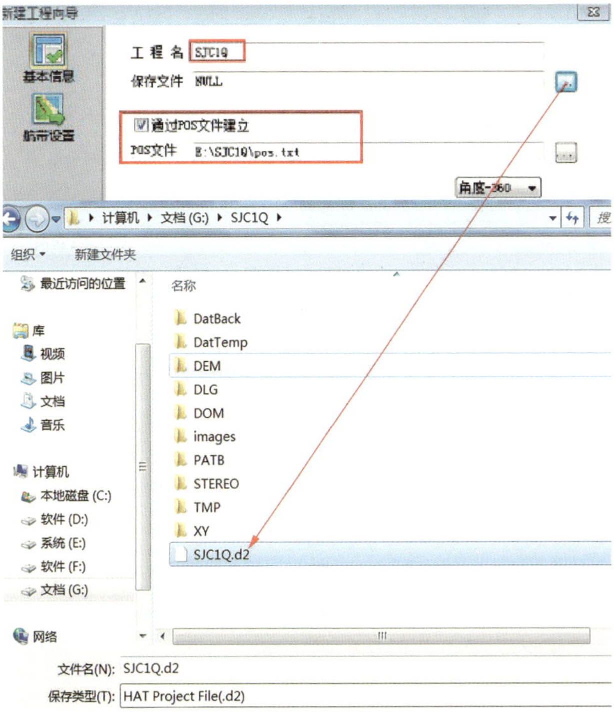

图 3-21　POS 参数导入

导入 POS 数据，属性匹配如图 3-22 所示。

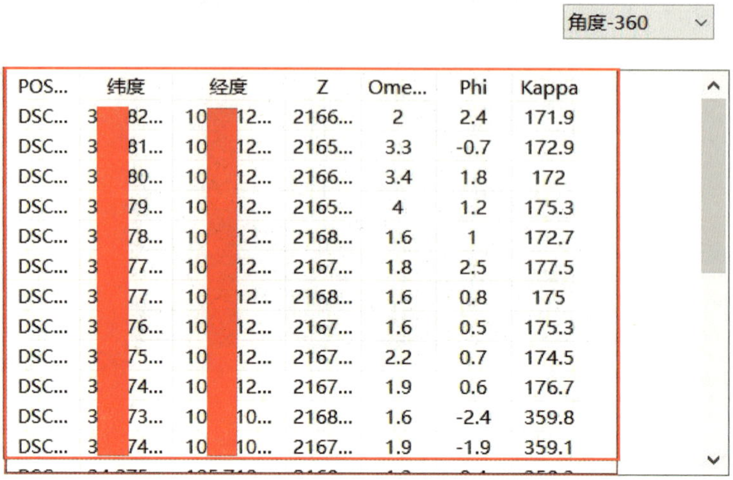

图 3-22　POS 属性匹配

（5）航带设置。

选择工程名称，右击“影像管理”—“刷新 ID”，并设置 POS-ID 和影像名的对应关系，如图 3-23 所示。

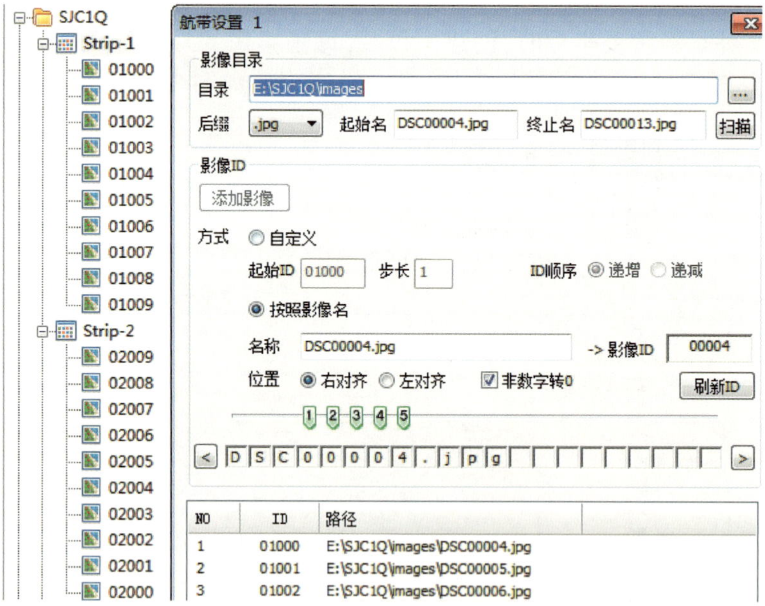

图 3-23　航带设置

（6）航带调整。

选择工程名称，点击“+”号，展开工程节点，点击“查看航带影像”，查看重叠度，进行旋转，增加和减少航带视情况而定，如图 3-24 所示。

（7）设置扫描分辨率。

执行“内定向”操作前，需要为工程的所有影像设置扫描分辨率。在“工程窗口”中点

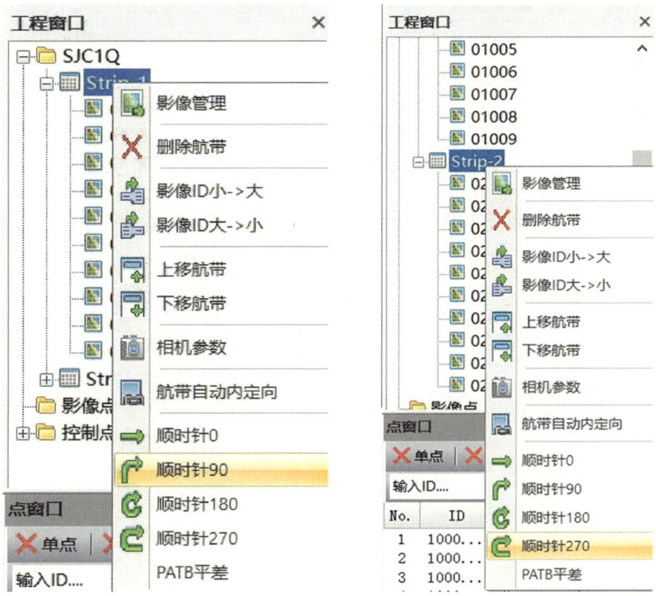

图 3-24　航带调整

击“工程名”节点，在属性窗口里设置“整体扫描分辨率”参数，该参数可通过相机参数文件获取，如图 3-25 所示。

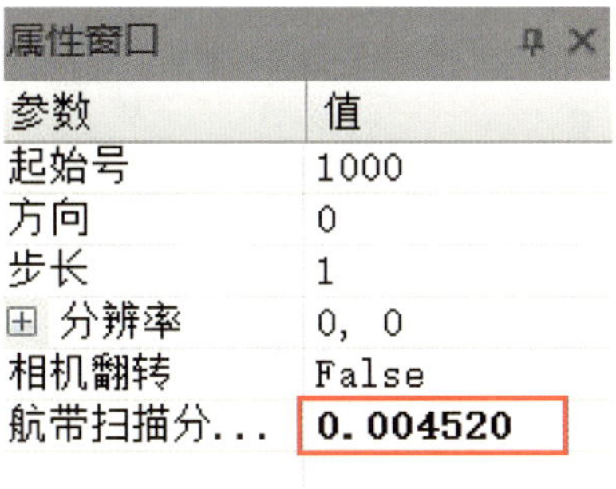

图 3-25　设置扫描分辨率

（8）内定向。

数字影像是扫描坐标系，坐标原点在影像左下角，用行列值表示位置，而数据解算过程采用以像主点为原点的像平面坐标系，内定向的目标是实现像点在扫描坐标与像平面坐标之间的坐标转换。

点击“参数”菜单，选择“相机文件”—“相机参数编辑”—“导入”camera.txt 文件。

选择自动生成的相机文件报告，进行相机文件编辑，各参数会自动进行匹配，如图 3-26 所示，匹配完成后重新内定向。

说明：执行内定向的前提是已指定扫描分辨率和相机文件参数。

3. 生成金字塔

影像金字塔是指由原始影像按一定规则生成的由细到粗不同分辨率的影像集。金字塔的底部是图像的高分辨率表示，也就是原始图像，而顶部是低分辨率的近似。最底层的

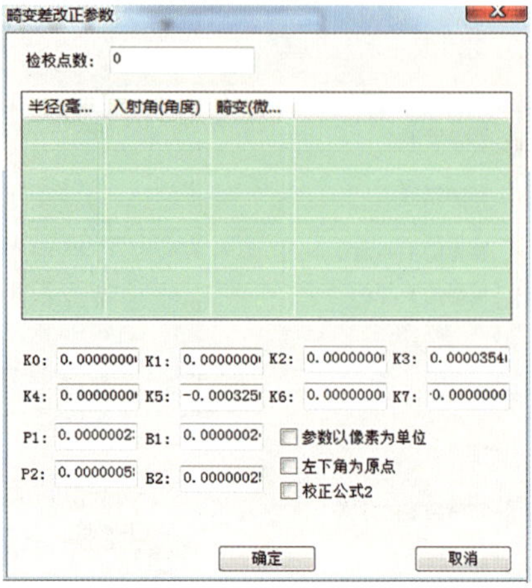

图 3-26　相机文件编辑

分辨率最高，并且数据量最大，随着层数的增加，其分辨率逐渐降低，数据量也按比例减少。影像金字塔构建的具体方法是把原始影像作为影像金字塔的最底层，定义为 0 层，通过对原始影像采用重采样方法，建立起一系列反映不同分辨率的影像，即生成影像的第 1,2,3…层，直至最终建立的影像数据层分辨率满足要求，其中第 0 层即原始影像层分辨率最高、最清晰，经重采样得到的影像分辨率随着金字塔层数的增加，分辨率依次降低，数据量也依次减少，但表示的范围却是不变的。

为大的栅格影像建立金字塔，这些影像便能快速进行显示及逐层匹配，提高数据使用的效率。

1）工程建立

打开生成金字塔模块，系统弹出如图 3-27 所示的界面。

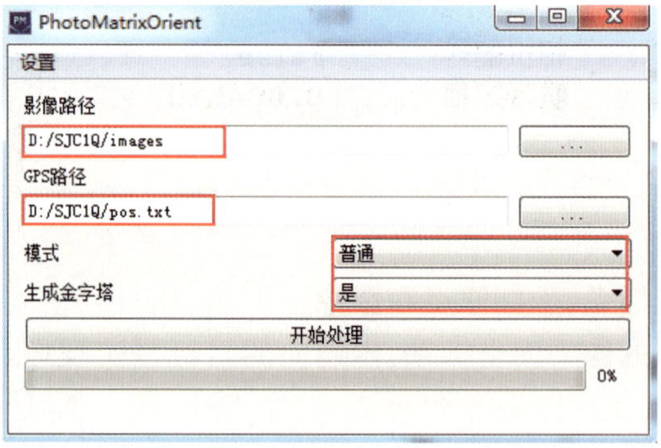

图 3-27　加载数据

输入影像路径和 GPS 路径，工程建立完成。

2）生成金字塔并匹配同名像点

（1）点击“开始处理”，生成金字塔并匹配同名像点，如图 3-28 所示。

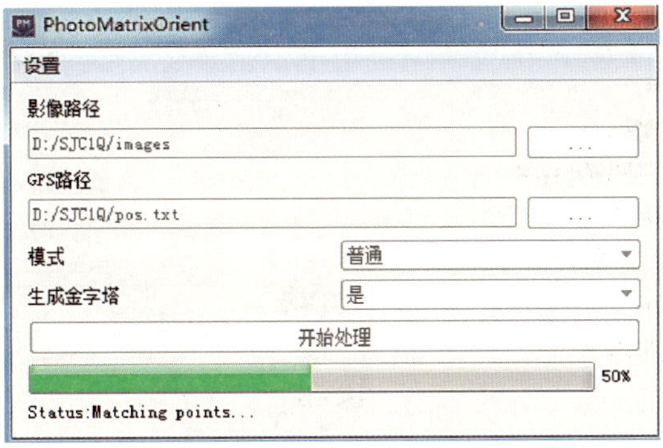

图 3-28　生成金字塔并匹配同名像点

说明：软件在自动匹配同名像点的过程中会直接调用 PATB 进行自由网平差[PATB 平差软件存放路径：C:\Program Files (x86)\PAT]。

(2)点击"确定"，系统会执行自动粗差剔除处理，此步骤可进行多次，如果有递减的趋势，则测区合适，如图 3-29 所示。

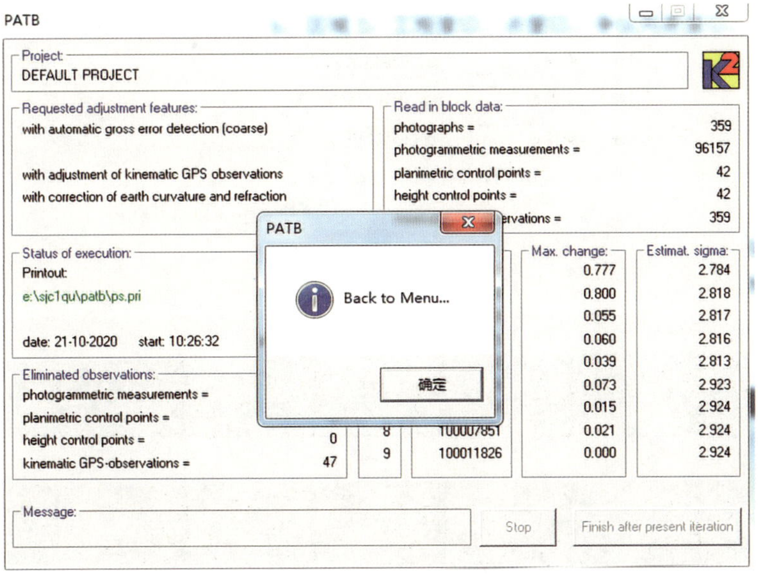

图 3-29　自由网平差

(3)点击"确定"按钮，转点进度 100%完成显示，如图 3-30 所示。

3)像点导入

转点生成的相机文件 camera.txt 存放于工程目录下，Ps.xml 是转点后自动粗差剔除后的 MapMatrix 工程文件，XY 文件夹里记录转点结果文件.xy。

(1)点击"导入\导出"—"导入自动转点成果"。

(2)选择"XY"文件夹，点击"确定"。

(3)自动转点成果导入，删除影像名后缀，点击"确定"，如图 3-31 所示。

(4)同名像点导入完成后，进入交互式编辑界面，如图 3-32 所示。

在全局视图窗口的"平铺"模式下查看连接点的分布情况。

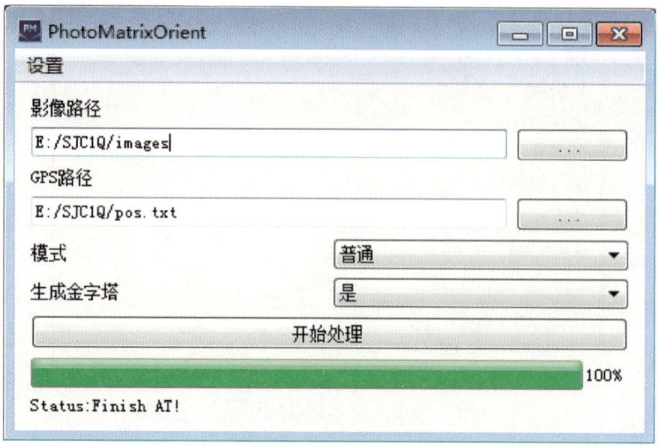

图 3-30　转点完成

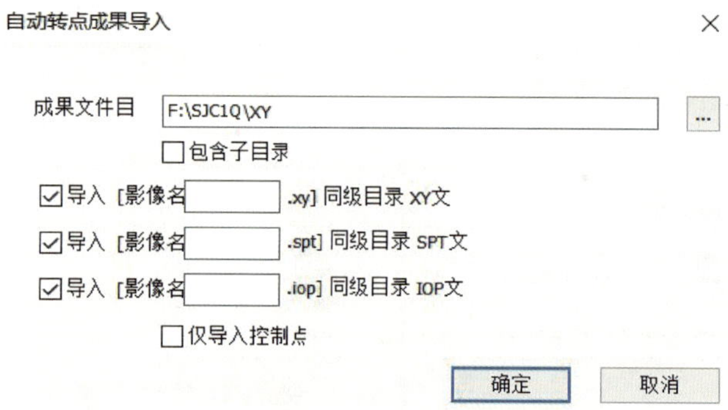

图 3-31　像点导入

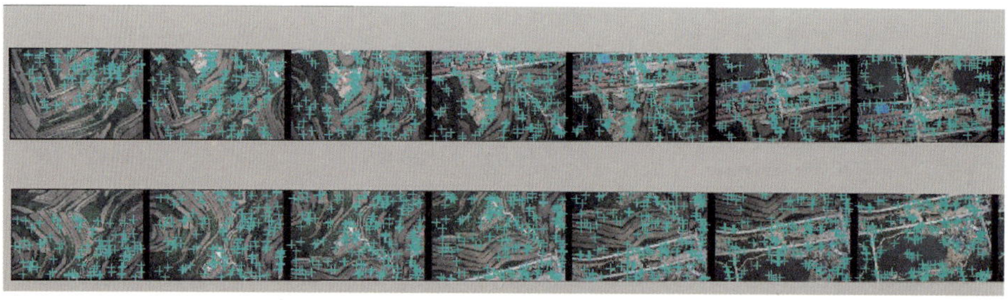

图 3-32　交互式编辑界面

4）再次设置扫描分辨率

由于相关操作使扫描分辨率发生变化，需再次设置扫描分辨率后进行内定向。

5）人工添加连接点

（1）在全局视图的“平铺”模式下，点击“拾取”按钮，移动鼠标到某影像上的点时，与该点同位置的其他影像上的点被连接线指引显示，执行移动，缩放操作可查看所有影像上的点，对于影像上缺少的连接点，可进行添加，如图 3-33 所示。

（2）添加连接点，点击“补充点锁”，找准点位，点击左键，切换至画布视图，进行精确加点，修改 ID 点号并将 ID 类型修改为连接点，如图 3-34 所示。

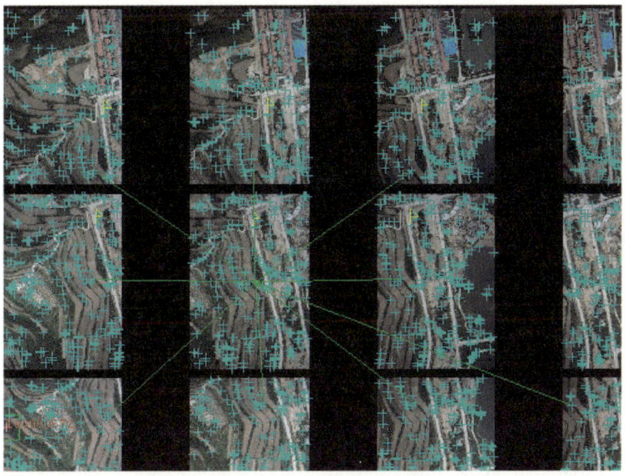

图 3-33　连接点查看

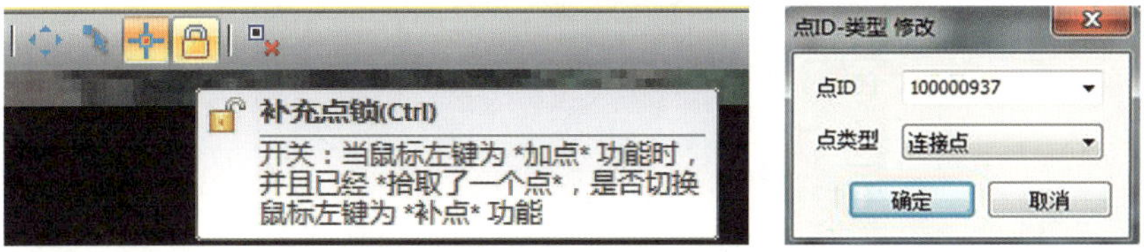

图 3-34　添加连接点

4. 像控点转刺

1) 像控点导入

(1) 制作像控点文件。

输入控制点总数、ID 编号(ID 编号只支持数字)，控制点文件格式如图 3-35 所示。

```
12
1001 565879.3135 3825179.703 1933.3173
1002 565810.3978 3825177.598 1945.1231
1003 565807.2794 3825219.24 1975.734933
1004 565848.886 3825228.472 1984.937333
1005 565845.1334 3825842.184 1938.277633
1025 565808.4925 3825827.923 1954.247933
1007 565891.0788 3825798.826 1942.247867
1008 565898.571 3825845.636 1940.135033
1009 565896.3225 3825425.853 1930.184533
10010 565862.2378 3825444.532 1933.278533
10011 565805.557 3825438.86 1940.4241
10012 565897.5258 3825472.629 1938.920867
```

图 3-35　控制点文件格式

(2) 导入像控点文件。

点击“参数”—“控制点文件”—“选择控制点”—“导入”，如图 3-36 所示。

2) 像控点转刺

(1) 像控点点位必须按像控点点位图及像控点实地照片准确刺入。

(2) 选择“刺点按钮”，转刺所有像控点，一般先刺测区边角的控制点，至少刺入 3 个控制点后进行平差。

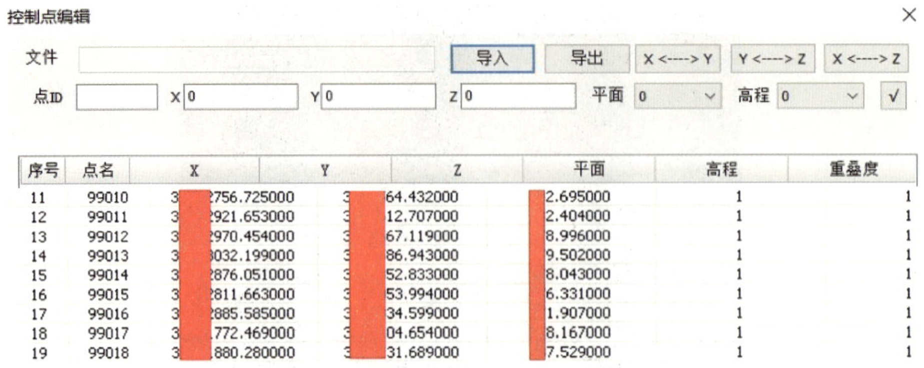

控制点编辑

文件　导入　导出　X <----> Y　Y <----> Z　X <----> Z

点ID　X 0　Y 0　Z 0　平面 0　高程 0　√

序号	点名	X	Y	Z	平面	高程	重叠度
11	99010	3[redacted]756.725000	3[redacted]64.432000	[redacted]2.695000		1	1
12	99011	3[redacted]921.653000	3[redacted]12.707000	[redacted]2.404000		1	1
13	99012	3[redacted]970.454000	3[redacted]67.119000	[redacted]8.996000		1	1
14	99013	3[redacted]032.199000	3[redacted]86.943000	[redacted]9.502000		1	1
15	99014	3[redacted]876.051000	3[redacted]52.833000	[redacted]8.043000		1	1
16	99015	3[redacted]811.663000	3[redacted]53.994000	[redacted]6.331000		1	1
17	99016	3[redacted]885.585000	3[redacted]34.599000	[redacted]1.907000		1	1
18	99017	3[redacted]772.469000	3[redacted]04.654000	[redacted]8.167000		1	1
19	99018	3[redacted]880.280000	3[redacted]31.689000	[redacted]7.529000		1	1

图 3-36　控制点导入

(3)选择“[显示]控制点+预测控制点”,点击“加点”,左击“位置 2”,如图 3-37 所示。

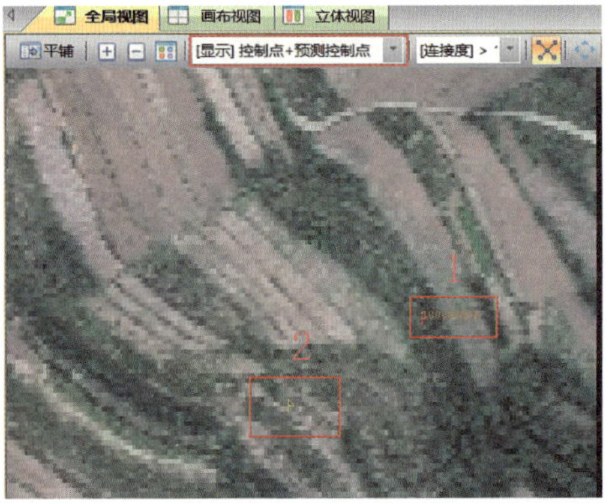

图 3-37　刺点

(4)点击“画布视图”—“选择显示比例”,点击鼠标左键,准确刺点(利用 X 快捷键和 C 快捷键进行放大缩小调节),如图 3-38 所示。

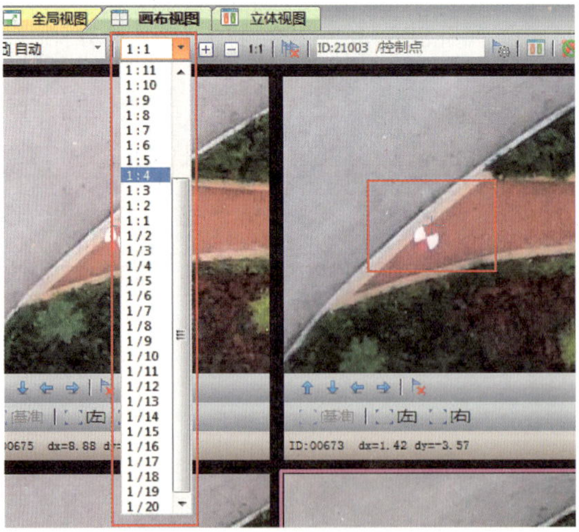

图 3-38　视图比例调整

(5)为使所刺位置更加准确,可选择放大显示比例,如图 3-39 所示。

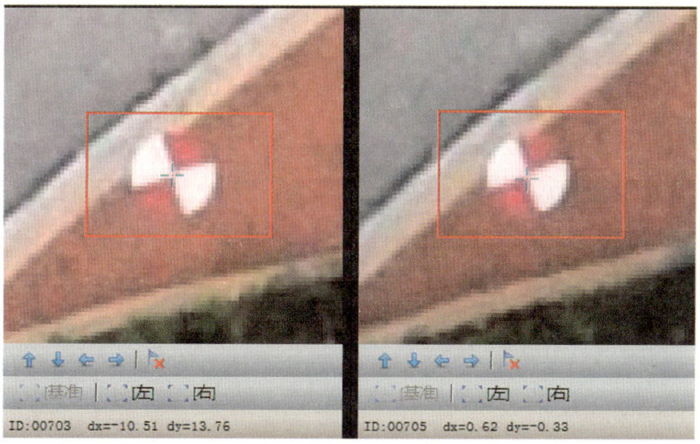

图 3-39　位置查看

(6)点击“点 ID-类型修改”—“点 ID”—“点类型”—“确定”,如图 3-40 所示。

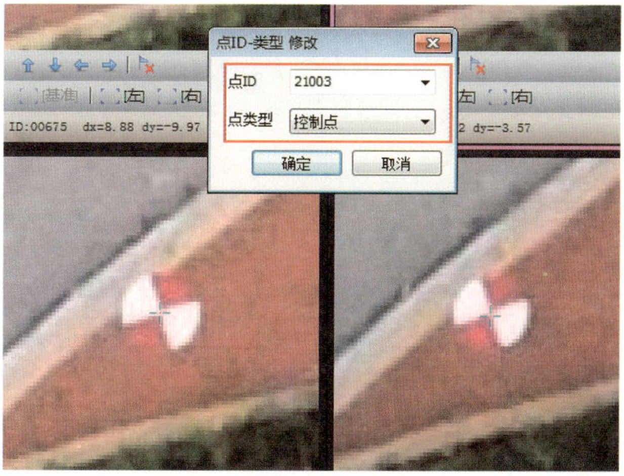

图 3-40　修改点名

刺点完成会在控制点左侧显示“+”号,如图 3-41 所示。

图 3-41　像控点显示

5. 区域网平差

区域网平差解算是将所有观测像点的像坐标作为已知数,并将所有观测像点物方坐标、影像的外方位参数和内方位参数作为未知数,利用光束法平差计算得到观测像点物方坐标、影像内外方位参数。

(1)点击“PATB 平差”—“平差辅助”。

(2)点击“继续”—“Features”,进入如图 3-42 所示的界面:若使用 POS 参与平差,平差前需要设置如下参数。若不想 POS 参与平差,就不勾选该参数。

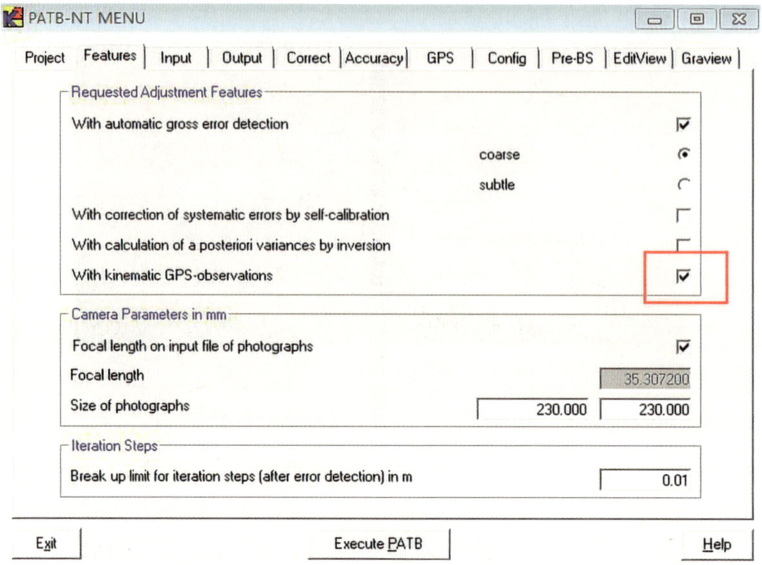

图 3-42　POS 参与平差

点击"Execute PATB"按钮,执行平差解算,如图 3-43 所示。

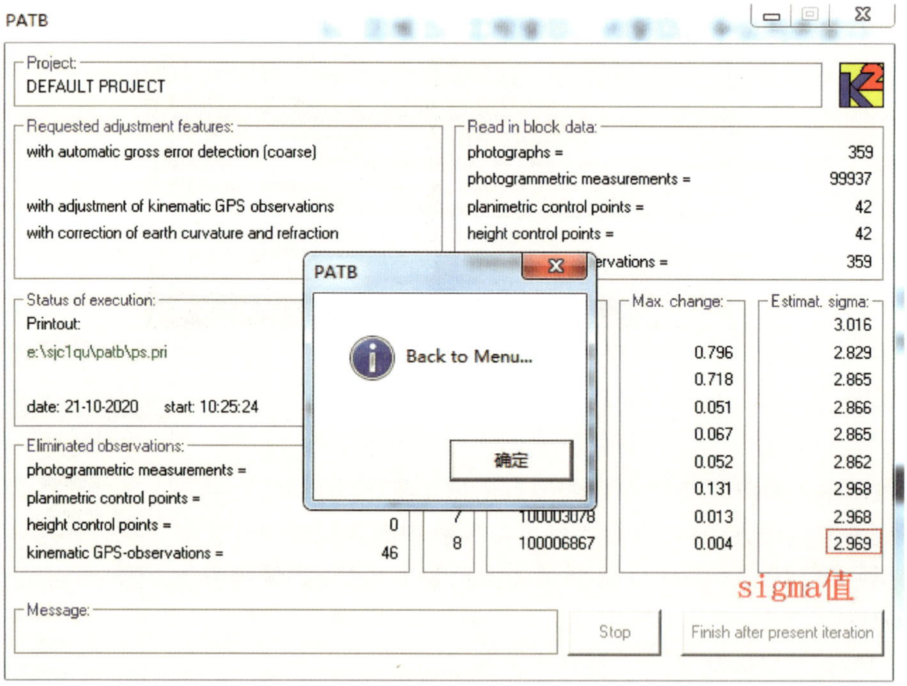

图 3-43　平差解算

(3)点击"确定"按钮,回到 PATB-NT MENU 对话框界面,点击"Accuracy"选项,如图 3-44 左边框像点权值处输入之前解算的 sigma 值,然后点击"Execute PATB"按钮执行解算,当解算的 sigma 值与如图 3-44 所示的参数相近或一致时,可退出 PATB 界面。

说明:当连接点争议点编辑完毕,像点网稳固时可修改控制点权值。(提示:该值根

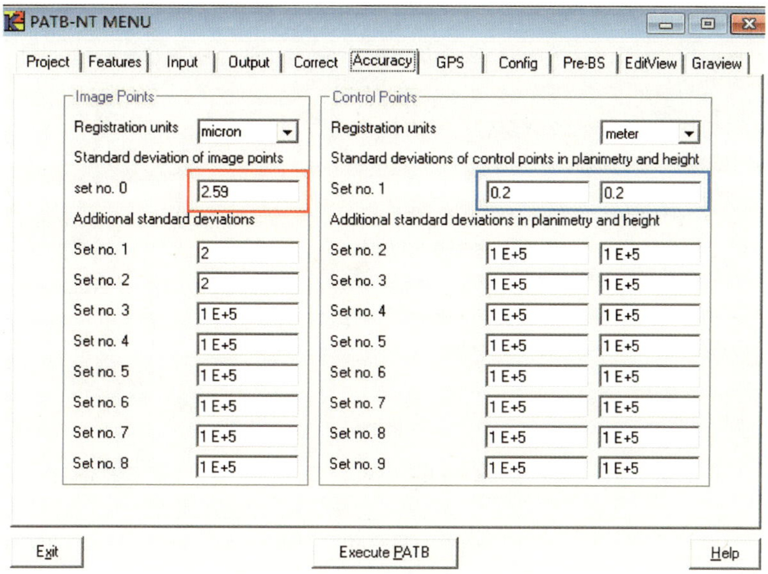

图 3-44　**参数设置**

据定向精度值设置,单位：m,一般可设置为 0.2,最终取消剔除粗差计算时可设置 0.01 或更小值强制拟合输出。)

(4)删除争议点。

“争议点窗口”如图 3-45 所示,显示平差解算后争议点的所有信息。点击“Execute PATB”进行平差,反复进行调整删除争议点。

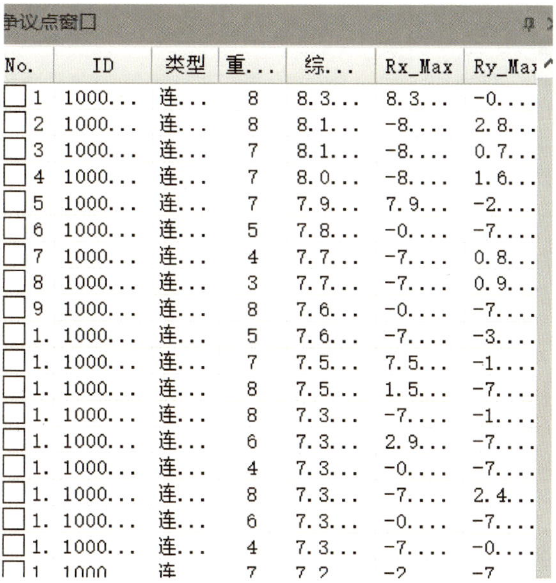

No.	ID	类型	重...	综...	Rx_Max	Ry_Max
1	1000...	连...	8	8.3...	8.3...	-0....
2	1000...	连...	8	8.1...	-8....	2.8...
3	1000...	连...	7	8.1...	-8....	0.7...
4	1000...	连...	7	8.0...	-8....	1.6...
5	1000...	连...	7	7.9...	7.9...	-2....
6	1000...	连...	5	7.8...	-0....	-7....
7	1000...	连...	4	7.7...	-7....	0.8...
8	1000...	连...	3	7.7...	-7....	0.9...
9	1000...	连...	8	7.6...	-0....	-7....
1.	1000...	连...	5	7.6...	-7....	-3....
1.	1000...	连...	7	7.5...	7.5...	-1....
1.	1000...	连...	8	7.5...	1.5...	-7....
1.	1000...	连...	8	7.3...	-7....	-1....
1.	1000...	连...	6	7.3...	2.9...	-7....
1.	1000...	连...	4	7.3...	-0....	-7....
1.	1000...	连...	8	7.3...	-7....	2.4...
1.	1000...	连...	6	7.3...	-0....	-7....
1.	1000...	连...	4	7.3...	-7....	-0....
1	1000	连	7	7.2	-2	-7

图 3-45　**争议点窗口**

说明:继续平差解算直至无争议点信息,最后一次平差解算需进行相关设置,如图 3-46 所示。若精度不做过多要求,争议点满足 2 倍像素即可。

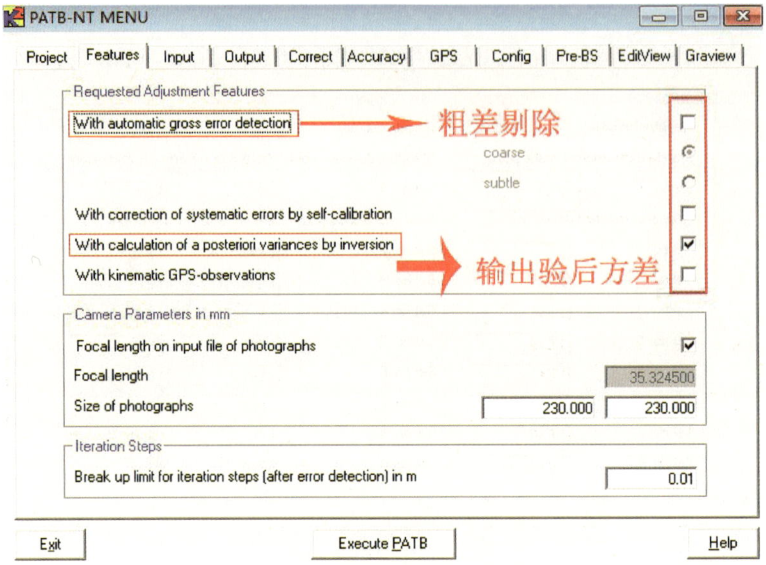

图 3-46 平差解算参数设置

(5)点击“拼接”—“选择点类型显示”，选择只显示“控制点+预测控制点”。

说明：控制点 ID 类型自动获取显示影像外方位元素值越准确，预测的控制点也越准确。

(6)查找“. pri”文件(平差报告)。

点击“工具”—“PATB 输出目录”，找到“. pri”文件，用记事本打开文件，查看相关平差结果，如图 3-47 所示。反复调点剔除粗差，直至精度符合数字航空摄影测量、空中三角测量相关规程规范及国家标准的要求。

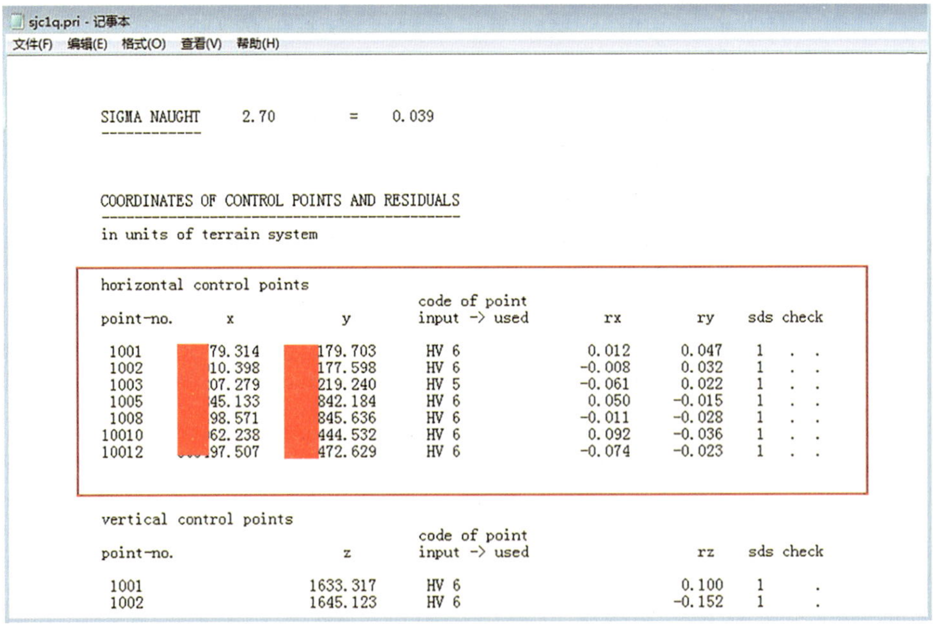

图 3-47 平差结果查看

6. MapMatrix 工程导出

点击“导入\导出”—“导出.XML 成果”—“输入成果名称”—“保存”，导出 MapMatrix 工程。可根据项目需要，导出其他格式工程，如图 3-48 所示的为 XML 格式成果。

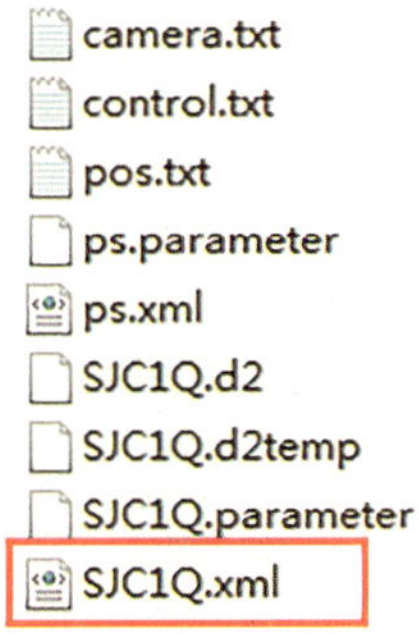

图 3-48　MapMatrix 工程导出

7. 空三精度检查

一般空三加密任务完成后，都需要通过一定的验证方式来检查空三加密成果的精度，MapMatrix 软件提供了专门检测空三精度检查的模块完成此任务。

(1)点击“文件”—“加载工程”—“选择工程文件”—“打开”。

(2)点击“数字化”，进入“特征采集处理专家”界面。

(3)点击“导入”—“导入控制点”— “确定”，如图 3-49 所示。

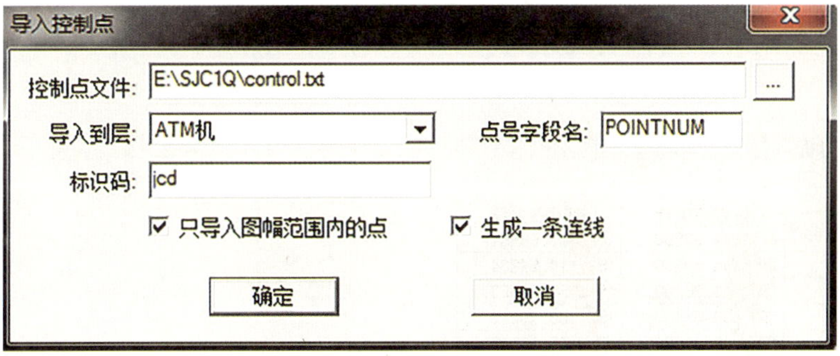

图 3-49　导入控制点

(4)点击“工具”—“检查点精度分析”—“导入参考测试点”，如图 3-50 所示。

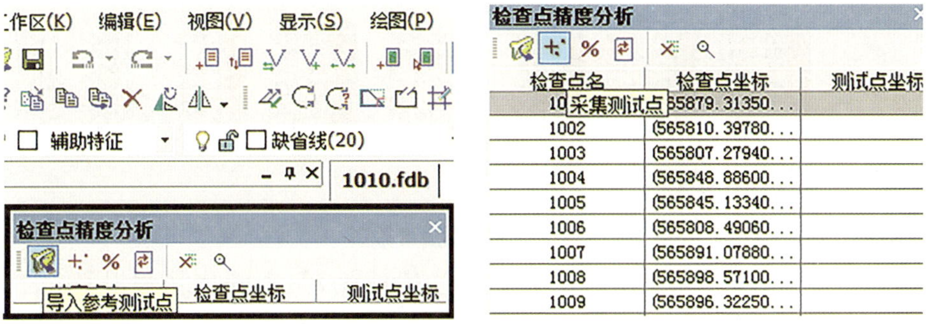

图 3-50　导入参考测试点

(5)点击“采集测试点”，找中检查点位置准确采集，如图 3-51 所示。

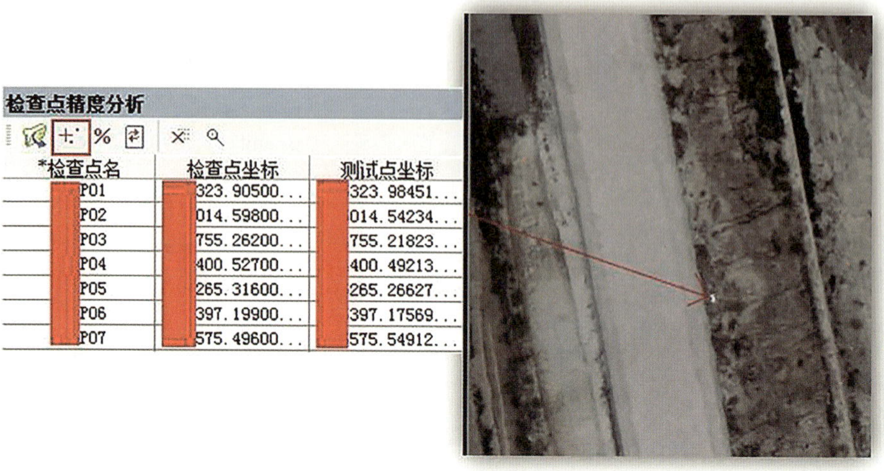

图 3-51　采集测试点

(6)点击“数据统计”,命名统计成果表,如图 3-52 所示。

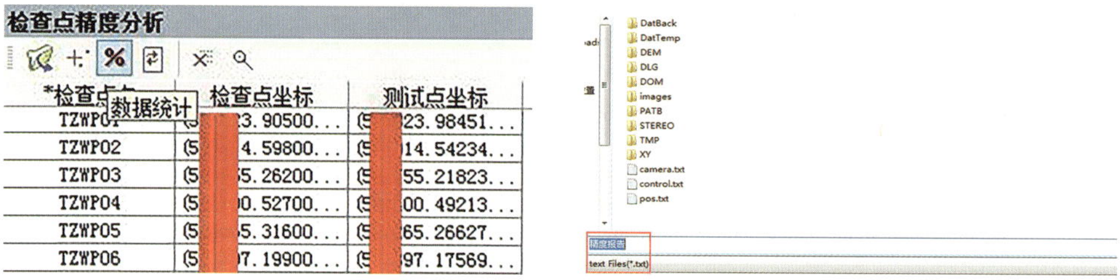

图 3-52　数据统计

(7)导出精度检查报告,如图 3-53 所示。

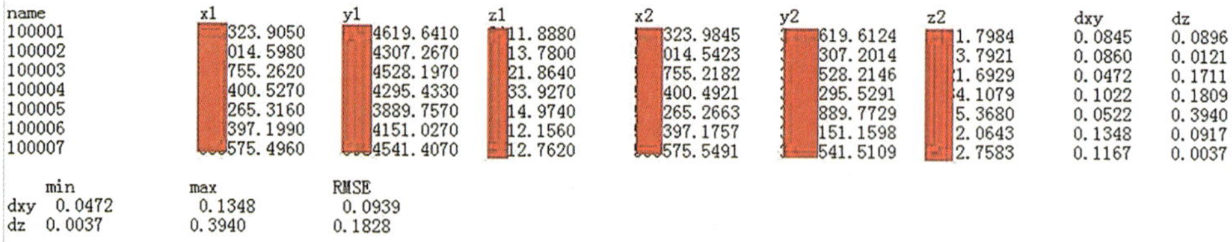

图 3-53　精度检查报告

检查报告中显示每个检查点的误差值、误差最大值及最小值、均方根误差。若 dxy、dz 及 RMSE 满足相关规范要求可进行下一步工作。

8. 空三加密成果接边

1) 接边数据

两个及两个以上空三加密成果,此处以两个空三加密成果为例进行说明。

2）接边方法

（1）像点导出。

分别导出两个空三像点文件。点击“导入\导出”—“导出点为文本文件”，选择路径，导出每张影像的点信息文件（*.xy），如图 3-54 所示。

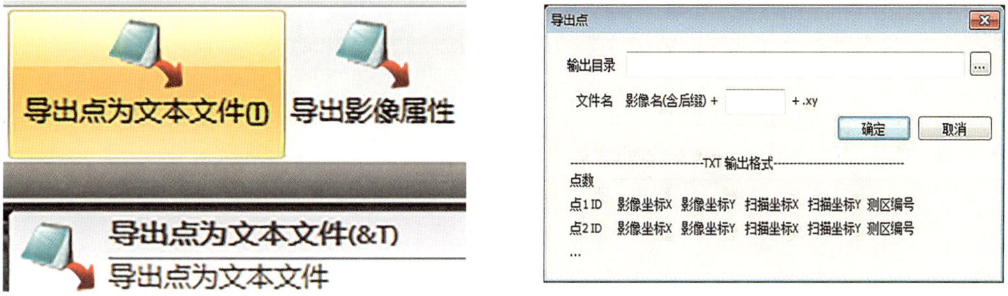

图 3-54　像点导出

（2）像点导入。

点击“导入\导出”—“导入自动转点成果”，如图 3-55 所示。

图 3-55　像点导入

说明：将第一个空三的像点文件导入第二个空三中进行平差解算，直至平差结果符合相关规范要求，再将其空三像点文件导入下一个相邻空三中进行平差解算，直至平差结果符合相关规范要求。

9. 成果整理与提交

空三加密成果主要包括以下内容：

（1）images 文件夹中存放航摄影像；

（2）相机报告文件中存放相机参数；

（3）控制点点位文件中存放像控点成果资料；

（4）POS 数据、控制点和 IMAGES 同级存放；

（5）影像外方位元素；

（6）精度检测报告。

四、任务考核

参考《数字航空摄影测量 空中三角测量规范》（GB/T 23236—2009），以成果质量为考核核心，兼顾实践教学实际情况制订任务考核标准（见表3-2）。

表 3-2 竖直摄影解析空中三角测量任务实施考核标准

序号	内容	说明	比例/%	分项成绩	总成绩
1	考勤	出勤率、纪律情况	30		
2	实践报告	实践活动形成的技术报告	20		
3	实践成果	影像外方位元素、DEM、DOM	20		
4		空三加密质量报告	30		

注：成果质量报告有明显错误者，综合成绩判定为不合格。

五、学习资源

（一）相关规范

（1）《摄影测量与遥感术语》（GB/T 14950—2009）；

（2）《数字航空摄影测量 空中三角测量规范》（GB/T 23236—2009）；

（3）《测绘作业人员安全规范》（CH 1016—2008）；

（4）《测绘成果质量检查与验收》（GB/T 24356—2023）；

（5）《数字测绘成果质量要求》（GB/T 17941—2008）。

（二）制作空三加密视频资源

码 3-3 数据准备和像片纠正

码 3-4 POS、像控点文件制作及工程文件夹创建

码 3-5 创建空三工程及影像金字塔生成

码 3-6 连接点匹配、像控点转刺、平差计算

（三）参考在线教学资源

（1）职业教育国家在线精品课“无人机摄影测量”（智慧树）；

（2）1+X 无人机摄影测量职业技能等级认证综合平台，模拟训练。

项目四　倾斜影像解析空中三角测量

导　学

近年来,为进一步提升测绘地理信息服务能力和保障水平,促进自然资源管理和治理能力现代化,“实景三维”成为基础测绘的重要组成部分。2019 年 6 月,自然资源部印发了《自然资源“十四五”规划编制工作方案》,提出在“十四五”期间拟大力推进实景三维中国建设;2021 年 8 月,自然资源部办公厅印发《实景三维中国建设技术大纲(2021 版)》;2022 年 2 月,自然资源部办公厅印发《自然资源部办公厅关于全面推进实景三维中国建设的通知》,要求“到 2025 年,5 米格网的地形级实景三维实现对全国陆地及主要岛屿覆盖,5 厘米分辨率的城市级实景三维初步实现对地级以上城市覆盖,国家和省市县多级实景三维在线与离线相结合的服务系统初步建成,地级以上城市初步形成数字空间与现实空间实时关联互通能力,为数字中国、数字政府和数字经济提供三维空间定位框架和分析基础。此外,50%以上的政府决策、生产调度和生活规划可通过线上实景三维空间完成。到 2035 年,优于 2 米格网的地形级实景三维实现对全国陆地及主要岛屿必要覆盖,优于 5 厘米分辨率的城市级实景三维实现对地级以上城市和有条件的县级城市覆盖,国家和省市县多级实景三维在线系统实现泛在服务,地级以上城市和有条件的县级城市实现数字空间与现实空间实时关联互通,服务数字中国、数字政府和数字经济的能力进一步增强,80%以上的政府决策、生产调度和生活规划可通过线上实景三维空间完成。”

“实景三维中国”主要有三个层级构成:地形级、城市级、部件级。从三个层级的内容和用途来看,地形级、城市级建设更具有基础性、公益性的属性,而部件级建设则更侧重满足个性化需求。

之所以开展实景三维中国项目,一方面是要克服传统三维数据的不足,满足自然资源管理的新需求;另一方面,则是因为现阶段具备了以三维手段对现实世界进行描述和管理的条件。2018 发布的《欧洲地理空间产业展望报告》,将整个地理空间产业广泛划为 GNSS 与定位、GIS 与空间分析、遥感和三维扫描 4 个类别,在传统的“3S”领域添加了三维扫描。

自然资源部在推进实景三维中国建设过程中高度关注实景三维建模软件的国产化、自主创新、安全可控等方面。倾斜摄影测量技术是实景三维建设的最主要手段,目前倾斜摄影自动化三维建模技术主要以法国 Air Bus 公司的 StreetFactory(街景工厂)、美国 Bently 公司的 ContextCapture、美国 Skyline 公司的 Photomesh、瑞士 Pix4D 公司的 Pix4Dcapture、俄罗斯 Agisoft 公司的 PhotoScan 等国外软件为主,国内 90%以上的实景三维数据制作都是使用上述软件进行三维重建的。由于实景三维数据精度都在厘米级以上,同时其在未来国家和城市治理能力现代化中将发挥越来越重要甚至不可替代的作用,如果长期由国外软件垄断我国实景三维数据的生产,一旦出现软件后门或漏洞,或者停止授权等极端事件，将对我国地理信息安全甚至国家安全带来灾难性的影响（测绘发展研究中心，熊伟、陈常松，《加快推进实景三维中国建设需高度重视关键技术的安全可控》）。

为了摆脱实景三维重建软件受制于国外的局面，近年来，一些国内科研院所、高校、高新技术企业不断加强在该领域的自主创新，并取得了积极成效。2015 年以来，我国在测绘领域推出了武汉大学自主研发的 DPGrid 和中国测绘科学研究院研发的 PixelGrid 两款实景三维重建软件，但这两款软件在自动化处理性能、支持的数据类型和摄影方式、数据处理规模等多个方面都无法与同类国外软件相比。此后，经过 3~4 年的积极创新和努力追赶，涌现出了几款新一代国产三维重建软件，大大缩小了与国外同类软件在功能和性能方面的差距，在数据适应性、自动化处理能力、数据处理规模、数据处理效率等方面与国外同类软件基本处于同一水平。但是，由于起步较晚，国内市场基本被国外软件占领，短时间内使得国产软件缺少大规模普及应用的机会，因而在人机交互界面等用户体验方面与国外软件相比还存在较大差距。

"十四五"时期是我国在全面建成小康社会、实现第一个百年奋斗目标之后，乘势而上开启全面建设社会主义现代化国家新征程，向第二个百年奋斗目标进军的第一个五年，但国际贸易争端已经悄然影响到我国装备、软件领域的可持续发展，也会影响未来工业化、信息化发展进程。基于这一背景，谋划实景三维中国建设，需要更多考虑国家安全问题，三维建模等软件的自主可控是实景三维中国建设的必要前提，持续推动实景三维重建软件技术自主创新是实景三维中国建设的主要内容。

一、项目描述

（一）倾斜摄影测量技术概述

倾斜摄影测量技术是测绘领域近些年发展起来的一项高新技术。它改变了以往航空摄影测量只能使用单一相机从垂直角度拍摄地物竖直影像的局限，该技术通过在同一飞行平台上搭载多台传感器，可以同时从垂直、侧视和前后视等不同角度采集影像，获取地面物体更为完整准确的影像信息。倾斜摄影测量技术通过多视影像密集匹配获取地表密集点云，在点云的基础上通过纹理映射来构建实景三维模型，在匹配点云及原始纹理不足的区域，通过其他手段补充来融合建模。基于实景三维可以展开多种新型测绘地理信息工作，已经被广泛应用于基础测绘、应急指挥、国土安全、城市管理、房产税收等行业。倾斜摄影测量和传统摄影测量技术流程相似，都是通过空三来完成点云数据的获取，在此基础上进行各项产品生产。用于进行倾斜摄影空三、建模的软件有很多，本项目通过比较通用的 ContextCapture Master、Smart3D 两款软件介绍倾斜摄影测量空三过程的要点，并通过空三成果进行三维模型等产品生产，使初学者对于倾斜摄影测量技术有比较全面的了解，其他软件的操作相似，可参考对应软件说明书使用。

码 4-1 微课-倾斜摄影及实景三维建模技术

（二）倾斜摄影测量组成

（1）无人机飞行器（见图 4-1）。

(a)四旋翼无人机

(b)垂直起降版固定翼无人机

图 4-1　无人机飞行器

(2)倾斜摄影相机(见图 4-2)。

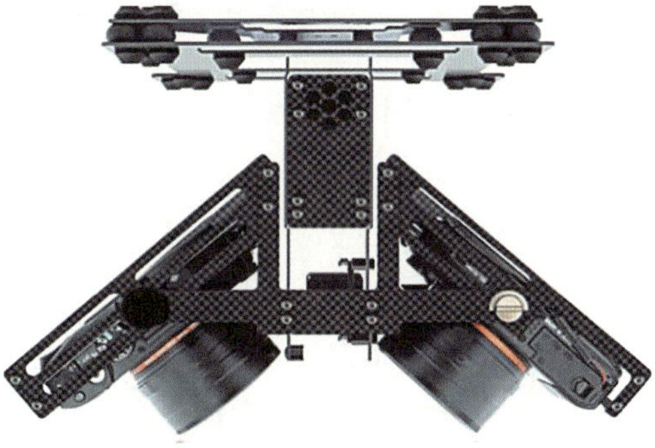

(a)旋转式二镜头倾斜摄影相机

(b)五镜头倾斜摄影相机

图 4-2　倾斜摄影相机

(3)数据处理软件系统(见图 4-3)。

(三)倾斜摄影测量优势

(1)满足地理信息多样化需求。

倾斜摄影测量是在摄影测量技术发展和人们需求增加的基础上发展起来的。传统的竖直摄影只能获取地物顶部信息,对于地物侧面信息获得不足;倾斜影像能让用户浸入式地从多个角度观察现实的立体三维,完全将外面的世界搬到了计算机上,更加真实地反映地物的实际情况,极大地弥补了基于正射影像分析应用的不足。

(2)操作便捷。

随着无人机制造技术的飞速发展,通过无人机倾斜摄影技术获取各类地理信息资料,具有操作灵活、方便的特点。

(3)节约人力,效率高。

用无人机倾斜摄影测量技术的作业效率会比传统人工方式提高数倍以上,解决了天气等外因造成的工作延误问题,把原本大量的外业工作转变成内业工作,极大地解放了测绘人员的劳动时间和减少外业劳动强度,提高了作业效率。

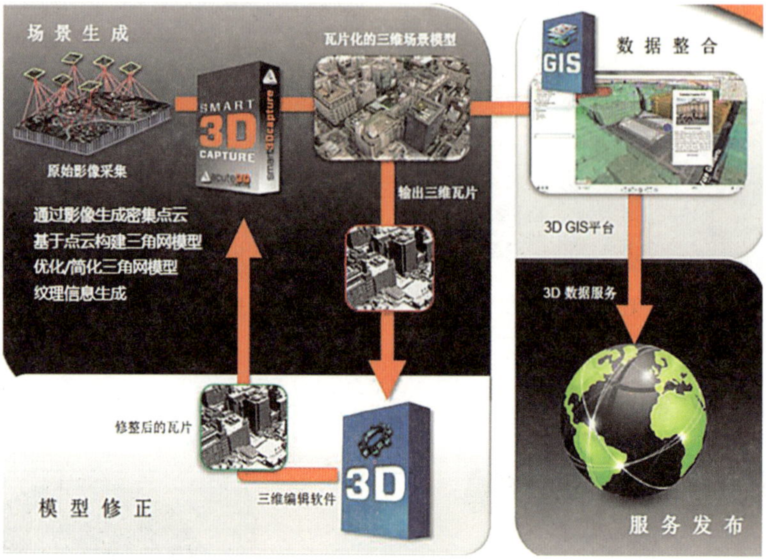

图 4-3　数据处理软件系统

（4）成果精度高。

利用倾斜摄影建立的真实三维模型精度高，三维模型的任意一个点位都是真实的三维坐标，利用三维模型采集的地形地物要素的平面、高程精度均可达到厘米级，目前倾斜摄影测量技术已经在地形图测绘、地籍测量、数字城市建设等相关项目中广泛应用。

（5）测量结果转化快，应用广泛。

实现了测绘产品从二维到三维的转化，用户可直接对三维模型进行包括点位、高度、长度、面积、角度、坡度等属性的量测，拓展了测绘产品在行业中的应用。

（6）数据量小、易于网络发布。

相较于传统三维 GIS 技术庞大的三维数据，应用倾斜摄影技术获取的三维数据量要小得多，且近年来三维模型轻量化的相关技术研究已经取得了显著成效，其影像的数据格式也可采用成熟的技术快速进行网络发布，实现共享应用。

（7）能快速响应突发情况。

由于倾斜三维模型为用户提供了更丰富的地理信息、更友好的用户体验，再配套相关系统的辅助分析，如量测分析等，使调度和指挥人员能够迅速掌握事发的准确地点及周边环境，为应急事件的处置提供辅助决策支持。

（四）倾斜摄影获取三维模型的应用

（1）辅助精细三维建模，其示例如图 4-4 所示。

（2）地形图、地籍图测量，其示例如图 4-5、图 4-6 所示。

（3）规划设计，其示例如图 4-7 所示。

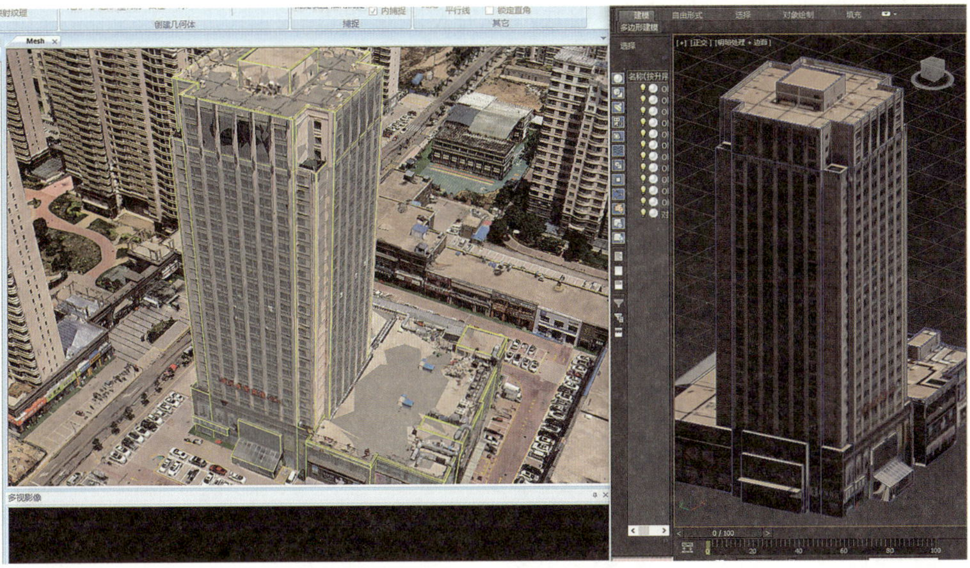

图 4-4 精细化建模示意图

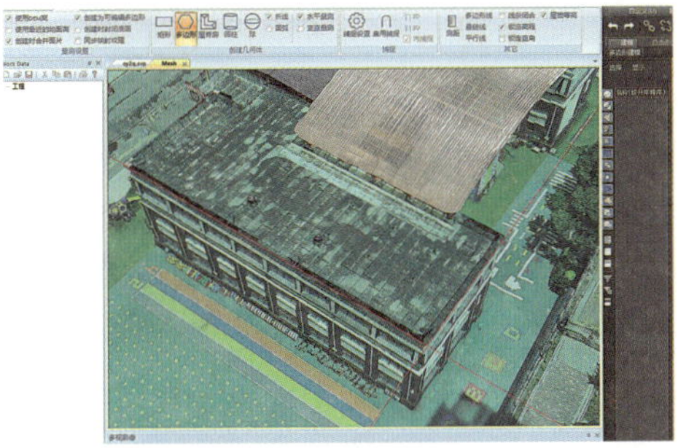

图 4-5 特征点坐标量测

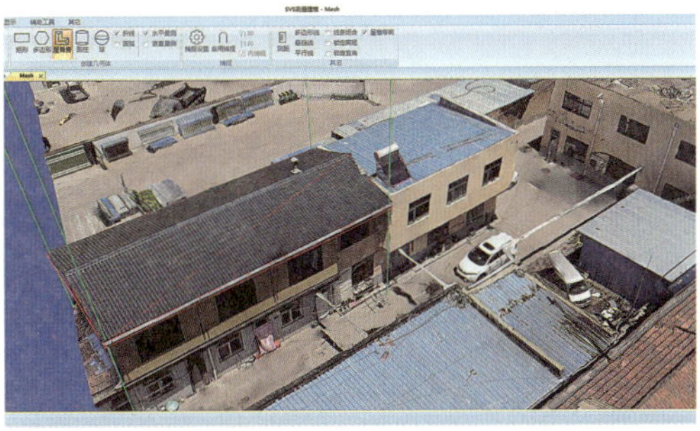

图 4-6 房屋采集及房檐改正

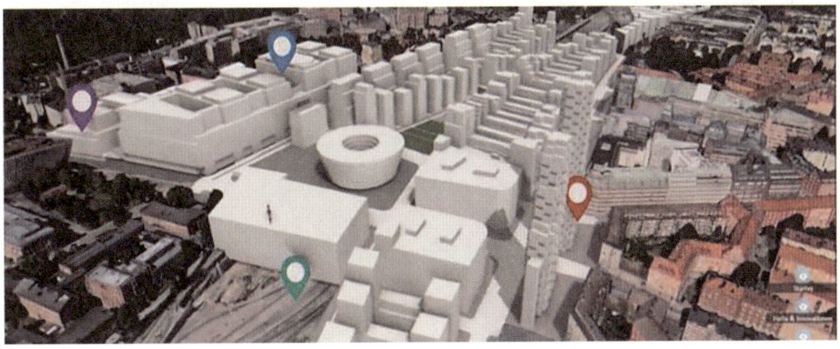

图 4-7 规划设计示例

二、项目目标

(一) 知识目标

(1) 掌握倾斜摄影测量相关概念;

(2) 了解倾斜摄影测量基本原理;

(3)掌握倾斜摄影测量数据处理基本流程及注意要点。

(二)能力目标

(1)能进行数据处理集群设置;

(2)会熟练使用软件完成空三任务,并检查成果精度;

(3)会熟练使用空三成果建立实景三维模型,并理解数据处理过程中各项参数设置的内涵。

(三)素质目标

(1)通过解读行业发展动态,使学生了解专业发展前景,激发青年一代的使命担当和创新精神;

(2)通过产业发展现状分析,使学生了解行业发展过程中的短板问题,激励学生将个人的成才梦有机融入实现中华民族伟大复兴的中国梦的思想认识,并增强学生对中国特色社会主义共同理想的思想认同和理论自觉;

(3)结合相关规范及任务要求进行测绘产品制作及成果检查,树立学生的保密意识和法治观念。

三、项目实施

(一)项目参考标准

本项目参考《实景三维中国建设技术大纲(2021 版)》、《低空数字航空摄影测量内业规范》(CH/T 3003—2021)、《城市三维建模技术规范》(CJJ/T 157—2010)、《三维地理信息模型数据产品规范》(CH/T 9015—2012)、《三维地理信息模型生产规范》(CH/T 9016—2012)的要求实施。

(二)项目流程

项目流程见图 4-8。

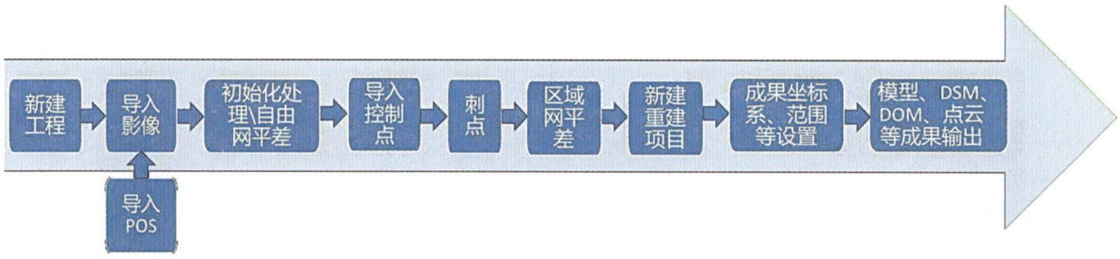

图 4-8　项目流程

(三)任务实施

【任务一】 ContextCapture Master 空三及建模

1. 集群设置

由于倾斜摄影技术所用影像数据量是传统航摄影像数据的 5 倍,在处理大范围数据时,软件需要进行联机集群处理,调动多台电脑共同处理一个项目的多个任务。集群过程中进行主要操作的电脑称为主机,其他用于运算的电脑称为副机。在进行联机时要保障网络畅通且数据交换速度足够快。进行集群设置时,为了工程和数据都能被辅机访问,主机要设置好共享盘,并且将数据、工程、任务队列路径都设置在共享路径中。

1)局域网设置

将需要集群的电脑通过交换机连接起来,注意至少选择千兆交换机,否则数据传输速率较低会影响数据处理速度。局域网电脑网络设置如图4-9所示,所有电脑IP地址按顺序编号。

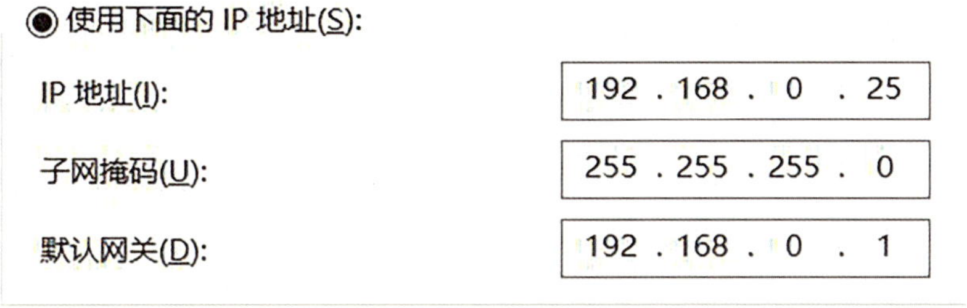

图4-9　IP地址设置

2)主副机设置

集群需要一台电脑作为主机建立任务,建模时把模型分解为瓦片(把建模区域划分为规则格网大小的区域,每个区域是独立的,可以分别处理,减少了对硬件的要求),其他电脑连接主机承接瓦片任务共同完成任务。为了软件联机过程能顺利进行,需要对共享磁盘的共享权限进行更改,确保其他电脑能访问并修改共享磁盘中的数据。

(1)共享设置。

主机需要将任务所在磁盘在网络上共享,操作如下:磁盘右键—属性—共享—共享此文件夹—权限(添加everyone完全控制);属性—安全—编辑—添加—高级(A)—立即查找(添加everyone完全控制)—应用,主机磁盘设置完成。

(2)磁盘映射(以主机IP为25为例)。

共享设置完成后,主副机使用IP访问共享盘,将共享盘映射至本地,建立一个区域内同名的映射磁盘。

主机Win+R组合键打开运行窗口,输入本机IP,如图4-10所示,检索共享磁盘。检索到共享磁盘后,磁盘上点击鼠标右键,选择“映射网络驱动器”,例如共享磁盘是E盘,映射为M盘,此时我的电脑就多了个M盘。注意映射盘名称不要选择与电脑磁盘可能冲突的名称,例如不能是C、D、E、F。

副机Win+R组合键打开运行窗口,输入主机IP,如图4-10所示,检索共享磁盘。检索到共享磁盘后,点击鼠标右键进行磁盘映射,同样将共享磁盘E映射为M盘,此时副机我的电脑也多了个M盘。

此时,主机、副机通过交换机连接起来,有了共同的映射磁盘M,主机工程任务建在这个映射盘中,主机、副机集群的设置完成。

2. 数据准备

在建立工程之前,需要将POS数据、像控点文件、相机文件按要求转换为软件支持的格式。

一般无人机航摄得到的原始POS数据与影像文件是独立的,需要将POS按影像编号重新编辑使之与影像的名称和序号均对应,编辑工作可以在Excel中进行,编辑时需要与

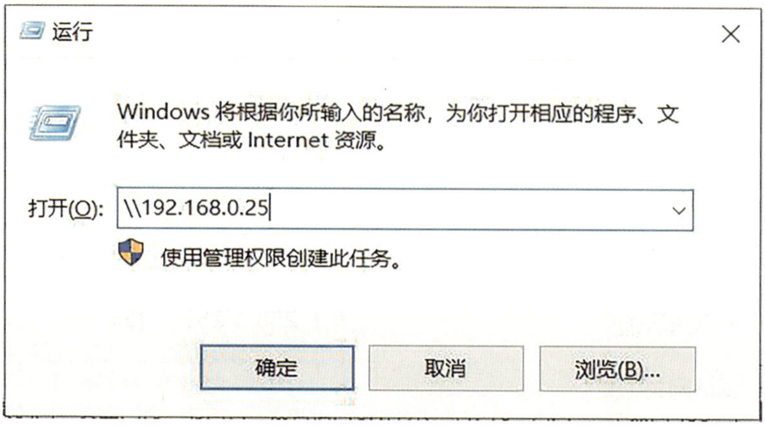

图 4-10　共享磁盘检索

外业人员核对 POS 与影像的对应关系，此过程重点在细心、反复核对，编辑前后 POS 对比如图 4-11 所示，编辑后 POS 数据另存为 CSV 格式。

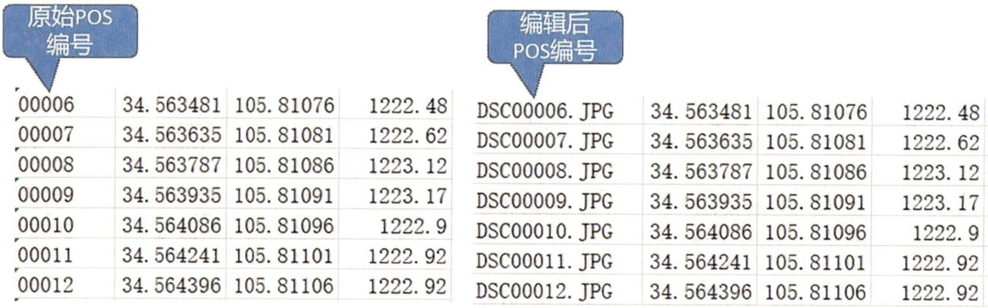

00006	34.563481	105.81076	1222.48
00007	34.563635	105.81081	1222.62
00008	34.563787	105.81086	1223.12
00009	34.563935	105.81091	1223.17
00010	34.564086	105.81096	1222.9
00011	34.564241	105.81101	1222.92
00012	34.564396	105.81106	1222.92

DSC00006.JPG	34.563481	105.81076	1222.48
DSC00007.JPG	34.563635	105.81081	1222.62
DSC00008.JPG	34.563787	105.81086	1223.12
DSC00009.JPG	34.563935	105.81091	1223.17
DSC00010.JPG	34.564086	105.81096	1222.9
DSC00011.JPG	34.564241	105.81101	1222.92
DSC00012.JPG	34.564396	105.81106	1222.92

图 4-11　编辑前后 POS 数据对比

像控点文件也需要更改格式使其满足软件要求。

ContextCapture Master 做空三只需录入相机焦距，相机文件可不编辑。

3. 新建工程

打开 ContextCapture Master 进入“新建工程”界面，设置工程名称、设置工程目录，若采用集群处理方式，工程目录必须选择映射磁盘，如图 4-12 所示。

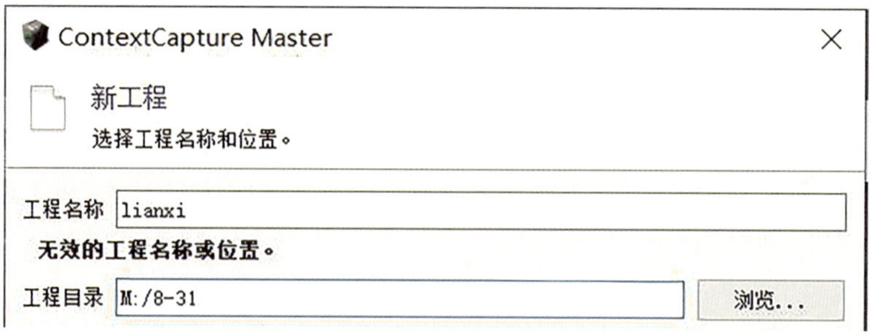

图 4-12　新建工程

工程建好后，若是集群工程，需要在映射目录下新建一个 Jobs 文件夹存放任务序列，在“工程—选项”界面，设置任务序列在映射盘 Jobs 文件夹下，如 M:/Jobs，此时工程提交的所有任务都会存在此位置,其他电脑引擎只能检索该文件夹来领取任务。

4. 添加影像及导入 POS

1) 添加影像

进入“Block-1”—“影像”—“添加影像”—“添加整个目录”(定位后选择文件夹),可导入整个目录内的所有影像,若项目内所有影像名称不重复,多文件夹影像可一次导入,若多镜头影像名重复,需分镜头导入。导入后按相机文件所示填入焦距,结果如图 4-13 所示。

图 4-13　导入影像结果

2) 导入 POS

点击图 4-13 中“导入位置…”选项,可以进入导入影像 POS 的界面,按下文要求进行设置。

(1)输入文件:选择 CSV 格式的 POS 文件。

(2)文件格式:文件头忽略行,设置 POS 数据从第几行开始导入;分隔符,选择 POS 文件中各参数之间的分隔符以区分各参数;数据预览,浏览设置后的成果文件,若不合适,可以重新调整前两项设置。

(3)数据属性:设置 POS 的坐标系及角元素的格式,一般情况下原始 POS 坐标为 WGS84,在不确定角元素格式的情况下,角元素可不设置。

(4)字段:设置字段对应关系,如图 4-14 所示。

图 4-14　字段与 POS 数据对应关系

设置完成后导入 POS 数据。系统会提示多少影像匹配到 POS 数据,也可在影像界面查看每张影像的属性及 POS 信息,如图 4-15 所示。

(5)3D 视图检查:POS 导入完成通过 3D 视图检查 POS 位置关系是否正确。

5. 自由网空三

(1)计算机开始菜单找到 Bentley—ContextCapture Settings—配置,将任务序列设置在映射盘下 Jobs 文件夹,如 M:/Jobs。

(2)打开引擎。

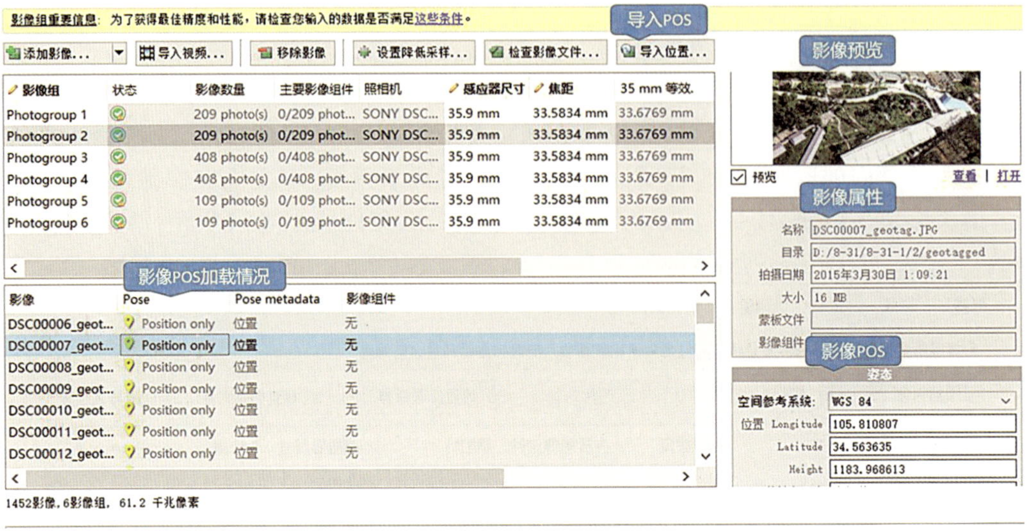

图 4-15　POS 数据及属性查看

(3)提交空中三角测量，定位/地理参考根据实际情况选择，POS 精度不高选第五项，高精度 POS 选第四项，如图 4-16 所示，其他设置默认。查看运行状态如图 4-17 所示，确保空三任务正常运行，若空三不能正常运行主要原因是引擎设置不对，空三提交后会生成新区块。

图 4-16　自由网空三定位模式选择

(4)空三成果检查，如图 4-18 所示的状态说明空三任务成功，若失败会提示 defeated，运行完毕检查空三质量报告(View quality report)及 3D 视图效果，若 3D 视图无断层、扭曲等情况说明空三成果合格，如图 4-19 所示，空三质量报告检查参考下文。

6. 控制网空三

1)控制点载入

选择测量—survey Points—⊡—Custom text format 导入控制点坐标，注意坐标系的选择要与控制点实际坐标系一致，其他内容与导入 POS 一致。导入控制点后可在 3D 视图检查控制点位置的匹配情况。

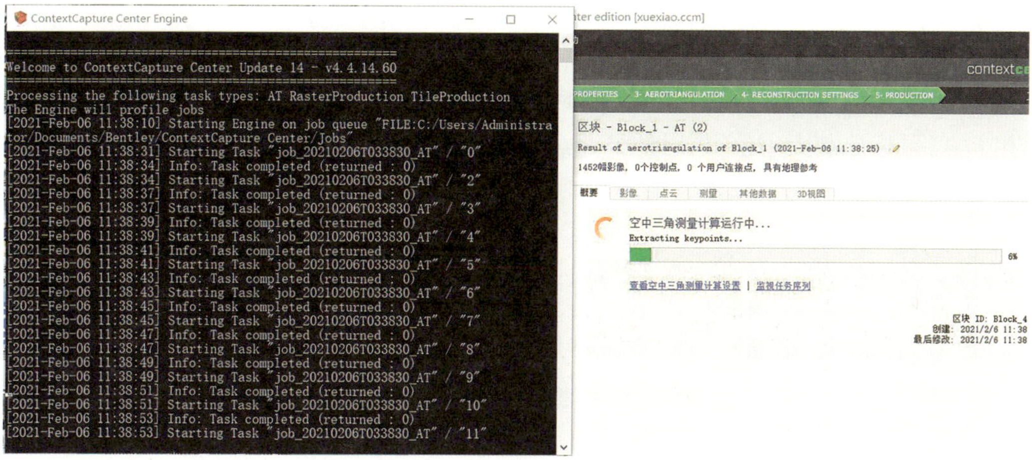

图 4-17　自由网空三运行状态

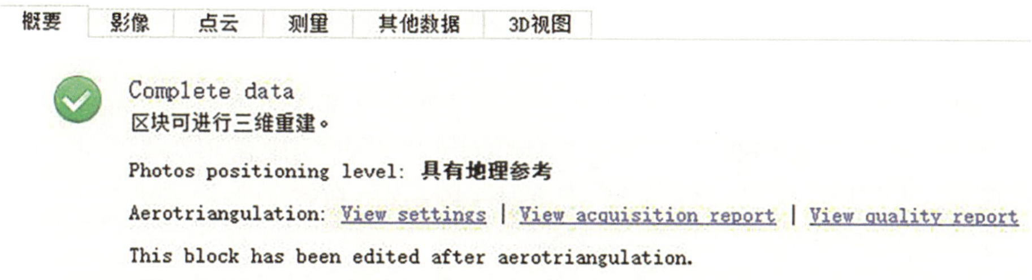

图 4-18　空三结果概要

图 4-19　3D 视图检查

2) 刺点

导入控制点后，在控制点列表查看所有控制点。点击需要刺的控制点，在下方选择匹配模式，对应控制点的影像会被挑出来准备刺点，如图 4-20 所示。点击影像，对应影像显示在上方，鼠标控制大小位置，对照外业点之记准确将点刺在影像对应的位置，刺点命令“Shift+左键”。控制点号列表会显示控制点刺在了哪些影像上方便修改。

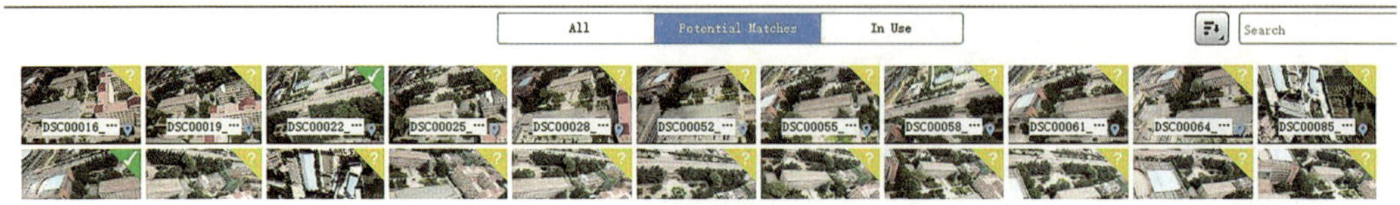

图 4-20　控制点匹配到的影像列表

3) 区域网平差

刺点完成后重新提交空三任务，定位/地理参考选择使用控制点进行平差，其他设置默认。查看运行状态如图 4-17 所示，确保空三任务正常运行，空三提交后生成新区块。

7. 空三质量报告检查

ContextCapture Master 空三结束后会生成一个质量报告，打开 View quality repor 检查空三质量报告，这份质量报告相当于这个项目的“诊断书”，质量报告分五部分：项目概述、相机参数标定、照片位置、照片匹配、像控点（检查点）概述。

（1）项目概述内容详解，如图 4-21 所示。

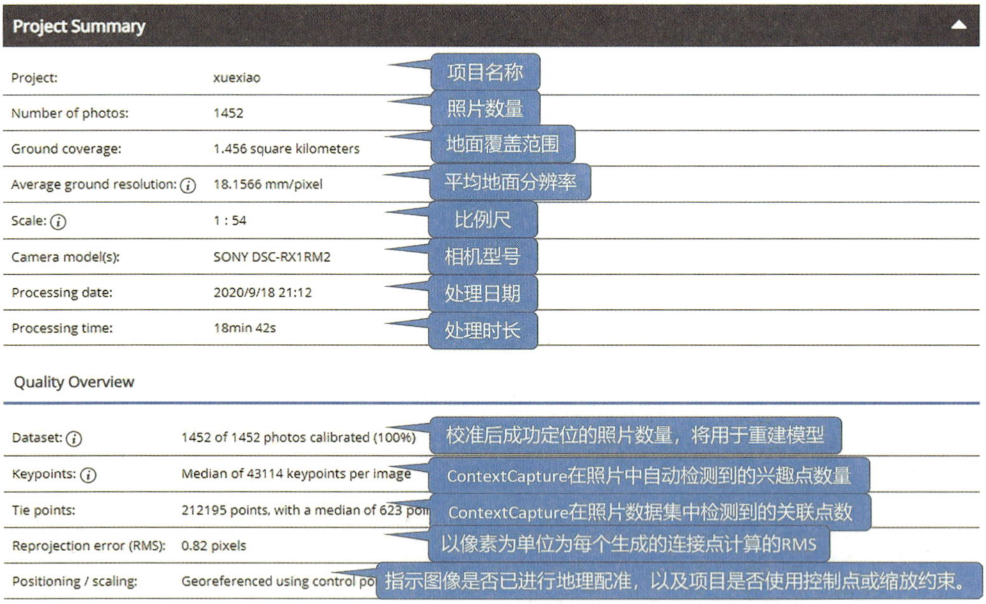

图 4-21　项目概述

（2）相机校准期间，ContextCapture Master 会估算用于获取照片的所有相机的镜头和图像传感器的参数，结果如图 4-22 所示。

（3）ContextCapture Master 使用一系列指标来定义计算出的照片位置，并帮助用户识别在定位中的潜在错误。照片位置周围的圆圈越大，不确定性越大，如图 4-23 所示。

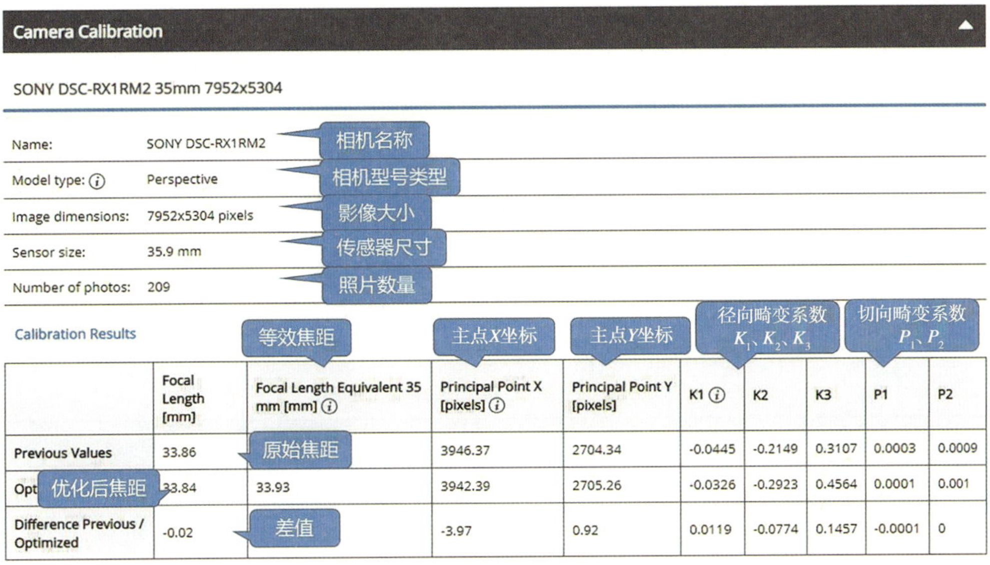

Camera Calibration

SONY DSC-RX1RM2 35mm 7952x5304

Name:	SONY DSC-RX1RM2
Model type: ⓘ	Perspective
Image dimensions:	7952x5304 pixels
Sensor size:	35.9 mm
Number of photos:	209

Calibration Results

	Focal Length [mm]	Focal Length Equivalent 35 mm [mm] ⓘ	Principal Point X [pixels] ⓘ	Principal Point Y [pixels]	K1 ⓘ	K2	K3	P1	P2
Previous Values	33.86		3946.37	2704.34	-0.0445	-0.2149	0.3107	0.0003	0.0009
Opt	33.84	33.93	3942.39	2705.26	-0.0326	-0.2923	0.4564	0.0001	0.001
Difference Previous / Optimized	-0.02		-3.97	0.92	0.0119	-0.0774	0.1457	-0.0001	0

图 4-22　相机校准参数

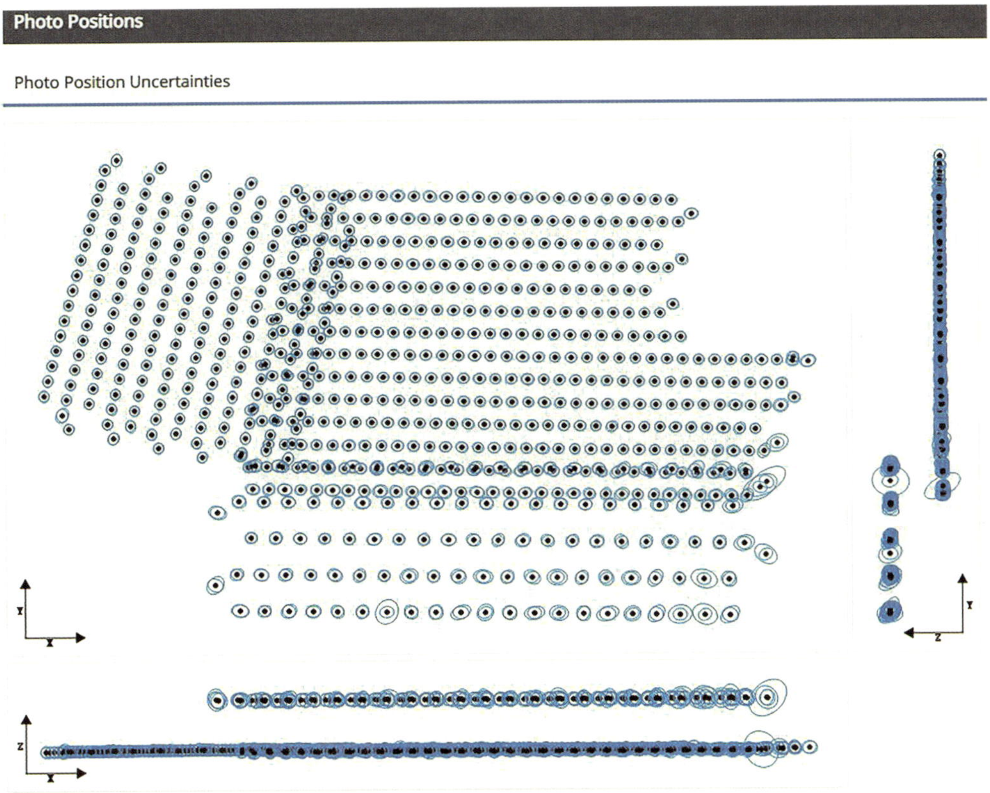

图 4-23　照片位置的不确定性

（4）照片匹配会查看自动生成的连接点，将所有照片匹配在一起，并使用各种质量测量来验证匹配的正确性，或尝试查明潜在问题。“连接点位置的不确定性”视觉上代表了各个连接点位置的不确定性，参考价值不大，这里不做具体说明。

（5）如果使用了控制点，则会显示“控制点”部分。为了提高精度，会将控制点 RMS 控制在一个像素以内，系统根据 RMS 对标志进行着色（着色规则如表 4-1 所示），若像控点都是绿色，说明精度很高，橙色或红色标志说明控制点 RMS 超过一个像素，空三报告主要检查控制点及检查点中误差是不是满足相关规范要求，如图 4-24 所示。若各项条件满足相关规范要求，再检查 3D 视图是否有断层、弯曲等情况存在，若无异常，说明空三成果合格，可以进行模型重建及其他产品的生成。

表 4-1　控制点/检查点着色规则

颜色	重投影误差的 RMS/像素	准确度
绿色	<1	高
黄色	1～3	中
红色	>3	低

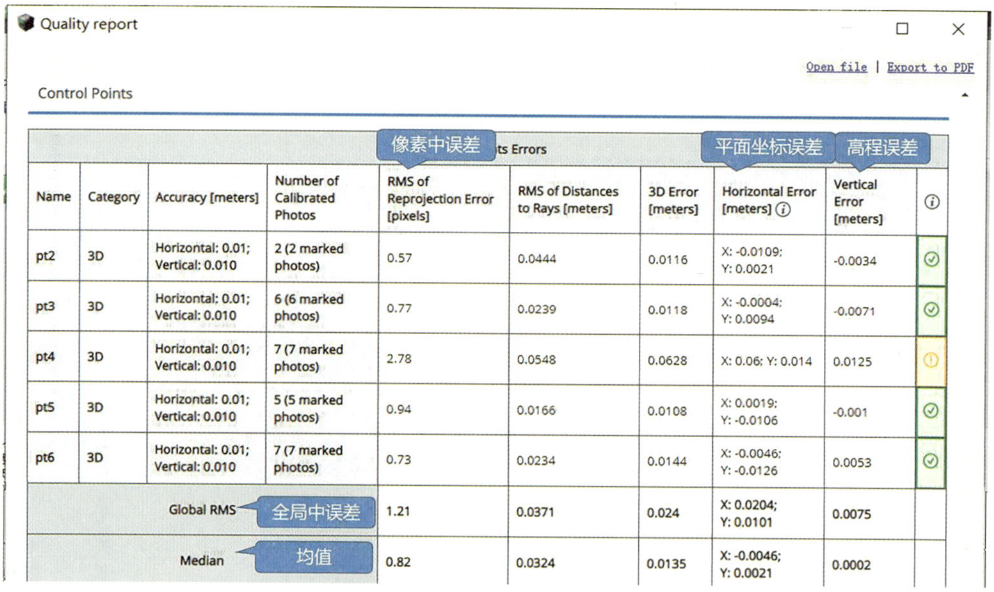

Name	Category	Accuracy [meters]	Number of Calibrated Photos	RMS of Reprojection Error [pixels]	RMS of Distances to Rays [meters]	3D Error [meters]	Horizontal Error [meters]	Vertical Error [meters]	
pt2	3D	Horizontal: 0.01; Vertical: 0.010	2 (2 marked photos)	0.57	0.0444	0.0116	X: -0.0109; Y: 0.0021	-0.0034	
pt3	3D	Horizontal: 0.01; Vertical: 0.010	6 (6 marked photos)	0.77	0.0239	0.0118	X: -0.0004; Y: 0.0094	-0.0071	
pt4	3D	Horizontal: 0.01; Vertical: 0.010	7 (7 marked photos)	2.78	0.0548	0.0628	X: 0.06; Y: 0.014	0.0125	
pt5	3D	Horizontal: 0.01; Vertical: 0.010	5 (5 marked photos)	0.94	0.0166	0.0108	X: 0.0019; Y: -0.0106	-0.001	
pt6	3D	Horizontal: 0.01; Vertical: 0.010	7 (7 marked photos)	0.73	0.0234	0.0144	X: -0.0046; Y: -0.0126	0.0053	
		Global RMS		1.21	0.0371	0.024	X: 0.0204; Y: 0.0101	0.0075	
		Median		0.82	0.0324	0.0135	X: -0.0046; Y: 0.0021	0.0002	

图 4-24　空三报告控制点部分

8. 三维模型生成

1）空间框架设置

在空三结果的区块上，选择 新建重建项目，进入重建设置界面，在重建设置界面首先进行空间框架设置。空间框架设置产品的空间参考坐标系、兴趣范围、切块大小并编辑切块范围，如图 4-25 所示。注意切块模式选用规则平面格网切块，切块大小根据主、副机的内存配置来设置，一般以内存 1/3 大小为最佳，如计算机内存 32 G，任务使用最大内存设置在 11 G 左右。高级切块选项可以设置瓦片切块的原点，在大范围建模时，为了方便多个项目模型的拼接需要在此设置统一的原点，注意多项目模型拼接时，要保证模型瓦片大小、模型原点设置一致。

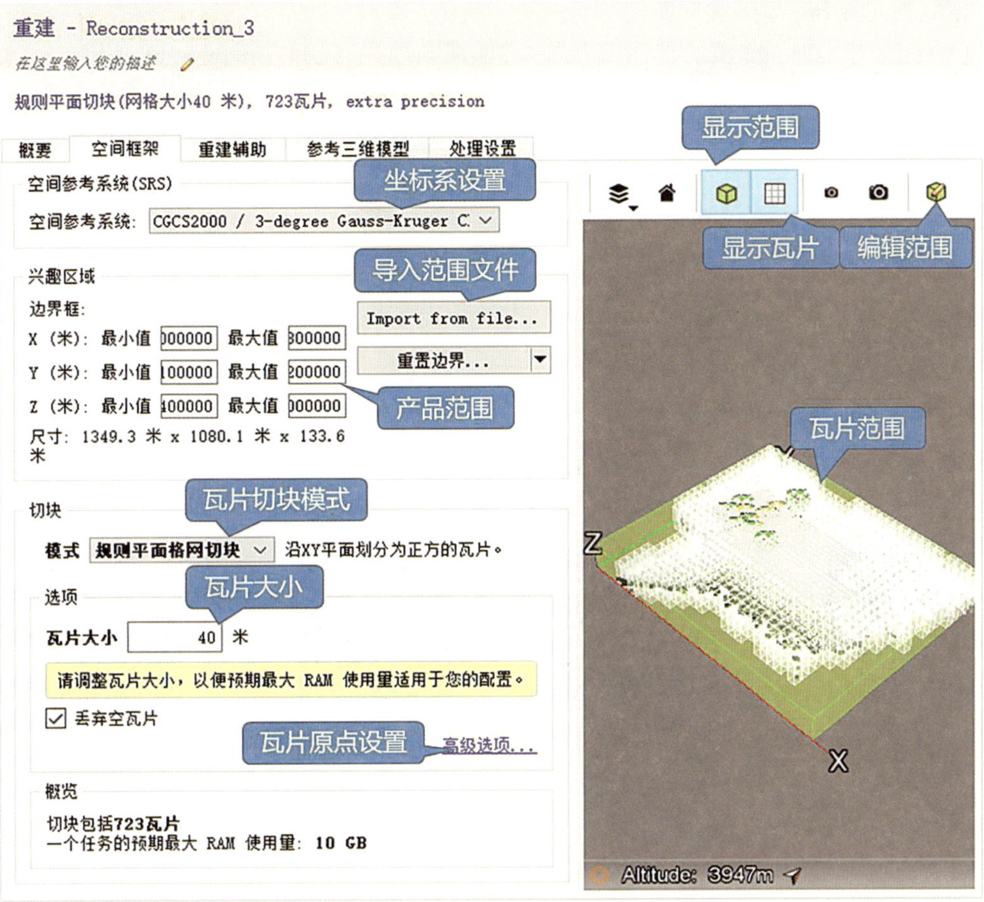

图 4-25　空间框架设置

2）瓦片选取

由于空三结果的范围一般都大于实际需求，在测区范围内有很多瓦片不是项目所需，为了灵活进行模型范围的选取，需要在生产模型之前选择需要的瓦片，以提高工作效率。瓦片选取的方法有以下三种：

（1）如图 4-25 所示，在空间框架里打开编辑范围，在瓦片范围内用鼠标左键从黄色范围区域的侧面推出范围，这种方法简单，一般在制作规则矩形区域模型时使用。

（2）打开图 4-25 中参考三维模型—质量控制界面，用鼠标左键配合 Shift 键、Ctrl 键快速选取想要的瓦片并标记为标签。

（3）建模前进入 3D 视图选择瓦片界面进行瓦片选取，操作方法同上。

3）提交生产项目

进入概要界面 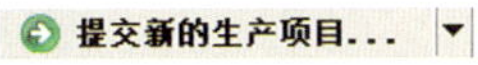

。

名称：默认。

目的：三维格网。

格式：OSGB、OBJ 等，纹理压缩根据需要，瓦片重叠 0.1 m（相邻瓦片需要有一部分重叠，保障生成后模型的连续性），其他默认。

空间参考系统：选择成果所需坐标系。

范围：点击 Edit—取消所选所有瓦片—3D 视图选择，鼠标左键配合 Shift 键、Ctrl 键快速选取想要的瓦片；或 Edit—取消所选所有瓦片—添加已标记瓦片数据至选择集—选择前期标记的瓦片。

目标：确定成果输出目录，一般默认。

设置完成提交开始三维模型生产。

4）副机集群设置

主机提交生产任务后，在副机开始菜单找到 Bentley—ContextCapture Settings—配置，将任务序列设置在映射盘 Jobs 文件夹，如 M:/Jobs。副机只需打开引擎便可开始集群计算。

5）其他产品生产

在同一重建任务里，重新 提交新的生产项目... ，格式根据需要选择点云、DSM、DOM 等，流程基本相同。

码 4-2　建模设置　　码 4-3　预处理及自由网空三　　码 4-4　区域网平差　　码 4-5　成果查看

【任务二】　瞰景 Smart3D 空三及建模

瞰景 Smart3D 全自动实景三维建模软件，是一套以数字摄影测量、计算视觉、计算机图形学等技术为核心，开发的一套适用于快速全自动倾斜摄影测量三维实景建模软件。该软件优势：空三算法高效，独有的分布式空中三角测量算法让测量成果更精确、更稳健，实现了倾斜实景三维大数据全流程的并行处理；不仅支持集群运算、多种操作系统（包括 Linux），还支持单机多开充分利用计算机资源，具有更高的处理效率，节省大量建模时间；模型还原度高，建模精度高，可达到毫米级的模型精度；先进的节点管理与监控；多源数据成果：mesh 模型、DEM、DOM、高精度空三成果。

瞰景 Smart3D 建模软件包含了 3 个模块：Smart3D Master、Smart3D Engine、Smart3D Viewer。Smart3D Master 是实景建模软件的主模块，完成建模任务的设置；Smart3D Engine 是 Smart3D 实景建模软件的节点机控制台和运算模块；Smart3D Viewer 是一个轻量级的可视化软件，用来查看 Smart3D Master 模块中生成的最终结果。

以××村五镜头航摄成果为例采用 Smart3D Master 实施本任务。若采用集群模式，参考 ContextCapture Master 集群设置。

1. 资料准备

像片数据：××村五镜头航摄成果，分辨率 3 cm。

POS 数据：五镜头像片数据共用一组 POS 数据，坐标系为 WGS84。

控制点平面坐标系：2000 国家大地坐标系，按高斯-克吕格 3°分带投影。

控制点高程坐标系：连接 CORS 获取的大地高，未做高程异常改正。

控制点实地照片：采集控制点时拍摄的点位实地照片。

POS 格式为照片名、经度（*X* 坐标）、纬度（*Y* 坐标）、高程（*H*）。要求第一列照片名和影像的命名一一对应，整理好的 POS 数据可以为 TXT 格式或 CSV 格式，如图 4-26 所示，对应的影像如图 4-27 所示。

图 4-26　POS 数据格式

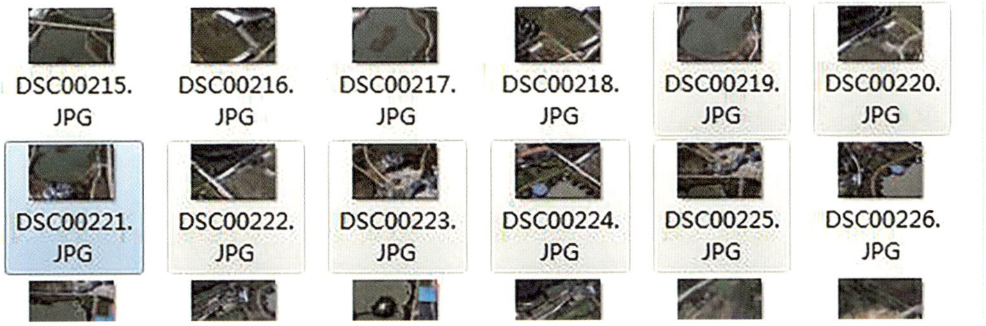

图 4-27　影像命名

2. 任务队列配置

任务队列是工程提交的所有任务的先后队列，会专门指定个文件夹存放，任务队列配置就是确定这个任务队列文件夹的位置。配置时需注意两部分，一是工程提交时的任务队列路径设置，二为引擎运行时获取的任务队列路径，任务的运行需要两处任务队列路径保持一致。推荐使用引擎管理更改。任务队列是软件存放获取运行任务的文件目录，占用空间小，但对磁盘读写速度较高，默认存放于 C 盘，建议存放固态盘（建议和工程目录分开，不要放在同一个磁盘或者存储下）。

1）工程的任务队列路径

工程的任务队列路径有两种设置方式，新建工程时修改，或者在工程中修改。如图 4-28、图 4-29 所示。

2）引擎的任务队列路径

访问 C:\Users\Administrator\AppData\Local\soarscape 软件目录，若无法访问 AppData

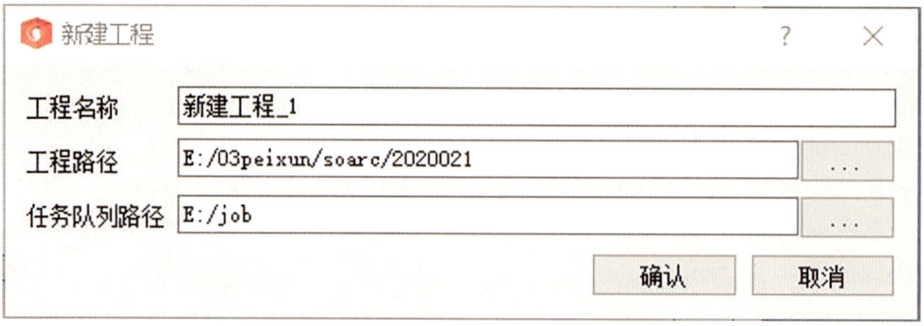

图 4-28　新建工程任务队列设置

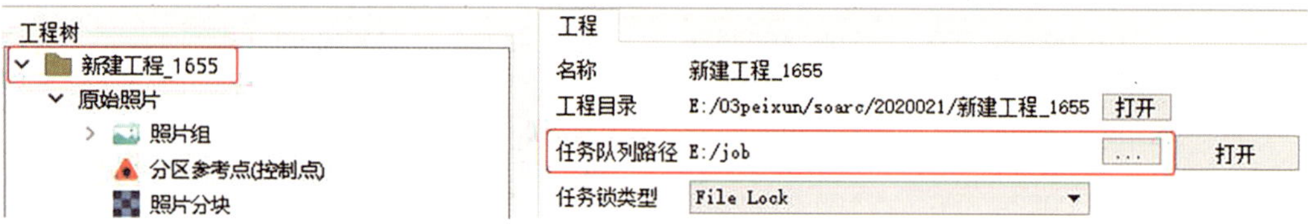

图 4-29　工程中任务队列修改

文件夹，在文件夹查看选项下，勾选显示隐藏的项目。在 soarscape 文件下 job-config. ini 文件中可以设置计算机作业队列的目录，设置时，在文档中输入正确的任务队列路径即可，如图 4-30 所示。当 Smart3D 软件引擎端启动时，它将读取这些设置，并从相应的作业队列目录获取任务开始作业。

图 4-30　引擎任务队列路径设置

3. 创建工程

1）新建工程

启动 Smart3D Master 主程序，点击“文件”—“新建工程”，设置工程名称、工程路径、任务队列路径，选择 WGS84 坐标系统，如图 4-31 所示。工程新建完成后，在“工程树”一栏中将显示工程结构。

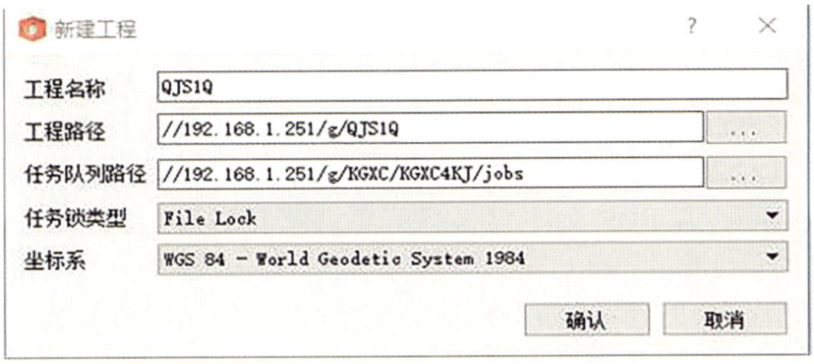

图 4-31　工程创建

图 4-31 中：

工程名称，一个工程名代表一个工程，仅包含一组数据，可提交多个空三任务集重建任务，支持保存工程及导入空三操作。

任务队列路径，是软件存放运行任务及引擎获取运行任务的文件目录，占用空间小，但对磁盘读写速度较高，默认存放于 C 盘，可不修改直接使用。

说明：

照片组，提供创建照片组和照片、照片组及 POS 数据导入的接口，支持编辑影像外方位参数及相机内方位参数。

空三任务，创建空三任务，经过解算后可转刺控制点，平差过后，可查看空三报告。

重建任务，空三解算成功后，创建重建任务，软件将自动生成带真实纹理的三维网格模型。

软件可采用集群作业模式，因此提交任务的电脑可以作为运算机进行数据处理，也可只负责提交任务，运算任务由副机来完成。

2）影像/POS 加载

在工程树下面，选择“照片组”，右击“导入照片组”，选择影像所在文件夹，导入影像，如图 4-32 所示。

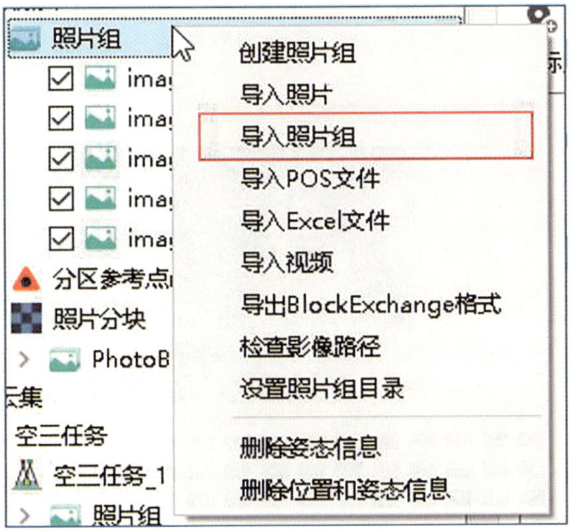

图 4-32　导入照片组

选择“照片组”对应的照片列表,右击“导入 POS 文件”,选择对应的 POS。POS 导入时选择包含所有照片组的 POS 文件,若每个照片组有单独的 POS 文件,选择每个照片组的 POS 文件单独导入;选择分隔符,对表格分列,查看文件是否有需要跳过的行,没有忽略文本行选 0,有几行填几,完成后点击“下一步”;选择 POS 文件的坐标系,这里选择的是默认 WGS84 坐标系,若 POS 文件有姿态信息,需勾选导入相机姿态信息(也可不导入),并选择对应的角度格式,若无姿态信息,跳过这一步;给每一列分配字段,注意分配的时候不要颠倒顺序,结果如图 4-33 所示。导入 POS 文件后,可在软件中进行查看,如图 4-34 所示,在红色标记处切换。图 4-35(a)为已导入 POS 数据的,图 4-35(b)为未导入 POS 数据的显示情况。

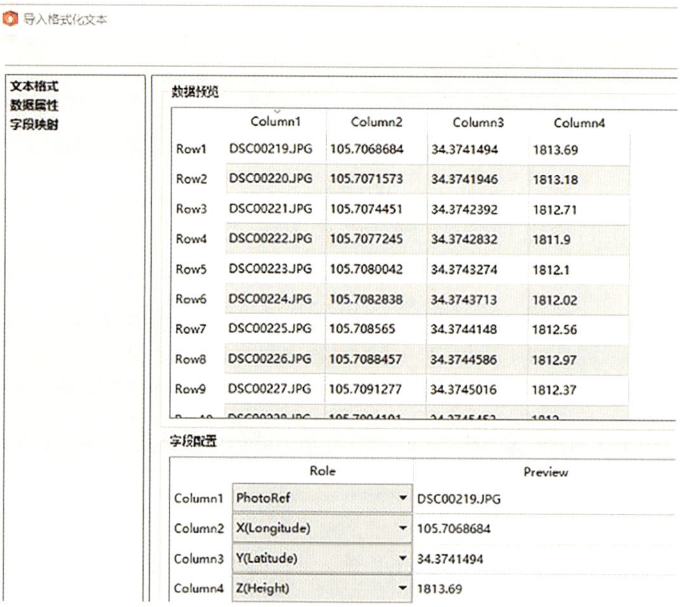

图 4-33　导入 POS 界面

图 4-34　切换查看

(a)已导入POS数据　　(b)未导入POS数据

图 4-35　POS 导入前后对比示意图

3) 完善相机参数

选中每组照片，然后在属性栏里完成属性的填写，一般只需填入焦距，其他参数系统会从影像属性中读取，如图 4-36 所示。

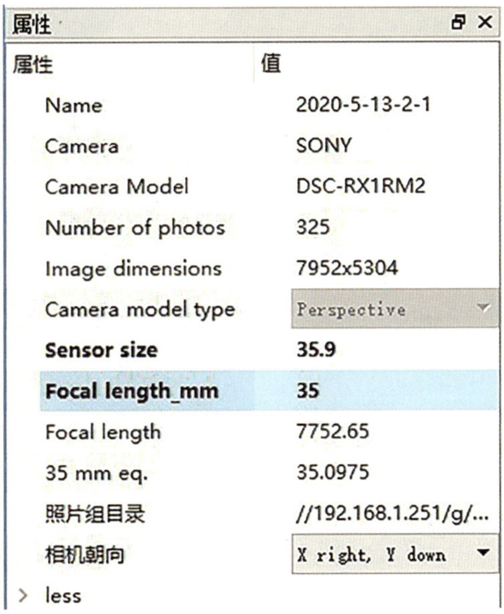

图 4-36　完善相机参数

说明：

(1) 导入影像可直接导入影像文件夹中所选影像，也可选择影像所在文件夹，软件会自动将文件夹内的影像全部导入。

(2) 导入 POS 文件，导入的所有影像不重名，可一次性导入；若有影像存在重名，可分别选中每组影像，依次导入对应的 POS。

(3) 数据属性中，坐标系的选择根据 POS 实际坐标系统来确定，一般为 WGS84。

4. 空三加密

1) 提交空三

在工程树下面，选择“空三任务”，右击“创建空三任务”，“创建参数”—“参照相机”中选择勾选“下视相机”作为参照相机，其他默认；“空三参数”设置如图 4-37 所示；“设置”如图 4-38 所示，完成后提交空三任务，设置参数可在工程树界面的“属性”里查看。

图 4-37 中参数说明如下。

(1) 只计算连接点中：

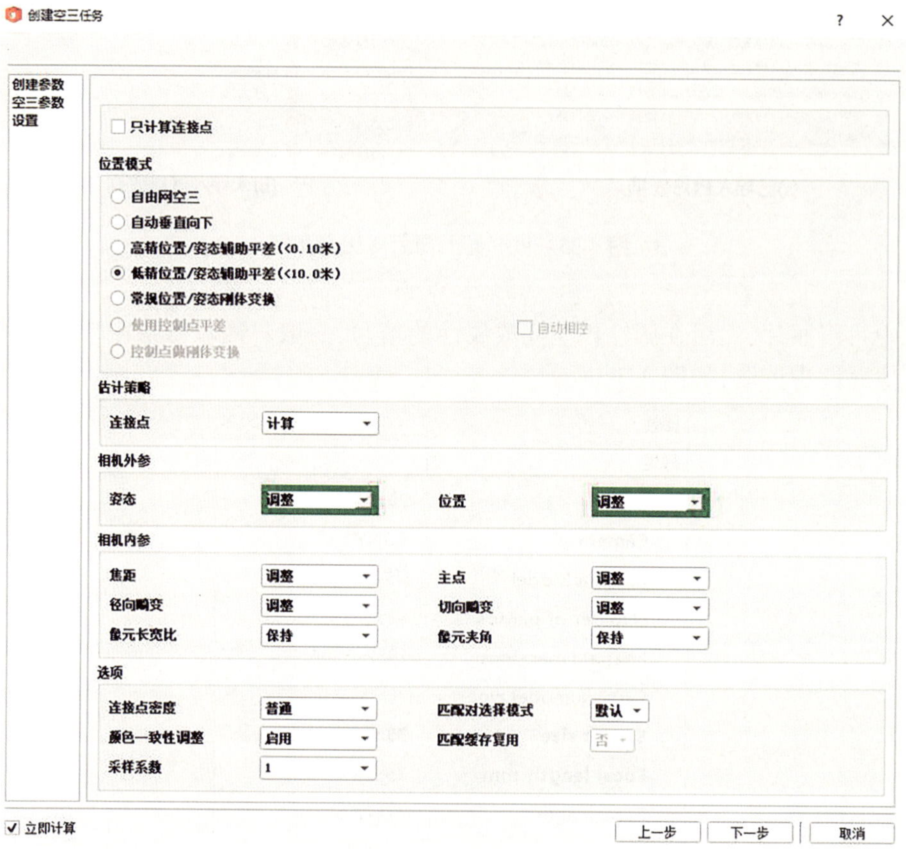

图 4-37　“空三参数”设置

空三运算时,只有连接点参与解算,做自由网空三运算,控制点不参与平差解算。

(2)位置模式中:

自由网空三,无定位信息情况下,区块的位置和方向无任何限制。

自动垂直向下,区块的垂直朝向由参与运算的影像的综合垂直方向决定。这个选项在处理航空摄影定位信息不准时使用。

高精位置/姿态辅助平差(<0. 10 米),在 GNSS/POS 定位精度高的情况下使用,使用 GNSS/POS 参与平差需要保证每张影像都具有精确的位置信息,且误差<0. 1 m。

低精位置/姿态辅助平差(<10. 0 米),在 GNSS/POS 定位精度略低的情况下使用,定位误差需满足小于 10 m。

常规位置/姿态刚体变换,利用影像 GNSS/POS 数据对区块定位进行调整,对定位精度无太高要求。

使用控制点平差,控制点参与平差,对区块进行精确定位。

控制点做刚体变换,参考控制点对区块进行刚性配准,不做几何变形的纠正,在控制点不精确时使用(一般不使用)。

提交运算后,需打开软件的 Engine 模块开始运算,打开菜单栏的“工具”—“引擎管理”,查看运算引擎,此时引擎未开启,在桌面,打开 Smart3D Engine 引擎,软件会自动读取

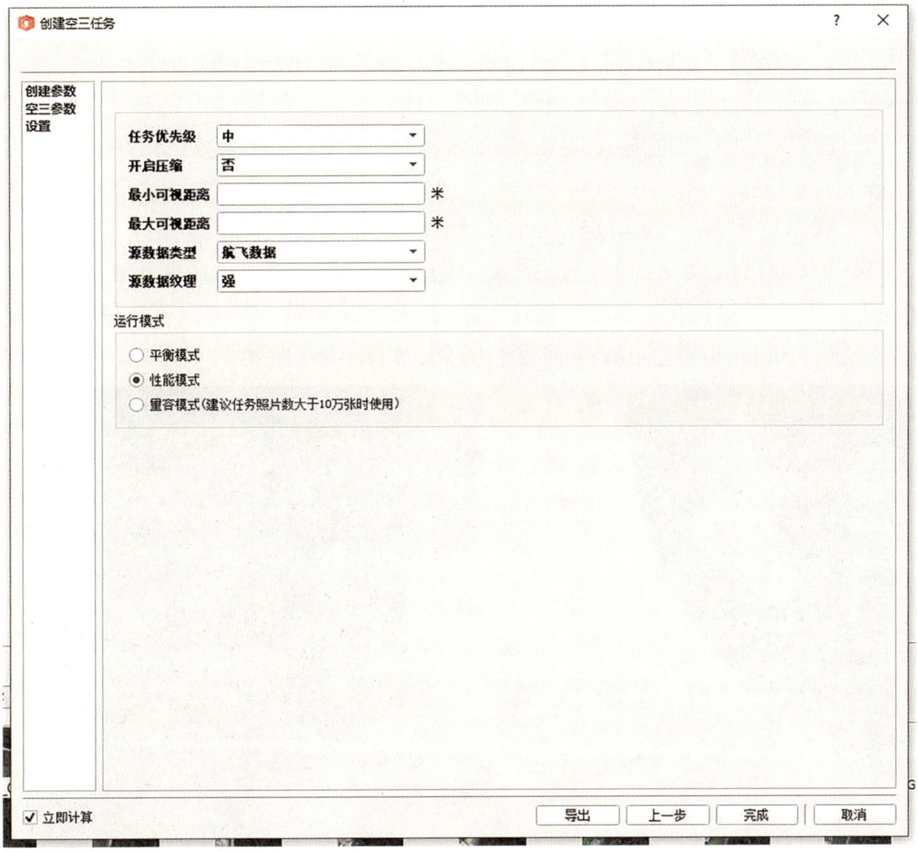

图 4-38　解算设置

任务路径。如果未自动读取正确的任务路径,可通过“引擎管理”界面更改任务路径。选择对应的“主机名称”,右击“更改任务队列路径”, 完成任务路径的更改,如图 4-39 所示。

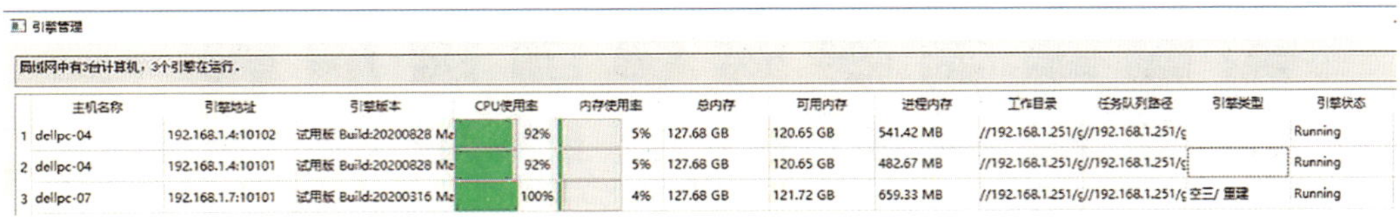

图 4-39　引擎管理界面

空三计算时,可在属性栏查看空三进度条。空三计算结束,通过空三质量报告及 3D 视图检查空三成果质量。空三质量报告的检查参考软件使用说明书及前文 ContextCapture 质量报告,本处不再做详细说明,可通过 3D 视图检查数据是否有分层情况。

2)控制网平差

空三完成后,需要添加控制点,此时需要复制一个空三任务后,才能在复制的空三任务上进行编辑操作。

(1)控制点文件导入。

第一次空三任务完成后,打开折叠箭头,选择“控制点信息”,先设置坐标系,再通过“导入格式化文本控制点”导入控制点成果。

控制点文件支持多种文件格式的选择，本任务控制点按照点号、*X* 坐标、*Y* 坐标、*Z* 坐标的格式编辑，空格隔开，保存为 * . txt，具体导入方式同 POS 数据的导入。

导入后可在控制点列表中进行查看，列表中展示了所有控制点的误差情况。同时可在三维界面查看。其中，红色标记为未测的点，绿色为完成的控制点，黄色标识为检查点。

(2)控制点转刺。

刺点时，双击选中某一控制点，然后右侧界面会出现“全部影像”，点击“匹配的影像”，软件自动获取可能存在控制点的影像。通过查看实地照片，在匹配的影像上完成控制点的转刺。可通过鼠标的“滚轮”来放大缩小匹配的照片；按住鼠标“左键”，可完成影像的拖动；通过“Shift+左键”完成控制点的转刺，如图 4-40 所示。

图 4-40　控制点转刺界面

在刺点界面中，鼠标滚轮进行放大、缩小，鼠标左键可以拖动影像，图 4-40 中显示为黄色光标，表示该点未记录，按住“Shift”点击左键，添加后控制点显示为绿色，同时右侧信息栏中出现已完成刺点的影像名称。刺点时，照片用不同颜色进行标识，红色表示预测点位在照片边缘，绿色表示预测点位在照片中央，黄色则表示介于两者之间。刺点时软件显示绿色核线作透明化处理，快捷键“V”可隐藏。按照同样的方法对其他照片进行刺点，每个镜头组都要加，每个镜头至少 3 张影像，至少刺加 4 个控制点后方能提交平差。

需要使用检查点检查空三精度时，将控制点列表滚动到最后，列表最后一列可勾选检查点。勾选的检查点不参与平差，在空三报告中显示检查点误差报告。

说明：

①控制点转刺错误,可选中对应的照片,点击“删除”,去掉已经转刺的点位;

②隐藏核线与显示核线,同名像点必定位于同名核线上,通过核线可以快速获取同一控制点在不同影像上的点位;

③同一控制点,转刺 3 个点位即可完成其余点位的精准预测,软件通过已转刺的控制点点位实现未转刺点位的实时计算;

④由于可以实时计算,所以可以一次性将所有控制点转刺完成,再进行平差;也可完成四角及中心控制点的转刺,平差后,再转刺其余控制点;

⑤使用的照片:是已完成控制点转刺的照片。

(3)平差。

选中转刺控制点后的成果,右键点击“复制空三任务”,完成空三成果的复制。复制后,在待平差任务上右键点击“启动计算”,选择使用控制点平差,其余参数默认,提交空三平差任务。

平差完成后,可在平差任务上点击右键查看“显示空三报告”,查看平差精度,反投影差小于 1 个像素,平差结果小于 0.8 个像素,即符合平差精度评定标准,空三合格,可以完成后续工作,如图 4-41 所示。

控制点误差								
名称	类型	照片数	精度(米)	RMS (像素)	RMS (米)	三维误差(米)	水平误差(米)	高程误差(米)
Control Point 2	水平+垂直	10	水平:0.01 高程:0.01	0.0654997	0.0422642	0.00244665	0.00188123	-0.00156432
Control Point 3	水平+垂直	24	水平:0.01 高程:0.01	0.349029	0.0449433	0.00693684	0.00621599	-0.00307915
Control Point 4	水平+垂直	39	水平:0.01 高程:0.01	0.572954	0.0196007	0.0124798	0.00943765	-0.00816562
RMS				0.372896	0.0347279	0.00776109	0.00622629	0.00463334
中位数				0.255857	0.0374397	0.00482945	0.0042201	-0.000402964

图 4-41　控制点平差报告

5. 模型制作

在工程树下,将平差空三成果展开,选择“重建任务集”,右击“创建重建任务”。

1)重建任务名称

可自行设置,如改为“QJS1Q”,瓦片坐标系和控制点坐标系保持一致,这里设置为 2000 国家大地坐标系,高斯-克吕格 3°分带,中央子午线按任务实际设置。

2)瓦片划分方式

瓦片划分方式:选择“水平划分”,包围盒范围可通过“编辑包围盒”进行修改。

瓦片内存设置:一般建议大小为建模电脑最低配置内存的 1/2,避免建模过程中内存溢出,导致任务失败。

瓦片大小:通过瓦片内存设置来确定瓦片大小。

设置瓦片原点:这个设置,一般在多架次数据接边时,为了接边瓦片命名不重不漏,才进行设置。本次任务区面积小,一个空三就可以完成成果的生产,因此瓦片原点不进行设置,相关设置如图 4-42 所示。

3)重建数据发布

发布数据格式:一般通用格式为 OSGB,成果多数用于测图、模型发布等;OBJ 格式一

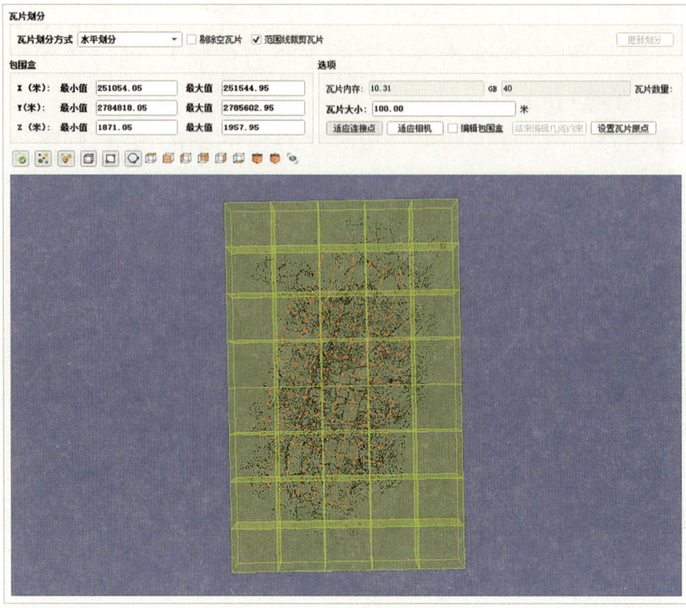

图 4-42　瓦片划分设置

般用于模型精修。

发布数据位置：默认建模成果的存放位置。

发布数据坐标系：坐标系统和控制点坐标系统一致。

选择需要重建的瓦片：选择需要建模的瓦片，可以通过三维选择窗口选择，也可以不选择，生产所有的瓦片。

设置发布数据坐标系原点：多个区接边，要求多个区共用同一套坐标原点，这个原点的坐标加上模型中的小坐标，才是准确的地理坐标，本次作业选择用户自定义，自行设置该原点坐标，部分设置如图 4-43 所示。

4）设置

任务优先级：可以通过“高”“中”“低”设置来决定任务的优先级。

几何精度：可通过几何精度的设置，改变模型的贴图效果，几何精度越高，占用资源越多，效率越低，模型贴图效果越好，综合项目需求，这里选精细即可。

开启压缩：这里默认不开启，选择“否”。

设置完成后提交任务，引擎可以自动读取任务，完成对模型的重建。

说明：生产的 OSGB 和 OBJ 两种格式的模型，为了便于后期模型的修饰和单体化，在设置参数时，所有参数设置需完全一致。

6. 模型质量检查

根据项目需求不同，检查的侧重点也不同。本次成果，一方面用来采集 1:500 的全要素地形图，另一方面需要作为成果进行展示。

1）查看元数据

打开模型成果文件夹下的 XML 格式的文件，查看成果坐标系统与控制点坐标系、项目要求坐标系是否一致，模型发布原点是否合适（在模型需接边、项目设计书明确指定原

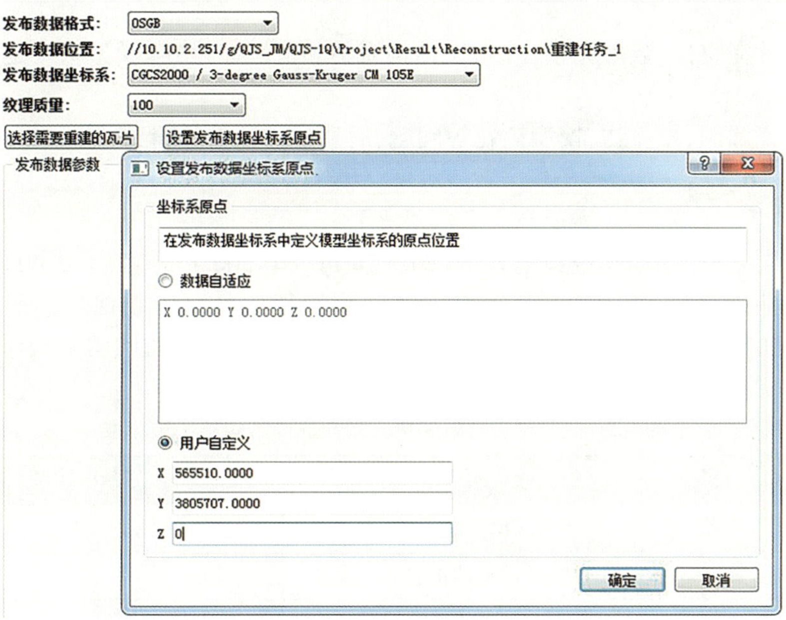

图 4-43　重建数据发布设置

点坐标时需查看)，如图 4-44 所示。

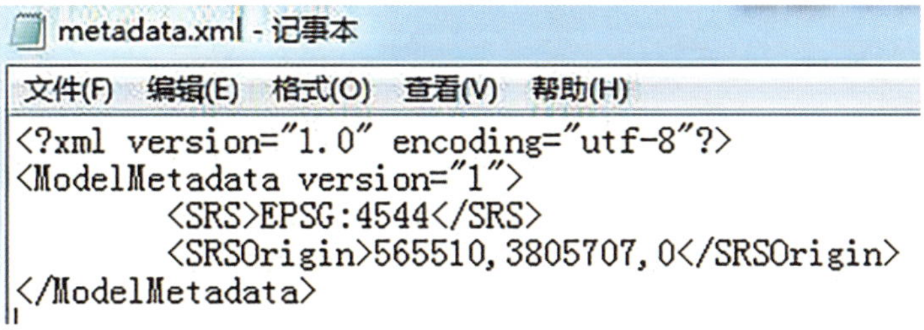

图 4-44　模型元数据示意图

其中，SRS 是空间参照系，可在浏览模块、建模模块、ArcGIS 等软件中查看"4544"对应的坐标系统；"565510，3805707，0"是模型发布原点，不接边，没有具体要求，可以直接使用软件默认值。

2) 绝对精度检查

利用浏览模块或者地形图采集软件(如 EPS、易绘、SV360、MapMatrix3D 等)，把控制点、检查点(包括航摄时喷涂的和后期采集的特征点)、对应的点位在模型上采集出来，通过比较求其中误差，再和精度要求进行比较，看是否能满足项目要求精度。

3) 相对精度检查

相对精度检查是通过外业实际量测建筑物的高度、长度等，与模型上量测的距离进行对比，检测相对精度是否符合项目设计书要求。

4) 纹理映射

检查纹理映射贴图是否符合实际情况，是否由于遮挡原因，出现局部小面积纹理缺失问题。

码 4-6　Smart3D 教学视频

5)数据完整性检查

查看瓦片完整性、数据完整性(组织结构完整和范围完整)、模型格式是否符合设计书要求。

对于水面漏洞、悬浮物、模型拉花等问题,后期通过模型编辑、单体化进行处理。

四、任务考核

参考《实景三维中国建设技术大纲(2021 版)》、《1∶500 1∶1 000 1∶2 000 地形图航空摄影测量内业规范》(GB/T 7930—2008)、《三维地理信息模型数据产品质量检查与验收》(CH/T 9024—2014)的要求执行,以成果质量为考核核心,兼顾实践教学实际情况制订任务考核标准(见表 4-2)。

表 4-2 倾斜影像解析空中三角测量任务实施考核标准

序号	内容	说明	比例/%	分项成绩	总成绩
1	考勤	出勤率、纪律情况	30		
2	实践报告	实践活动形成的技术报告	20		
3	实践成果	三维模型	40		
4		空三质量报告	10		

注:成果质量报告有明显错误者,综合成绩判定为不合格。

五、学习资源

(一)相关规范

(1)《低空数字航空摄影测量内业规范》(CH/T 3003—2021);

(2)《城市三维建模技术规范》(CJJ/T 157—2010);

(3)《三维地理信息模型数据产品规范》(CH/T 9015—2012);

(4)《三维地理信息模型生产规范》(CH/T 9016—2012);

(5)《三维地理信息模型数据产品质量检查与验收》(CH/T 9024—2014);

(6)《摄影测量与遥感术语》(GB/T 14950—2009);

(7)《实景三维中国建设技术大纲(2021 版)》。

(二)参考在线教学资源

(1)职业教育国家在线精品课“无人机摄影测量”(智慧树);

(2)1+*X* 无人机摄影测量职业技能等级认证综合平台,模拟训练。

项目五　DLG 采集编辑

一、项目描述

利用空中摄影获取的立体像对,重建地面按比例尺缩小的立体模型,在模型上进行量测,测绘出符合符号规定比例尺的地形图,获取地理基础信息,这是摄影测量的主要工作。随着摄影测量技术的发展,倾斜摄影测量技术的应用日趋广泛,传统立体测图方法的应用也在逐渐减少。本项目介绍三种线化图生产的方法,一是基于传统双目立体测图的方法;二是基于裸眼实景三维模型测图的方法;三是利用 CASS、ArcGIS 等软件使用航测成果进行线划图采集的方法。三种测图方案虽然使用的软件、测图原理不同,但是数据采集内容、成果形式都是相同的。

二、项目目标

(一)知识目标

(1)通过 DLG 数据采集实践深入理解地图、地形图的相关知识;

(2)掌握 DLG 数据采集的相关要求。

(二)能力目标

(1)熟练使用软件进行双目立体测图;

(2)熟练使用软件进行裸眼实景三维立体测图;

(3)培养学生综合使用各类软件进行线划图产品制作的能力。

(三)素质目标

(1)通过多种测图方案的学习,培养学生独立思考、勇于创新的素质;

(2)培养学生结合相关规范进行测绘成果质量自查的素养。

三、项目实施

(一)项目参考标准

本项目参考《1∶500 1∶1 000 1∶2 000 地形图航空摄影测量内业规范》(GB/T 7930—2008)、《基础地理信息数字成果 1∶500 1∶1 000 1∶2 000 生产技术规程 第 1 部分 数字线划图》(CH/T 9020.1—2013)和《国家基本比例尺地图图式 第 1 部分:1∶500 1∶1 000 1∶2 000 地形图图式》(GB/T 20257.1—2017)的相关规定执行。

(二)项目流程

(1)双目立体测图流程见图 5-1;

(2)裸眼实景三维模型测图流程见图 5-2;

(3)ArcGIS 测图流程见图 5-3。

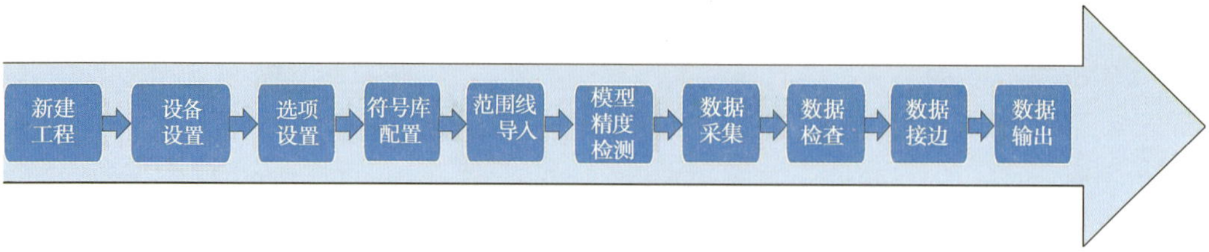

图 5-1　双目立体测图流程

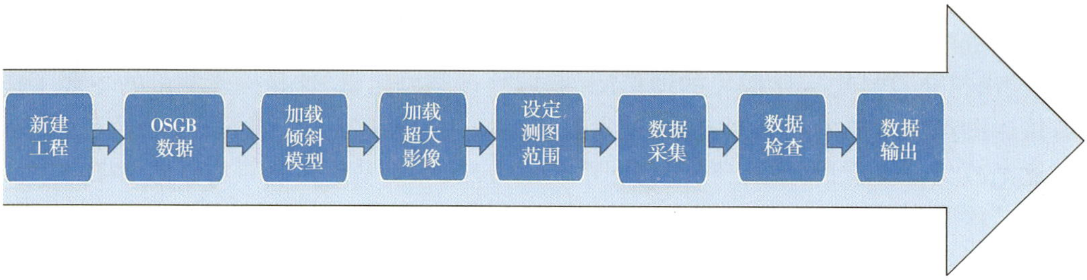

图 5-2　裸眼实景三维模型测图流程

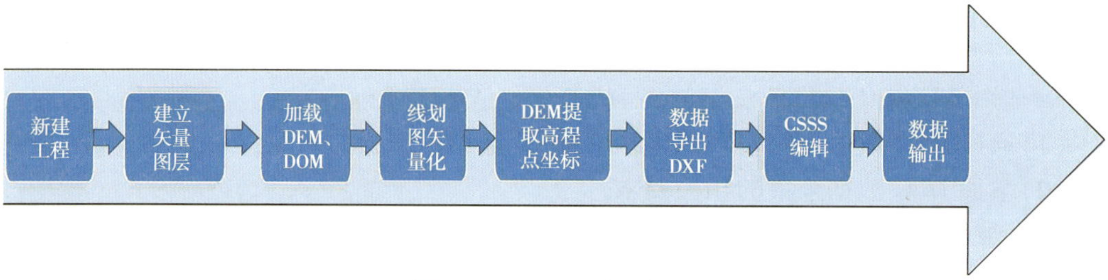

图 5-3　ArcGIS 测图流程

(三)任务实施

【任务一】　双目立体测图

航天远景 MapMatrix 是国内应用最广泛的立体测图软件,下面以其为例介绍立体测图的内容。

1. 资料准备

传统航测的立体测图是通过两张影像恢复一个与实地一样的立体模型,在模型上完成测图任务的过程,所以如何恢复立体模型是测图的前提条件。首先需要通过内定向恢复摄影时的摄影光束,再通过外方位元素确定摄影光束的位置与姿态,然后投影就可以获取立体模型,所以立体测图所需资料包括畸变纠正后影像、空三加密成果(外方位元素)、相机文件(内方位元素)及相关技术要求等。

码 5-1　资料准备

2. 工程创建

(1)打开 MapMatrix 软件,点击“文件”—“加载工程”如图 5-4 所示。

(2)在加载的工程“SJC1Q”处右键选择“编辑相机文件”,X、Y 方向主点偏移值均为默认值,填入“焦距”并保存,如图 5-5 所示。

码 5-2　工程创建

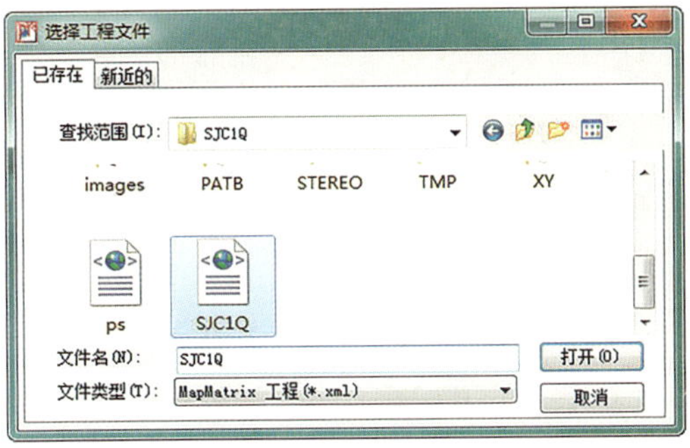

图 5-4　加载工程

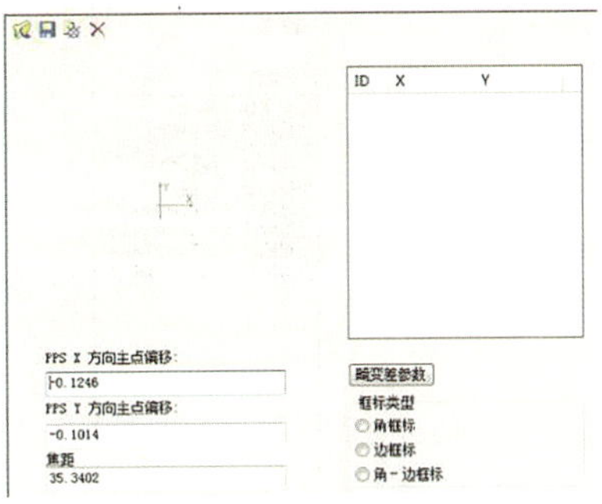

图 5-5　编辑相机文件

说明：若影像在空中三角测量之前未做畸变矫正，则 X、Y 的偏移值为默认值（按相机文件输入），若已进行完畸变矫正，则偏移值均为"0"。

（3）在工程浏览窗口下的"影像"节点处右键选择"数码量测相机内定向"；在已加载的工程处右键选择"创建立体像对"，如图 5-6 所示。

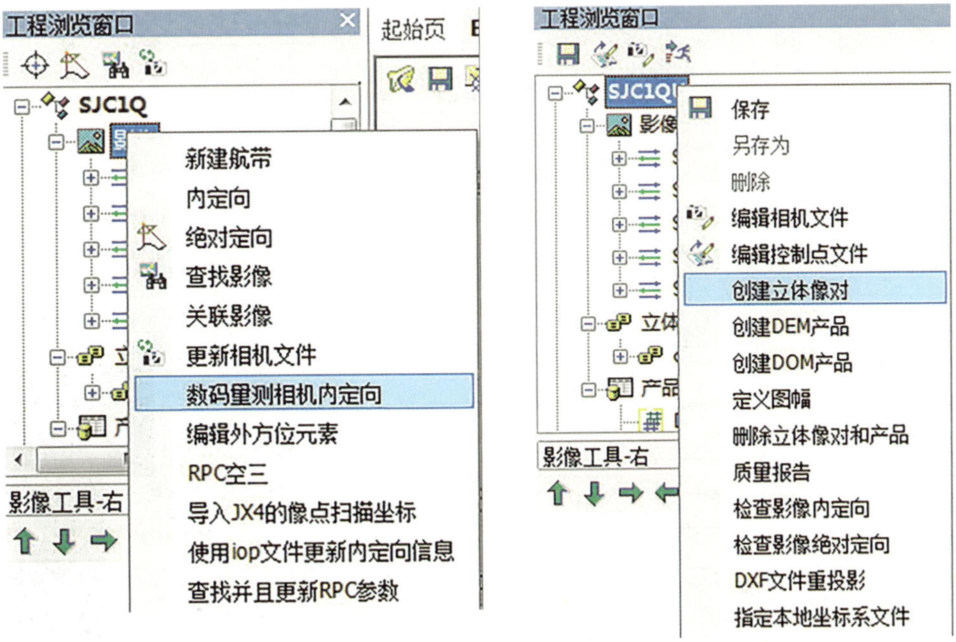

图 5-6　数码量测相机定向，创建立体像对

（4）在工程浏览窗口下执行"产品"—"DLG"—右键"新建 DLG"—新建 DLG—右键"加入立体像对"—"数字化"，如图 5-7 所示。

（5）建立数字化任务后，启动"FeatureOne"采集窗口，在对话框"设置工作区属性"中设置比例尺，如"1∶2 000"—"确定"。

说明：根据项目需求，需设置正确的符号库及比例尺。此处以 1∶2 000 为例，该对话框其余参数均为默认值，如图 5-8 所示。

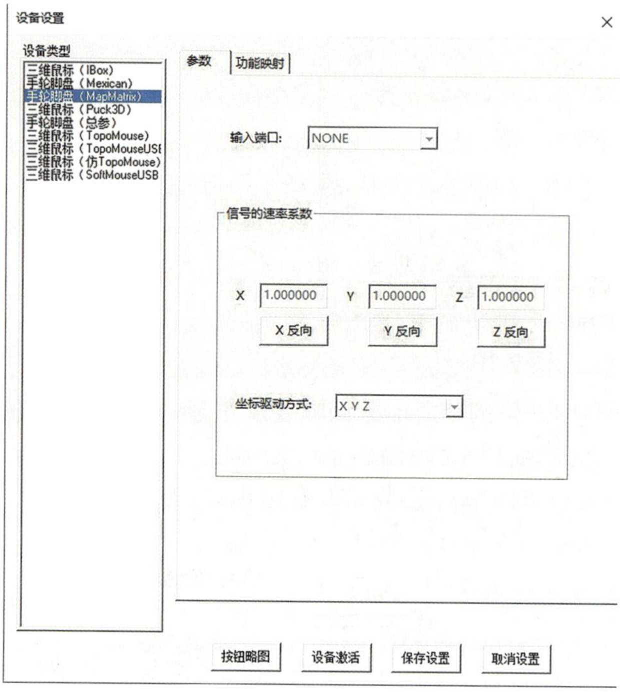

图 5-7 新建 DLG、数字化

(6)在工程区点击某一像对，右键选择“实时核线像对”，如图 5-9 所示，打开立体影像(注意：若此时像对无法打开，需查看选项设置中“高性能立体模式”是否打开)。

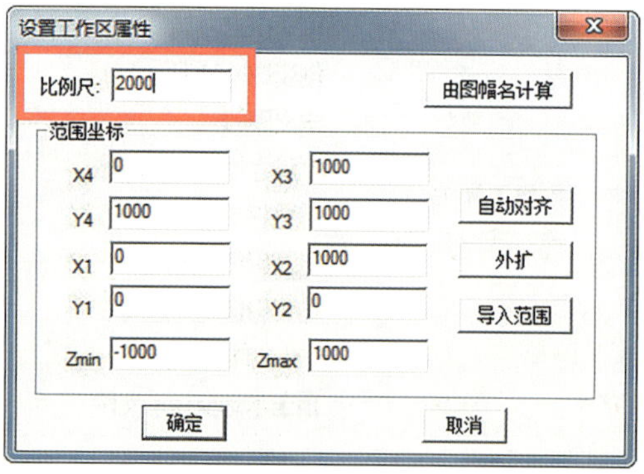

图 5-8 设置工作区属性

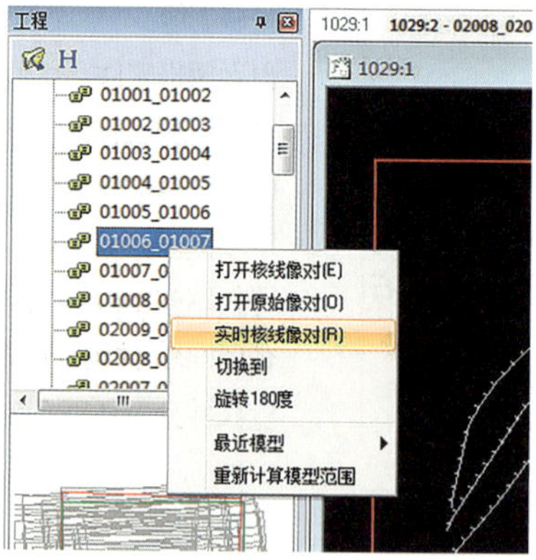

图 5-9 打开立体像对

3. 输入设备设置

输入设备设置是对三维鼠标和手轮脚盘等硬件设备的操控参数进行设置。

打开“工具”—“输入设备”，在弹出的“设备设置”窗口中点击“设备激活”按钮后对相关参数进行设置，如图 5-10 所示。

码 5-3 输入设备设置

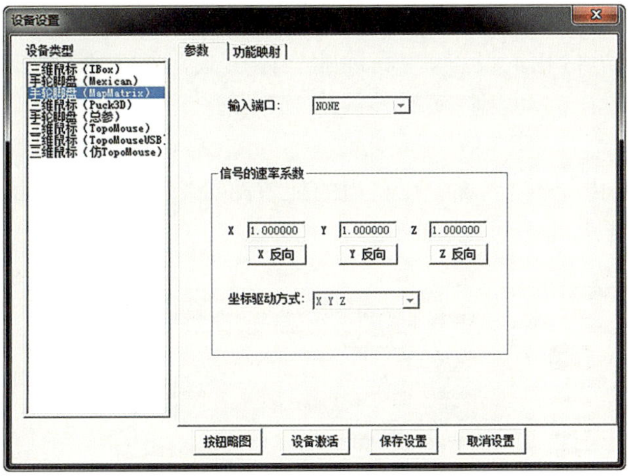

图 5-10　输入设备的设置

图 5-10 中：

输入端口，根据硬件连接主机端口选择相对应的输入端口。

信号的速率系数，图中 X、Y 及 Z 后的文本框中的数字为硬件输入信号的速率系数，即手轮或鼠标的位移与图中影像位移的比例，数字越小，影像刷新越慢。文本框中数字的正负号代表手轮脚盘的操作方向，若想调整可点击“反向”命令对其进行调整。

坐标驱动方式，指的是手轮脚盘与影像坐标（X,Y,Z）的对应关系，点击坐标驱动方式右边的 ▾，在下拉菜单中可选择不同的坐标驱动方式。

码 5-4　选项功能设置

4. 选项功能设置

“工具”—“选项”—“影像视图”—“高性能立体模式”—“确定”，如图 5-11 所示。

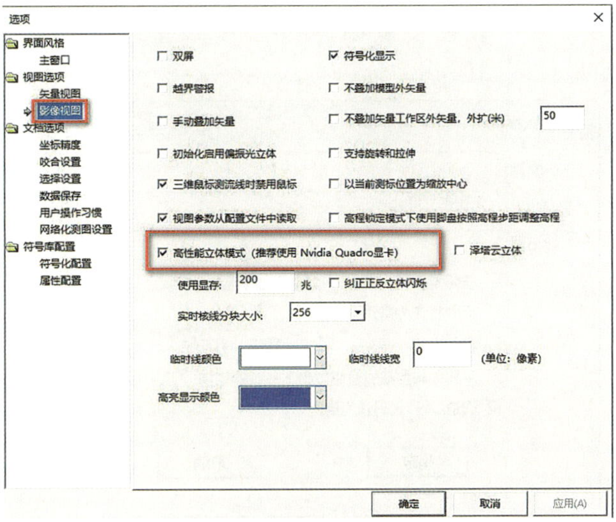

图 5-11　选项功能设置

说明：在“选项”设置中可根据操作需求，对“矢量视图”“咬合设置”“数据保存”“用户操作习惯”等参数进行相关设置。“高性能立体模式”是与“实时核线像对”相对应的，若“高性能立体模式”未启动，则“实时核线像对”无法打开。

5. 符号库配置

“选项”—“符号化配置”界面，在右边的配置路径中找到 MapMatrix 安装文件夹下的 config 文件夹，选择要求的符号库，如图 5-12 所示。

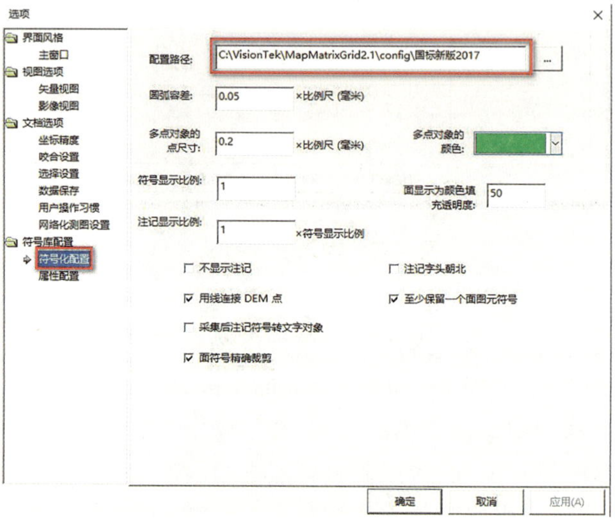

图 5-12　符号库配置

圆弧容差：数值越小，画的样条曲线就越光滑，但是线串化后节点数会越多，导致数据量越大。

码 5-5　范围线导入

6. 范围线导入

导入测图范围：“工作区”—“导入”—“导入 DXF/DWG”，如图 5-13 所示；在“工作区”—“设置矢量文件参数”—“设置边界为矢量数据外包”，确定最佳测图区域。

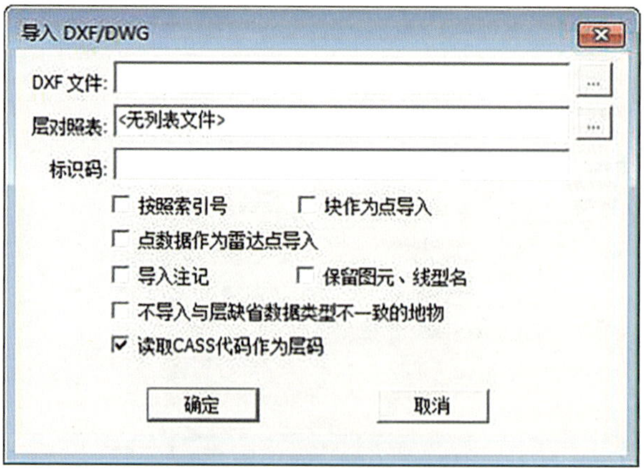

图 5-13　范围线导入界面

7. 模型精度检测

测图前导入控制点及检查点，使其与立体套合，检查定向精度。在 FeatureOne 软件中，首先导入控制点及检查点，然后在对应的控制点与检查点位置采集相应的测试点坐标，最后导出检查报告，如图 5-14 所示。若检查报告的限差值符合测图要求，则可开始数据采集。模型精度检测具体流程可参考项目六中“工程及立体模型精度检测”的内容。

name	x1	y1	z1	x2	y2	z2	dxy	dz
1001	544779.3135	3606179.7030	1533.3173	568779.3986	3406179.6963	1532.9547	0.0854	0.08626
1005	534845.1334	3605842.1840	1538.2776	584845.1815	3405842.1740	1538.3153	0.0492	0.0376
1008	545498.5710	3605845.6360	1540.1350	585498.5542	3405845.5842	1540.0895	0.0544	0.0455
10010	563062.2378	3605444.5320	1533.2785	585062.3404	3405444.4979	1533.4059	0.01081	0.0274
10012	545497.5068	3605472.6290	1538.9209	585497.3852	3405472.5366	1538.5572	0.01528	0.01637

	min	max	RMSE
dxy	0.0492	0.08528	0.0977
dz	0.0376	0.0237	0.0381

图 5-14　精度检测报告

说明：在导出的检测报告中可查看平面较差（*dxy*）与高程较差（*dz*）的最大值、最小值及标准误差值。根据相关规范及项目要求，不同项目平面较差与高程较差值的限差要求有所不同。

8. 数据采集

对于测区范围内的各地形要素按照《国家基本比例尺地图图式 第 1 部分：1∶500 1∶1 000 1∶2 000 地形图图式》（GB/T 20257.1—2017）的要求逐一采集表达。下文对具有代表性、特殊性要素的采集方法及注意事项做详细介绍。

1）点要素采集

点状地物（独立地物）包括控制点、独立符号、工矿符号等要素，在采集相关点要素时需根据符号的特性采集相应的定位点。

电杆、路灯等较明显的独立地物，立体判读以相应的要素符号，用测标与地物中心底部相切精确采集；不明显地物由外业补调，内业细判补测；高程点切准裸露地面的高程。例如，旗杆、路灯的采集如图 5-15、图 5-16 所示。

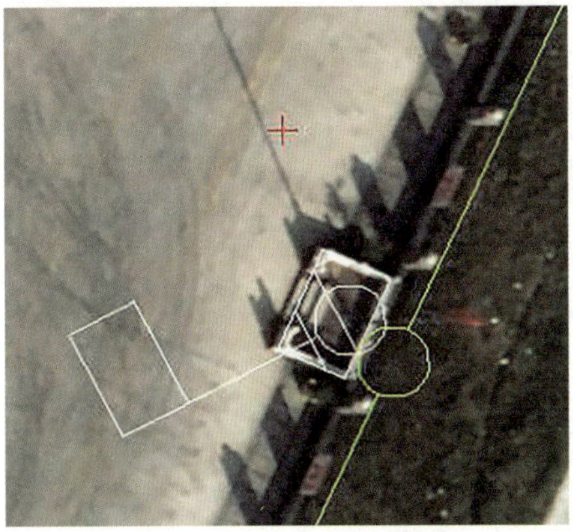

图 5-15　旗杆的采集

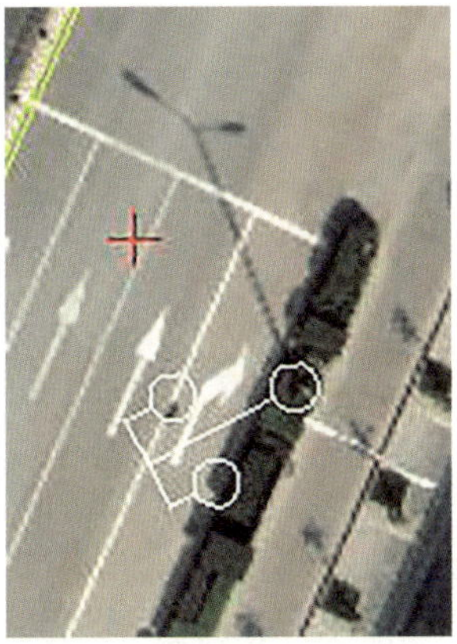

图 5-16　路灯的采集

2）线要素采集

线状要素包括管线、道路、水系、地貌等，在采集时需注意地物的形状特征，每个点都应切在地物拐角、拐弯和地形变化的地物表面处。双线要素沿地物边线采集，单线要素沿地物中心线采集；河流岸线应切在常水位地表处；陡坎切在上棱线的地表位置；斜坡应采集坡脚线以控制坡长范围。拐弯处适当增加节点，保持线条自然光滑。

（1）道路在采集时需注意交叉路口处保持贯通圆滑，如图 5-17 所示。

图 5-17　道路的采集

（2）等高线作为最主要的地形表达要素，采集时不仅要满足等高线的基本特征要求，如闭合、不相交等，还要用有形的线表达出无形的山体特征，完整准确地重现山体的形状。在采集时按从低往高、先画计曲线再画首曲线的原则来进行采集，如图 5-18 所示。

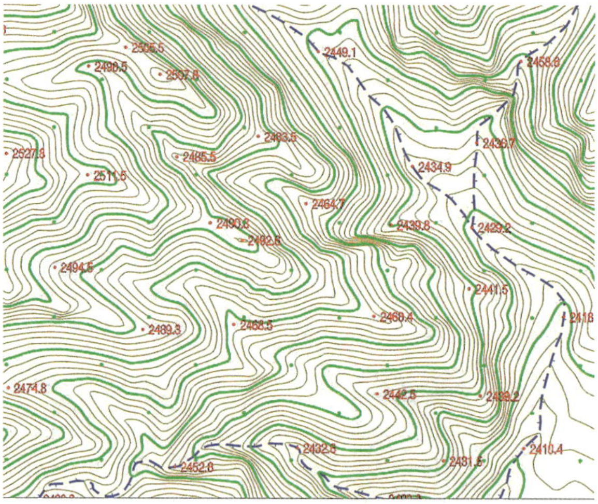

图 5-18　等高线的采集

3）面要素采集

面状地物包括居民地、植被、水塘等要素。

（1）在立体下采集时，需先找好立体感，立体模型中地物轮廓是全部可见的，用测标中心切准地物外轮廓。居民地及高层建筑的矩形建筑物，测标应切准房屋的房角，直角化采集房屋的最外边沿；非矩形房屋，则不能直角化处理；河流无滩陡岸、湖泊、池塘边线测标切在上沿线位置；有滩陡岸河流岸线应切在常水位地表处；水库、山塘测定一个常水位高程，锁定高程实切山体地形表面平滑采集。

（2）实景三维模型采集要素时，应实时旋转三维视图。采集房屋时测标应切准房屋的拐角处，矩形房屋直角化采集房屋地基的边沿，非矩形房屋，则不能直角化处理；水库、池塘测定一个常水位高程；田块按真实边界采集。

面状要素在采集时要保证其封闭性，如部分地物采集中不能构成面时可使用地类界进行面的闭合。房屋的采集均应按从高往低、先整体后局部的原则逐一进行采集。房屋、依比例涵洞的采集如图 5-19、图 5-20 所示。

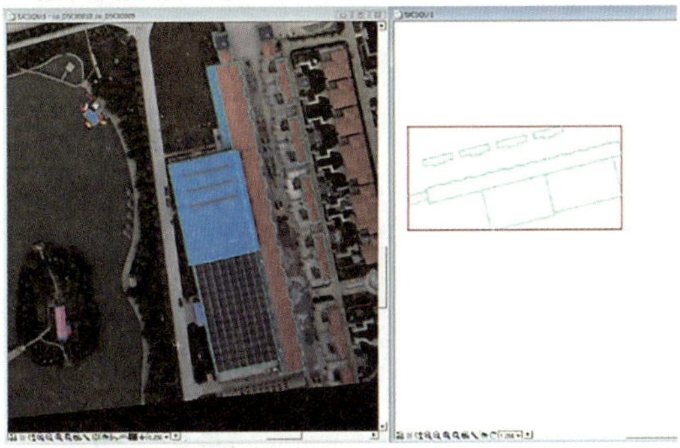

图 5-19　房屋的采集

图 5-20　依比例涵洞的采集

码 5-6　面状要素采集

码 5-7　线状要素采集

码 5-8　点状要素采集

码 5-9　符号编辑

码 5-10　等高线处理

码 5-11　等高线内插

9. 数据检查

采集完成的 DLG 成果需对以下问题进行检查：

（1）等高线合法性检查，同一条等高线上高程值处处相等；等高线的高程值是否为整数；等高线是否缺失；计曲线、首曲线的属性是否正确。

（2）检查河流流向箭头的方向是否为高程递减的方向。

（3）检查特征线与等高线之间的矛盾，等高线穿越陡坎、道路、水系面等地时应断开。

码 5-12　常用项检查

（4）高程点与等高线之间的逻辑关系是否合理。

（5）查看各层注记的字体大小是否正确。

（6）河流、道路、居民地、独立地物等注记是否有遗漏。

（7）高程点、居民地及植被等注记与符号有压盖的需修改移动。

（8）房屋、植被、河流水面等面状地物不能出现交叉、缝隙、重叠等拓扑问题。

(9)地物表述矛盾、符号交叉,如道路与陡坎、沟渠等符号冲突。

(10)查看地物是否有漏绘。

码 5-13 文件导入、导出

10. 数据接边

DLG 的接边分两种情况:第一种是在采集过程中相邻立体像对之间的接边;第二种是采集完成后相邻作业区之间的接边。

在采集过程中相邻立体像对之间的接边,需在立体下找出相邻像对之间高差变化较小的地方作为最佳采集范围。依次类推,完成采集过程中相邻立体像对之间的接边,从而保证数据的连续性。

相邻作业区数据接边之前需先将邻近的作业图幅引入到现有的矢量图幅工程中,在 MapMatrix 软件中引入方法有以下两种:

(1)参考矢量图(只能是 FDB 格式):点击"工具"—"参考文件"—"参考矢量文件管理",在"参考数据文件"窗口中点击"添加"将相邻作业员的数据导入后接边。

(2)导入图幅(FDB 格式、DXF 格式等):点击"工作区"—"导入"—"导入 DXF/DWG"。

码 5-14 图幅接边

根据地形地貌与相邻图幅进行接边,做到接边一致、属性正确、图形美观,如图 5-21 所示。

11. 成果输出

1)调绘底图

先将图形整理使图面更美观、干净,方便外业调绘使用。整饰完后点击"分幅"—"图廓整饰",在对话框中设置"图名、检查员、资料说明、附注、图外左边版权机关、图外右边制作单位"后,点击"选择地物"—"确定",然后点击"工具"—"参考文件"—"参考影像",在"参考影像"对话框中选择"任意"添加影像文件,再点击"工作区"—"打印设置"—"参考文件",设置完打印参数后进行底图的打印。

2)矢量数据

导出数据:点击"工作区"—"导出"—"导出 DXF/DWG",在对话框"导出 DXF/DWG"中设置"文件路径",点击"导出符号",勾选如图 5-22 所示的各个选项后点击"确定",可将导出成果在 CASS 软件下进行后编辑。

码 5-15 成果图打印

12. 外业调绘

外业调绘是在内业测图工作完成后进行的,内业采集、编辑结束后形成回放图,由外业进行全野外的调绘。实地调绘时,主要对三维模型成像模糊、阴影遮挡及内业无法判别的地物地貌进行实地踏勘,并进行补测,同时对内业成图的错、漏问题进行更改,以及对单位名称、地理名称进行调注。

外业调绘时要对所有地物、地貌进行定性,补调隐蔽地物,纠正内业在采集定性方面的错误和疏漏。无法用栓距定位的用全站仪或 GPS 补测坐标。

调绘图颜色按以下规定执行:

(1)黑色:正规表示的各种地物、独立地物、房屋及其附属设施轮廓线及量注的尺寸、栓距,小路、内部道路、花坛边线、境界、人工植被、管线、电杆、居民地名称等。

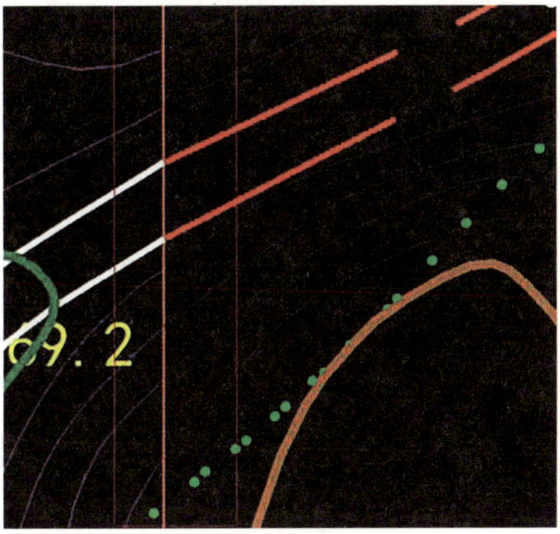

图 5-21　接边示意图

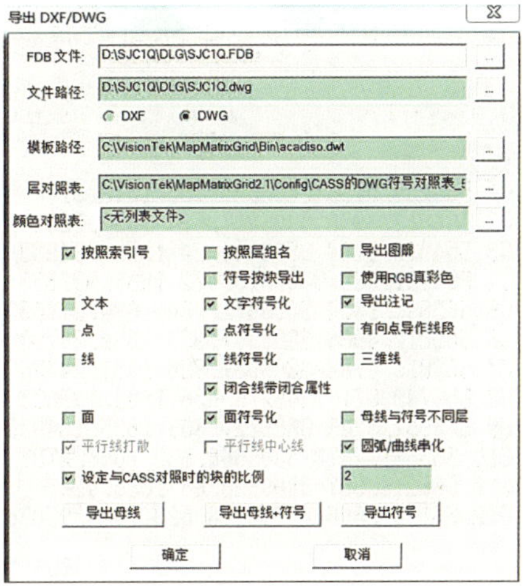

图 5-22　数据导出

(2)红色:铁路、公路、等外公路、地类界、电力线通信线的拐叉点,变压器的闪电符号、各种植被土质的文字简注、房屋层数、房屋附属设施的定性代码、新增重要地物及尺寸,所有已采集成图不表示的地物,图说明、水井、干沟、输水槽、水准点、所有水系的线画及宽度、流向,水系名称等。

(3)外业要对图面上所有采集的要素定性,拆除后尚未施工的地区,用地类界画出范围,正在施工的内注蓝色"施工区"。已封顶的楼房,按建成表示,须标注尺寸。尚未封顶,但能确定边界,实测外围边线,内注"建"。正在建筑中的农村平房可按建成表示。凡采集时表示的地物,成图时不表示的要用红色打叉。

(4)无法进入的军事或其他禁区,内注蓝色"禁区",按模型确定建筑物的层数,不改房檐。

内业注:"A"为模型不清、外业需定性的地物,"B"为对位置不确定的,需检测位置。"J"为建筑中的房屋,调绘时已建成的按一般房屋表示,正在建筑的外业注"建",按建筑中房屋表示。

调绘时各地物要素的表示应反映实地特征,要素间关系表示协调合理,要素表示要齐全,以地物的实地位置为准,按照要素选取指标进行综合与取舍。

13. 成果整理

1) 内业补充修改

调绘完成后,依据外业调绘的成果对内业采集完成的 DLG 数据进行修改和各要素属性的完善,如内业采集时看不清、看不准、遗漏的房前屋后的陡坎、围墙路灯,管线的属性、走向及植被种植属性等外业已判绘的,进行补充编辑,并在立体或模型下补充采集。

2) DLG 精度检测

DLG 内业整理完成后的最终成果需要利用外业检查点进行精度检查。

进入 FeatureOne 软件,点击"工具"—"检查点精度分析",弹出检查对话框,点击 工具添加检查点文件;导入检查点后点击 工具在立体像对中选择所加检查点对应的同名点来得到右侧“测试点坐标”；最后点击 % 导出“. txt”格式检测报告（见图 5-23）。

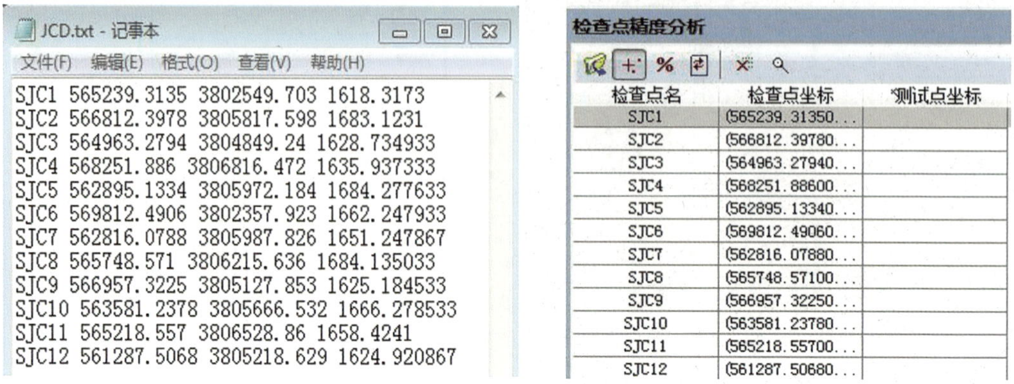

图 5-23　精度检测报告

3）图幅接边编辑

DLG 数据修改完成后，相邻数据应再次进行接边处理，保证数据的连续性和完整性。

14. 坐标转换

在任务需要的情况下，还需要进行坐标转换，可根据需求选择四参数或七参数等方法，这里以二维转换为例对坐标转换进行说明。

码 5-16　坐标转换

在 CASS 软件中打开已整理完成的 DLG 成果及同名点数据，点击菜单栏中“地物编辑”下拉菜单中的“坐标转换”工具，如图 5-24 所示。

在弹出的“坐标转换”窗口中添加公共点文件，其中一种方法为逐个点击公共点坐标进行拾取添加，另一种方法为点击“读入公共点文件”进行添加，如图 5-25 所示。

将公共点文件导入后点击“计算转换四参数”得到如图 5-26 右侧的参数值。

选择转换方式“图形”，点击“使用四参数转换”后全选需转换的图形来完成坐标转换。

15. 地形图分幅

（1）在 CASS 软件的“文件”—“CASS90 综合设置”按照图形比例要求设置图廓属性，例如 1∶1 000、1∶2 000 地形图的设置如图 5-27 所示。

注意：1∶500 地形图的坐标标注位数及图幅号小数位数设置为“2”；单位名称和坐标系、高程系、日期根据项目而定。字体要求按照图示设置。

码 5-17　分幅和图廓整饰

（2）分幅输出。

在 MapMatrix 软件中打开“分幅”—“标准矩形分幅”，再点击“分幅”—“分幅输出（DXF）”，在对话框“批量输出图幅”中选择“存放目录”，“导出图廓”界面选择“是”后，点击“确定”导出图幅。在 CASS 软件中打开导出的图幅，点击“文件”—“加入 CASS 环境”，再点击“绘图处理”—“批量分幅”—“批量输出到文件”后完成最终的图幅分幅，最终效果如图 5-28 所示。

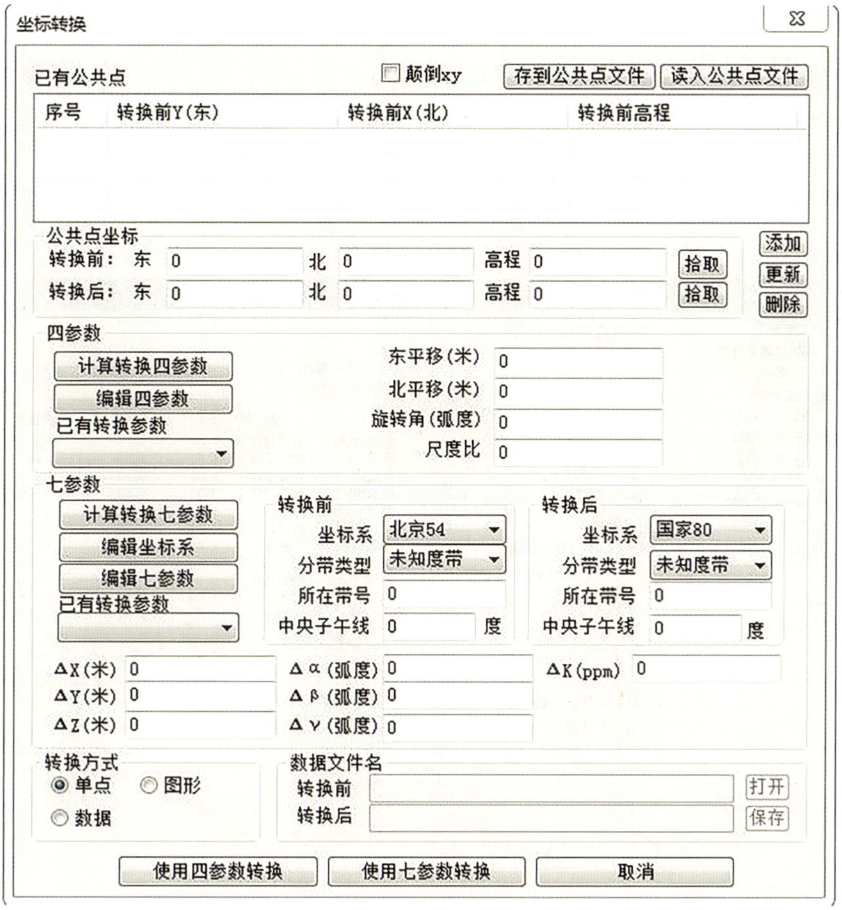

图 5-24 坐标转换工具

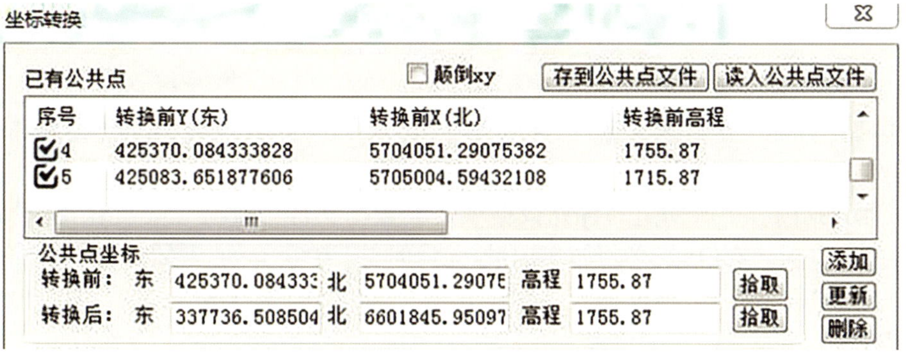

图 5-25 导入公共点文件

16. 元数据制作

1) 元数据的概念

元数据为描述数据的数据，主要是描述数据属性的信息，用来支持如指示存储位置、历史数据、资源查找、文件记录等功能。

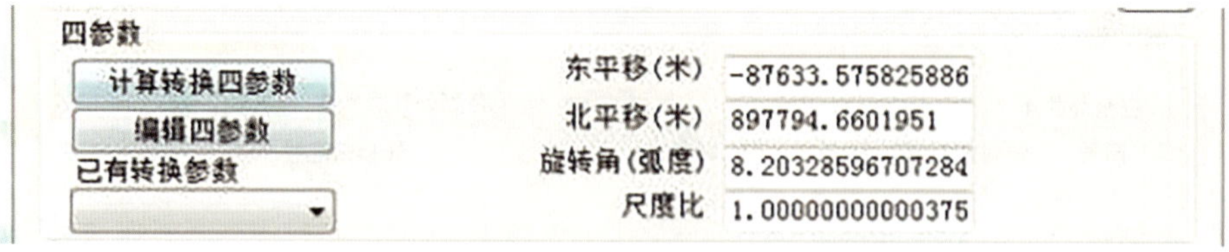

图 5-26　计算四参数

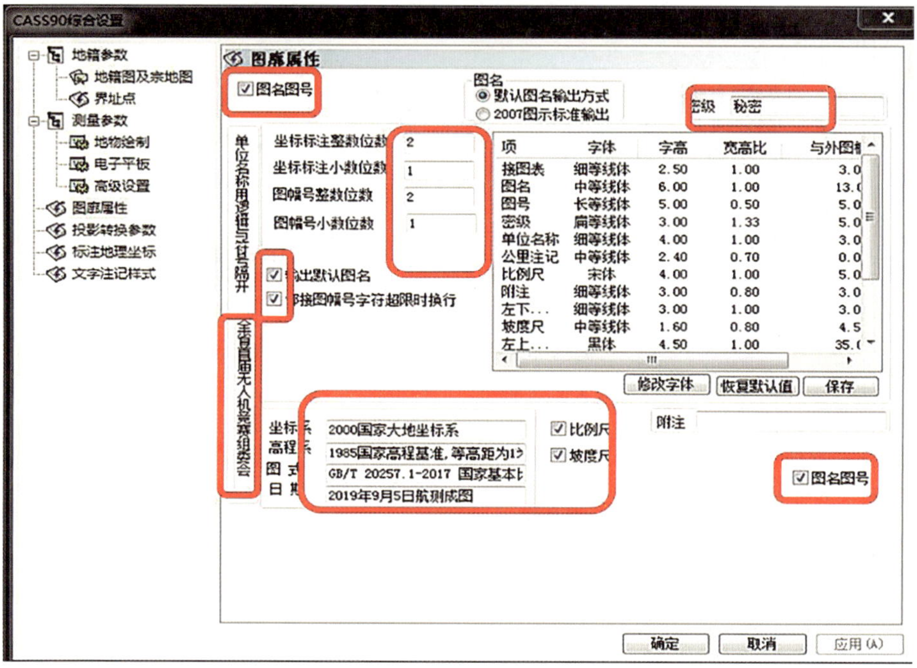

图 5-27　图廓属性设置

2) 元数据文件的记录

元数据文件为一个纯文本文件,其结构采用左边为元数据项,右边为元数据值的存储结构,并且不限定字节数。

(1)元数据内容中所列出的各元数据项是元数据文件中都必须要提供的项,应逐项记录,不应有空项。有值时,必须如实记录;无值时,记为“　”;值未知时,记为“　”。其中某些元数据项的值可以根据不同的作业方法、产品需要或用户要求进行选择和增加,允许有缺省。

(2)元数据文件一般以图幅为单位进行记录。

(3)元数据文件的记录应根据生产、建库和分发等不同阶段分别进行记录。

(4)元数据文件中某些需用文字说明的数据项,应以简洁、清晰的语言完整地表达。

(5)文档簿中填写的项目,其值和说明应与元数据文件中相应项目符合一致。

(6)“产品名称”应记录产品的全称,如:1∶2 000 数字线划图(DLG)。

(7)“产品生产日期”“产品更新日期”应记录产品最后一次生产、更新的日期。

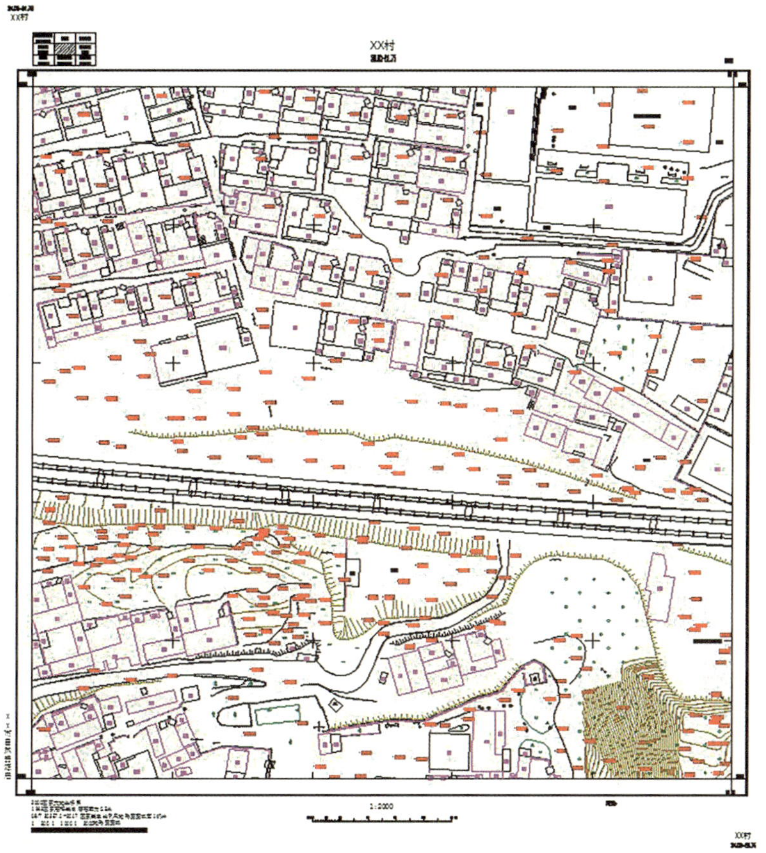

图 5-28　分幅输出成果

(8)"出版日期"指数字产品包装完成,可以对外提供的日期。

(9)"图名""图号"应记录新的"图名""图号",如果图名中出现目前字库中没有的汉字,可以用拼音代替并附加说明。

(10)"图外附注"指图廓外对图内某要素的附注说明信息。

3)元数据的其他内容

其他内容的填写及格式应符合国家标准规范《基础地理信息数字产品元数据》(CH/T 1007—2001)的要求。

【任务二】　裸眼实景三维模型测图

裸眼实景三维模型测图以 EPS 软件为例介绍。EPS 是目前国内主流的三维测图系统,是北京山维科技股份有限公司基于自主版权的 EPS 地理信息工作站研发的多源多模式一体化采编系统。系统提供基于正射影像、立体像对、实景三维模型、全景影像、点云等数据的二、三维一体化高效采编工具,支持大数据浏览及采编制图建库一体化,直接对接基础地形测绘、自然资源调查、三维不动产测量、多测合一等专业应用。

码 5-18　微课-裸眼立体测图

1. 软件界面设置、新建工程

打开软件界面如图 5-29 所示,新建工程,选择工程模板(工程模板不同, 采用的符号系统不同,按项目要求选择)、确定工程名称、确定工程存储路径,如图 5-30 所示。

图 5-29　EPS 界面

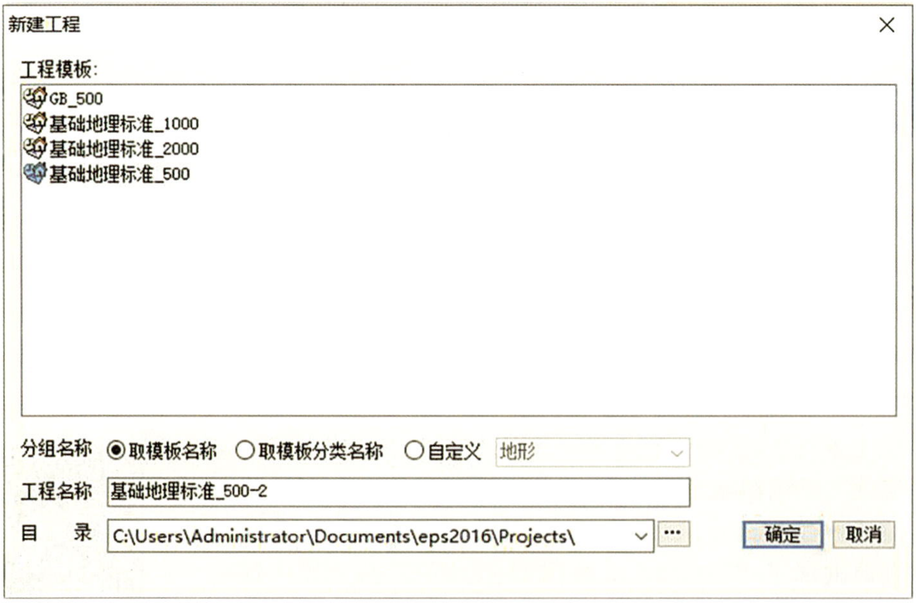

图 5-30　新建工程

2. osgb 数据转换

进入软件主界面——三维测图—osgb 数据转换,使用倾斜摄影三维模型的 data 文件目录(瓦片数据)与 metadata. xml 文件生成 DSM 实景表面模型,如图 5-31 所示。

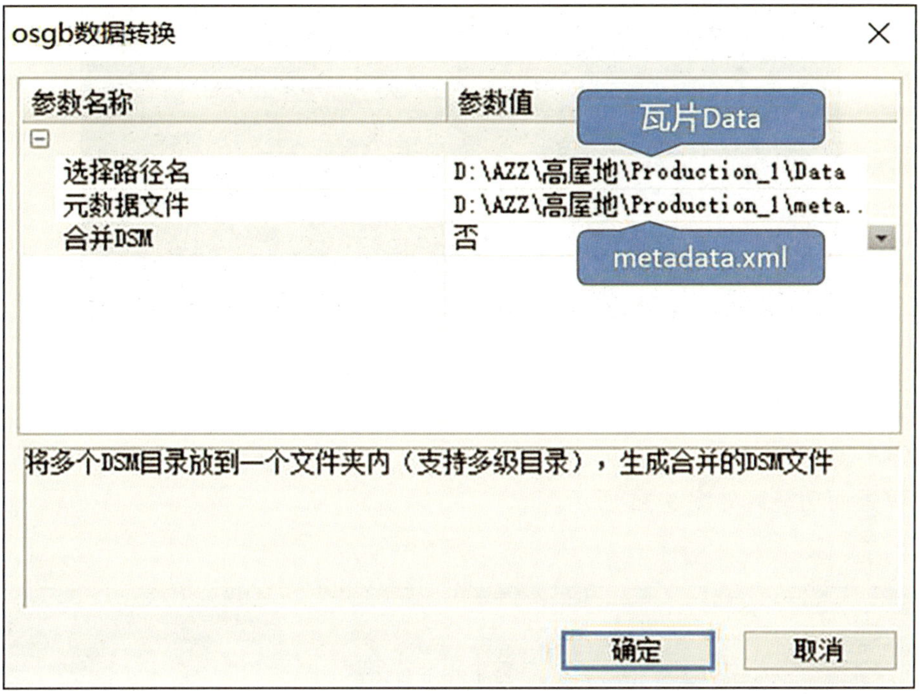

图 5-31 生成表面模型 DSM

3. 加载本地倾斜模型

"三维测图"—"加载本地倾斜模型"(表面模型 DSM),如图 5-32 所示。若需要影像辅助测图还需加载超大影像。

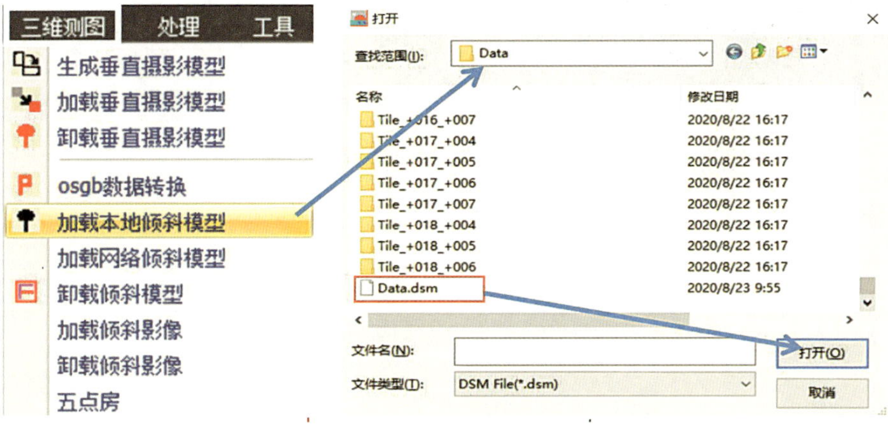

图 5-32 加载表面模型 DSM

4. 设定测图范围

在矢量窗口点击右键—设定图幅范围,目的是按标准图幅进行数据采集,方便数据管理，结果如图 5-33 所示。

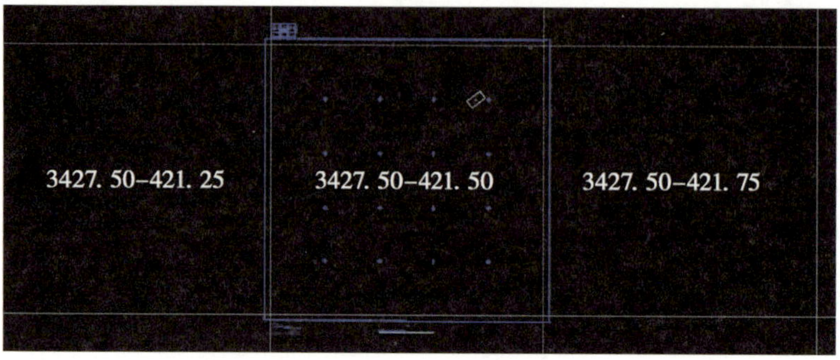

图 5-33　蓝色区域为图幅范围

5. 数据采集

1) 工程界面介绍

工程界面功能区如图 5-34 所示。

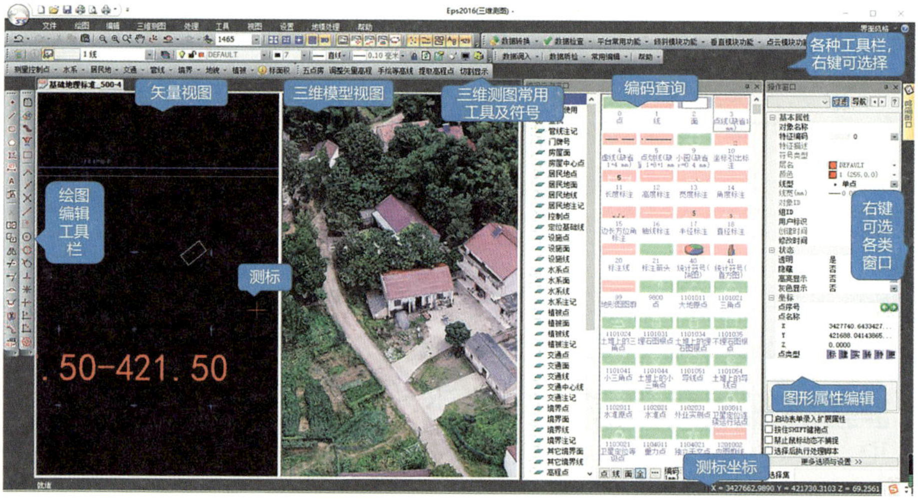

图 5-34　EPS 工程界面功能区介绍

矢量视图窗口：显示所测的矢量图形，正射影像也在此界面显示。

三维模型视图：显示载入后的实景三维模型，通过测标在此模型上测图。

工具栏：在工具条空白区域右键可打开需要的工具栏，不需要的可以关闭；右侧工具栏空白区域右键可打开编码查询窗口及图形属性编辑窗口。

2) 测图常用快捷键

测图时，使用各种快捷键可以提高测图的速度及精度（未标注的默认为“选择集和加线”状态均有效）。

常用快捷键见表 5-1。

表5-1 常用快捷键

状态	键盘位置	功能名称	功能描述
选择	Shift	拖点	按下鼠标左键移动光标,将目标点拖到其他位置
	C	闭合	使打开的当前线闭合,闭合的当前线打开
	X	回退一点	从当前点回退一点
	Shift+X	回退多点	从当前点开始删除多点(到光标指向点)
	Ctrl+T	删除	删除当前点列所有点(删除当前对象)
	W	抹点	从当前点列中删除光标指向点,不分解当前对象
	Shift+W	抹线	从当前点列中删除光标指向线段,若被删除线段不在两端,分解当前对象
	Ctrl+W	打断	在光标点最近位置处将当前地物打断(圆无效)
	E	任意插点	在光标位置插入点
	Shift+E	线上插点	在光标指向的线段上插入一点
	Z	点列反转	线、面类地物首尾两点直接切换
	Shift+Z	地物反向	地物反向(如陡坎的短线等)
	S	捕矢量点	将光标指向的矢量点加入当前点列(捕捉最近点)
	Shift+S	反向垂足	用光标指向的矢量点与当前线末边的垂足点代替当前线的末点,并将该矢量点加入当前点列
	Ctrl+S	垂线垂足	将光标指向的矢量点与当前线末边过末点垂线的交点加入当前点列,并将该矢量点加入当前点列
	D	线上捕点	将鼠标滑动线与某一最近矢量线的交点加入当前点列
	Shift+D	捕垂足点	将当前线末点与光标指向线的垂足点加入当前点列
	Ctrl+D	捕垂线直线交点	将过当前线末点和末边的垂线与光标指向线的交点加入当前点列
	H	邻边整合	调整当前点列的点位使之与相邻点线靠合(调整范围为图上0.5 mm,双击该键可加大调整范围)
	R	距离平行线	过光标点作当前线的距离平行线,如果当前线为复杂线,新线将自动反向

续表 5-1

状态	键盘位置	功能名称	功能描述
加线	F	接线	拾取光标指向的某一线对象与当前线就近连接
加线	Shift+F	取消接线	接线逆操作（ 等于 Undo ）
	T	属性拾取	用光标指向对象属性重置当前对象与对象属性工具条
	J	设置或取消转折点	在当前线中将光标指向的点设为转折点或取消转折点
加线	V	捕捉多点	将光标位置点与当前线末点所截取的在某一线上的一段加入到当前线上，采点方向符合顺向原则
加线	Shift+V	捕捉多点（变宽线的中线）	加线状态将光标位置点与当前线末点所截取的在某一线上的一段加入到当前线上，采点方向符合顺向原则
	G	快捷面填充	利用默认编码填充所在的闭合区域
	Shift+G	快捷面填充	选择需要的面编码填充鼠标点所在的闭合区域
选择	， 。	对象前一个 对象后一个	选择集中多个地物的前后查看
加线	1,2,3 5,6,7,8	线型切换 弧的绘制	1—直线；2—曲线；3—圆弧； 5—输入悬高画弧；6—输入半径画弧； 7—输入弧画弧；8—根据输入的边数绘制多边形
选择	5	注记整合	将散乱的注记合并在一起
选择	8	地物合并	合并在一定限差之内的同类地物

3）数据采集

从编码查询窗口或快捷菜单选择需要采集对象对应的符号，在立体模型上绘制符号。数据采集时注意，立体模型上测标始终在模型表面，测标坐标就是地物坐标。鼠标左键按住可以旋转模型，鼠标滑轮按住可以平移模型，鼠标滑轮或右键按住可以缩放模型。测图选择编码时注意有些地物有多个编码，编码最后一位代表编码的符号类型如图 5-35 所示。

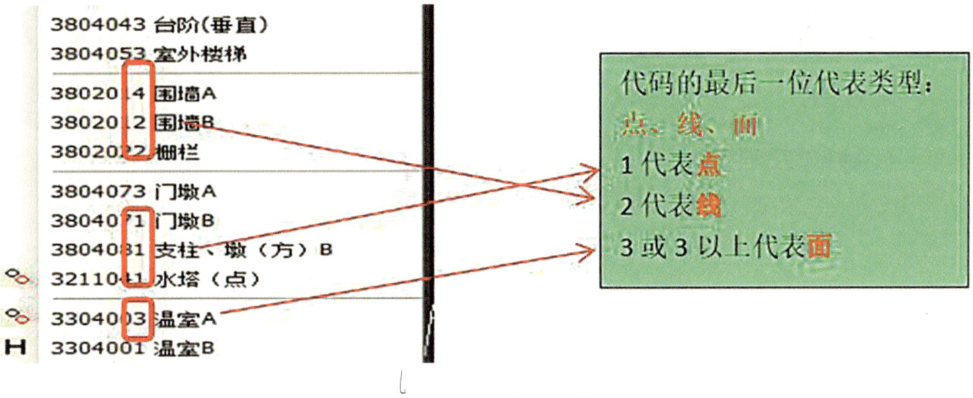

图 5-35　编码类型示意图

具体操作方法参考 EPS 教学视频,采集内容要求参考前文双目立体测图中数据采集部分。已采集的实体可以通过操作窗口编辑属性,如图 5-36 所示。

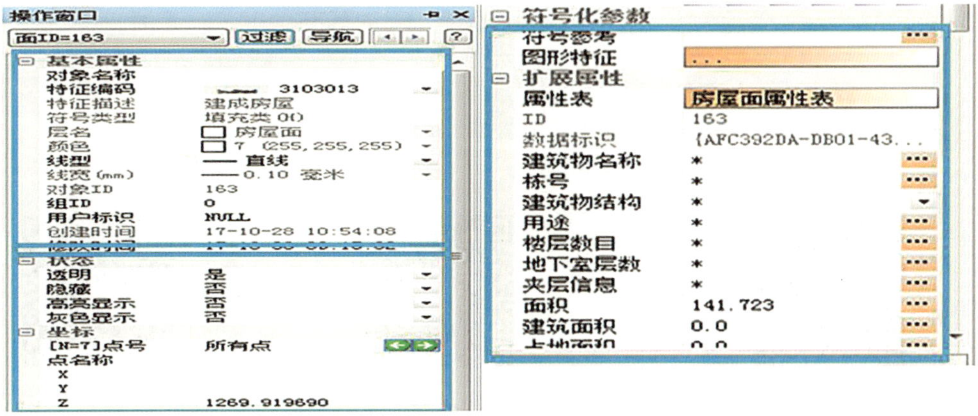

图 5-36　属性编辑窗口

绘制好的房屋可进行是否闭合检查,设置好后,在图形范围外随意拉框,不闭合的图形就会被选择出来;另外,对于有方向性的围墙、棚房、栅栏等,相应地在对象类型选择线或面,在点列方向上选择顺时针或逆时针进行检查,按照正确方向进行批量修改。

6. 成果导出

选择 数据转换 下的 CASS9 数据输出,进入"设置输出模式"界面(见图 5-37)。根据实际需要选择输出方案,有三个选项:全部输出、选择集输出、当前图幅输出。选择好输出范围,确定会提示输出文件名称及路径,设置好并保存。

由于部分符号库的对应关系不一致等问题,输出后的成果在 CASS 里要做一些编辑,并且需要完成合并、分幅、整饰等工作。

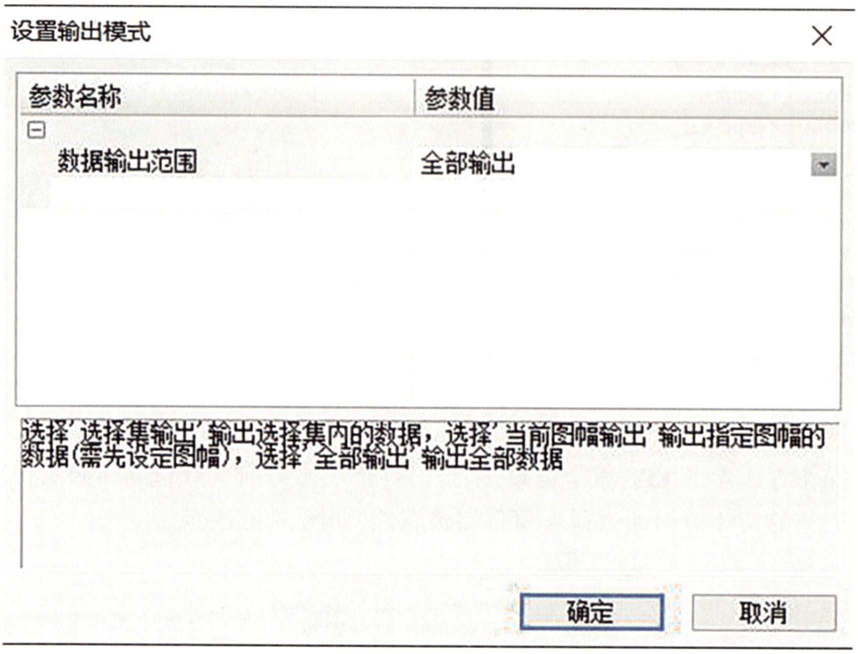

图 5-37 “设置输出模式”界面

码 5-19 EPS 倾斜摄影实景三维测图实操视频教程

码 5-20 三维测图演示视频

码 5-21 倾斜摄影三维测图功能点视频

【任务三】 ArcGIS 测图

使用 ArcGIS 也可利用空三加密成果进行地形图测绘工作，下文就基本流程做简要介绍。

1. 数据准备

使用 ArcGIS 的 ArcMap 桌面应用程序利用空三任务的成果可以完成测图任务，这里只需要使用空三任务完成后所生成的 DEM 数据及 DOM 数据。

2. 建立数据采集任务

(1)打开 ArcMap，新建空白地图。

(2)加载空三获取的 DOM 数据、DEM 数据作为底图数据，如图 5-38 所示。

(3)按地形采集要求建立若干矢量要素层，如图 5-38 所示。

(4)新建高程点图层。

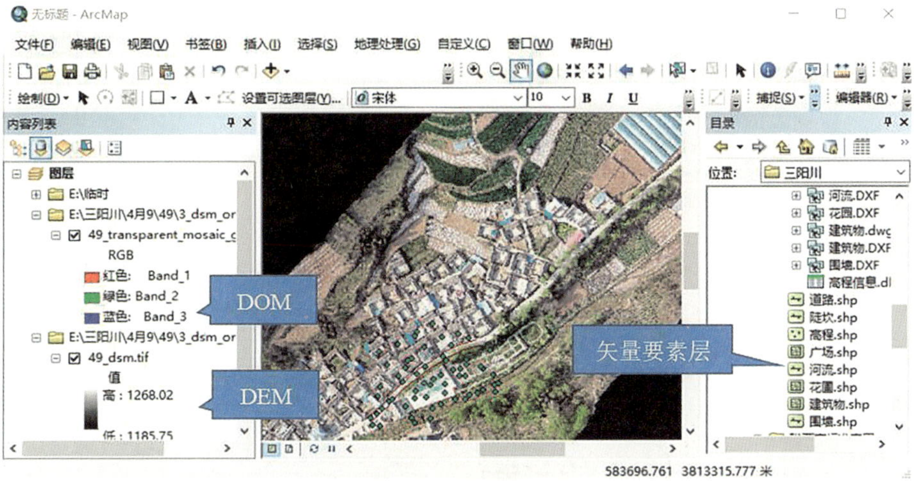

图 5-38　新建测图任务

3. 基于 DOM 数据完成地形数据采集

（1）对照 DOM 分要素层采集所需要素，如图 5-39 所示。

（2）采集地貌特征点，特征点采集时需要满足地形图高程注记点密度要求，这些高程点是生成等高线及添加高程注记的基础。如图 5-40 所示为获取的地貌特征点。

图 5-39　矢量化地形数据示意图

图 5-40　地貌特征点示意图

4. 基于 DEM 数据完成高程信息提取

通过 DOM 获取的地貌特征点及高程点只是单纯地获取了点的位置，没有高程信息，需要从 DEM 上对应位置提取其高程值。

在 ArcGIS 工具箱里利用 SpatialAnalyst 工具—提取分析—值提取至点功能，以前文获取的点文件为基础，从 DSM 提取点文件对应高程信息，如图 5-41 所示。提取完成后矢量化得到的特征点就有了高程信息，高程字段默认 RASTERVALU。由于 ArcGIS 的 shap 文件转 CASS 的 DWG 文件，高程属性字段的对应值是 Elevation，所以需要在点文件里新加一个属性字段 Elevation，并将 RASTERVALU 所获取高程值赋值给 Elevation 字段，这样在将点文件转换为 DWG 格式时，就会在文件里保存高程信息。如图 5-42 所示为高程信息提取前后点文件属性对照。

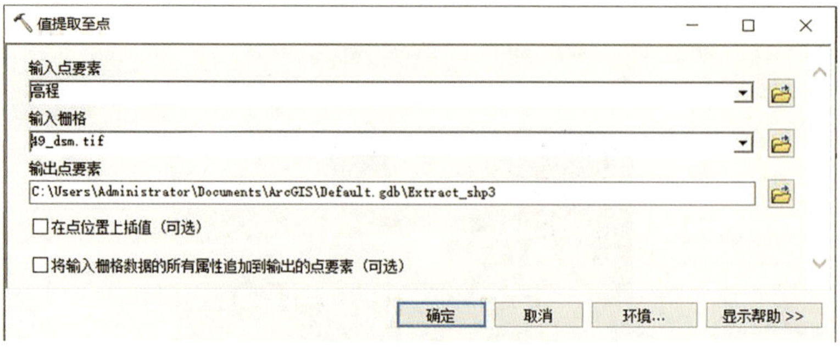

图 5-41　高程信息提取

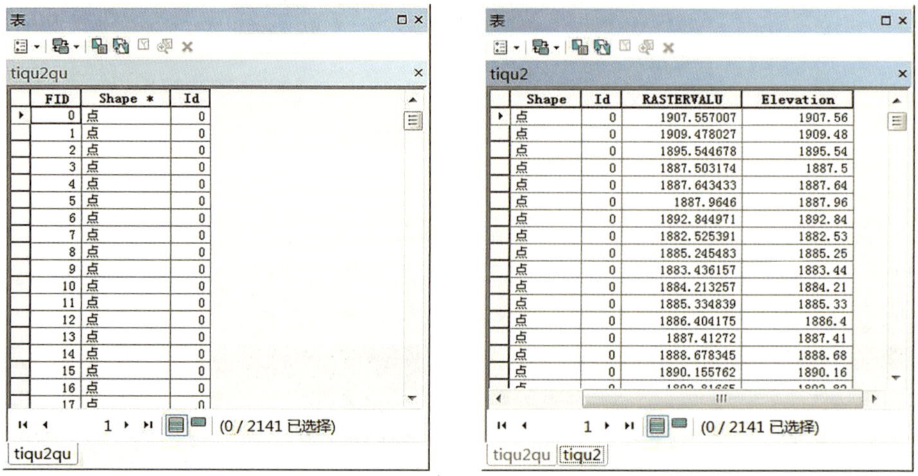

图 5-42　高程信息提取前后属性对照表

5. 高程信息检查

矢量点的位置是保证点的平面位置准确，DSM 上存在匹配异常求得的高程点，若这些点高程被提取，直接影响到生成等高线的精度，因此在 ArcGIS 里利用高程点文件生成 TIN 模型，通过 TIN 模型及 DOM 配合检查是否有异常点，有，则删除这些点。如图 5-43 所示为高程异常点（通过 DOM 对比发现这里是平地，但是在 TIN 模型上这里有明显的高程抬高），图 5-44 为异常点及周围点高程对比（异常点与周围点高差差异为 60.76 m）。

6. 数据转化

在内容列表中，右键选择需要转换的图层，选择数据，导出至 CAD，将获取的 shape 格式矢量化地形数据及带有高程信息的点文件在 ArcMap 里逐要素层导出为 DXF 格式或 DWG 格式。导出时注意输出类型符合所用 CASS 软件版本等级要求，如 CASS9.1 是基于 CAD2008，需要输出类型低于 CAD2008 版才能使用，如图 5-45 所示。

由于 ArcMap 中要素层属性是可以直接输出为表格文件的，所以也可以通过将高程点文件属性表输出的方式获取高程点文件，流程如下：

(1) 高程点文件属性表中添加 X、Y 两个字段，如图 5-46 所示。

图 5-43　高程异常点

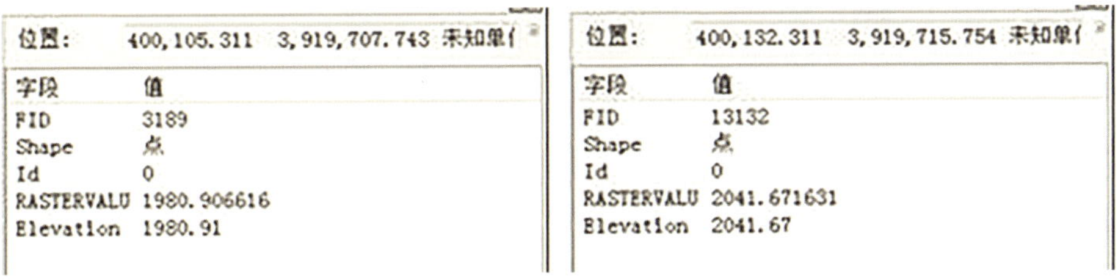

图 5-44　异常点及周围点高程对比

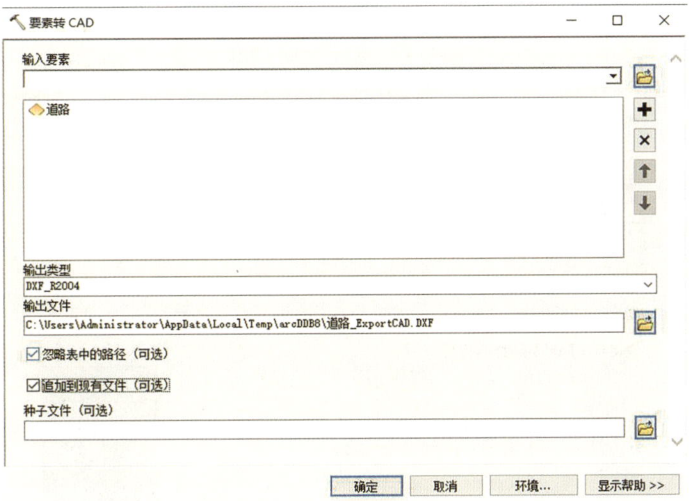

图 5-45　数据转换

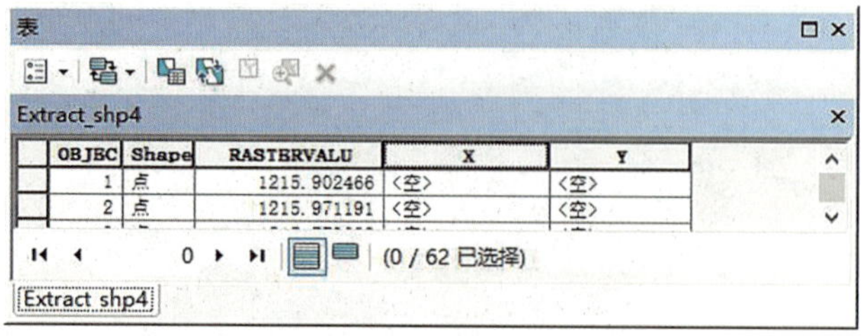

图 5-46　属性字段

（2）右键点击 X、Y 字段选择几何计算，获取 X、Y 坐标值，如图 5-47 所示。

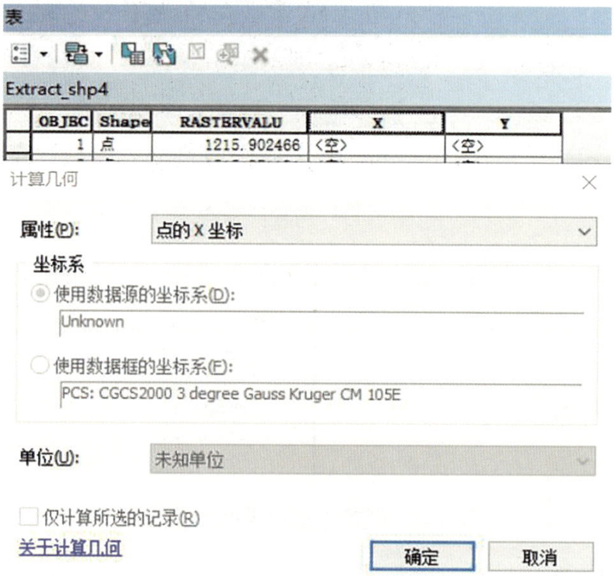

图 5-47　X、Y 坐标提取

（3）表菜单选择导出表文件为 DBF 格式，如图 5-48 所示。

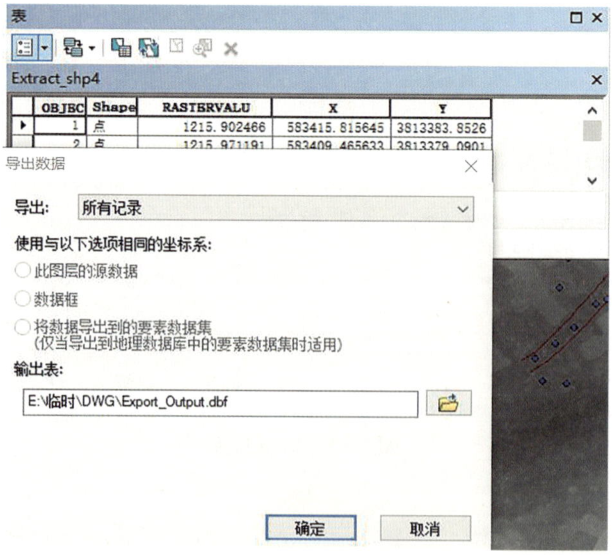

图 5-48　高程点坐标输出为 DBF 格式

(4)输出后的DBF格式文件通过Excel表格打开,编辑后另存为TXT文本文档,最后更改文本文件后缀名为CASS支持的DAT格式。

7. 地形图编辑

在CASS环境里,首先基于高程点文件生成等高线;由于ArcMap里矢量化得到的地形数据没有属性,对照DOM,在CASS里将矢量化地形数据赋予属性(刷属性);最后以DOM为底图对地形地貌数据进行编辑处理,得到满足地形图要求的地图数据。如图5-49所示为本任务成果图局部。

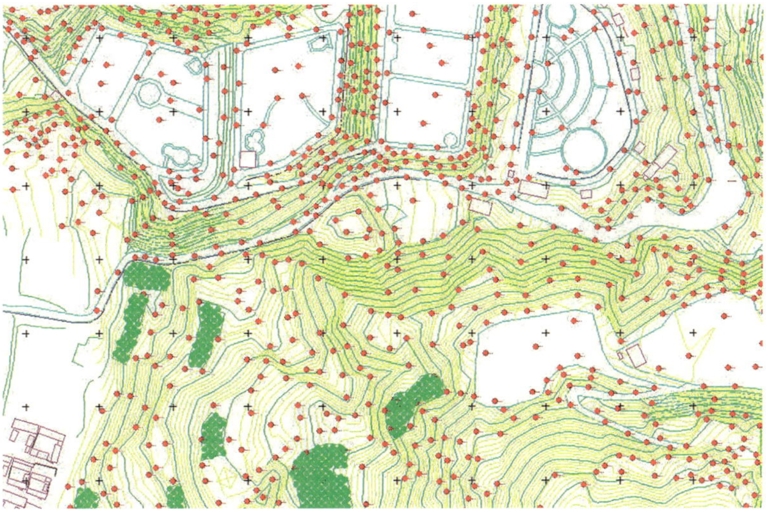

图5-49 成果图局部

四、任务考核

参考《基础地理信息数字成果 1:500 1:1 000 1:2 000生产技术规程 第1部分:数字线划图》(CH/T 9020.1—2013)和《国家基本比例尺地图图式 第1部分:1:500 1:1 000 1:2 000地形图图式》(GB/T 20257.1—2017),以成果质量为考核核心,兼顾实践教学实际情况制订任务考核标准(见表5-2)。

表5-2 DLG采集编辑任务实施考核标准

序号	内容	说明	比例/%	分项成绩	总成绩
1	考勤	出勤率、纪律情况	30		
2	实践报告	实践活动形成的技术报告	20		
3	实践成果	数字线划图	30		
4		质量报告	20		

注:成果质量报告有明显错误者,综合成绩判定为不合格。

五、学习资源

(一) 相关规范

(1)《基础地理信息数字成果 1∶500 1∶1 000 1∶2 000 生产技术规程 第1部分:数字线划图》(CH/T 9020.1—2013);

(2)《国家基本比例尺地图图式 第1部分:1∶500 1∶1 000 1∶2 000 地形图图式》(GB/T 20257.1—2017);

(3)《1∶500 1∶1 000 1∶2 000 地形图航空摄影测量内业规范》(GB/T 7930—2008);

(4)《测绘成果质量检查与验收》(GB/T 24356—2023);

(5)《摄影测量与遥感术语》(GB/T 14950—2009)。

(二) 参考在线教学资源

(1)职业教育国家在线精品课“无人机摄影测量”(智慧树);

(2)1+*X* 无人机摄影测量职业技能等级认证综合平台,模拟训练。

项目六 DEM 采集编辑

一、项目描述

数字高程模型(digital elevation model,DEM),是国家基础地理信息数据的重要组成部分,是表示地表区域上地形的三维向量的有限序列,即地表单元上高程的集合。数字高程模型作为一种特殊的基础地理信息数据,其典型的形式是一种连续的栅格图像数据,这种数据形式在坡度坡向分析、高程分带、地形阴影、彩色地势、地形校正处理、三维地形构建等工程中有广泛的应用。本项目基于 MapMatrix2.0 软件进行数字高程模型的生产、编辑及格式转换、裁切等环节的介绍,使用其他软件进行处理的基本原理及流程相似,可参考实施。

二、项目目标

(一)知识目标

(1)掌握数字高程模型的相关概念;

(2)掌握数字高程模型的结构原理。

(二)能力目标

(1)能熟练使用摄影测量方法获取数字高程模型;

(2)能在 MapMatrix2.0 软件环境下进行数字高程模型的编辑及后处理;

(3)掌握数字高程模型产品的生产工艺流程。

(三)素质目标

(1)培养综合使用多种软件联合处理来获取测绘产品的素质;

(2)培养严格按照相关规范来指导测绘作业的工作意识。

三、项目实施

(一)项目参考标准

本项目参考《1:500 1:1 000 1:2 000 地形图航空摄影测量内业规范》(GB/T 7930—2008)、《基础地理信息数字成果 1:500 1:1 000 1:2 000 生产技术规程 第 2 部分:数字高程模型》(CH/T 9020.2—2013)实施。

(二)项目流程

项目流程见图 6-1。

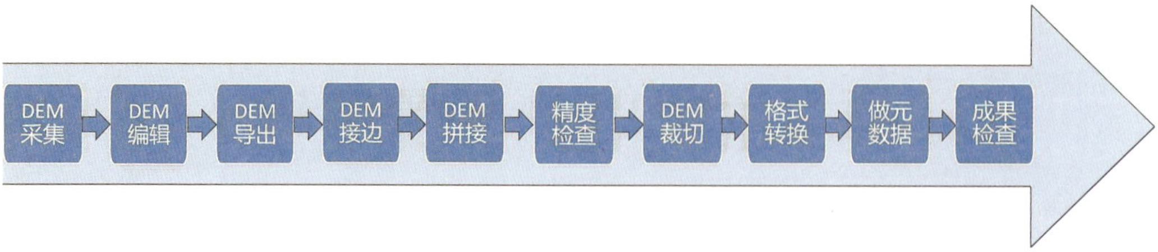

图 6-1 项目流程

(三)任务实施

【任务】 DEM 采集编辑

1. 资料准备

DEM 数据制作需准备无人机航空摄影影像、POS 数据、空三加密成果、相机文件、已有的数字线划图。

2. DEM 采集

1)导入空三工程

打开 MapMatrix2.0 软件,在左侧工程浏览窗口中右击,在弹出界面中加载空三加密工程,如图 6-2 所示(MapMatrix 支持多款软件的空三成果,如 MapMatrix、VirtuoZo、JX4 Project、Z/I Intergraph、Leica Helava、PATB、Albany、Bingo、Dat/EM Summit、PhorexII 和 Inpho 等,本任务以 MapMatrix 软件空三成果为例介绍 DEM 采集、编辑流程)。

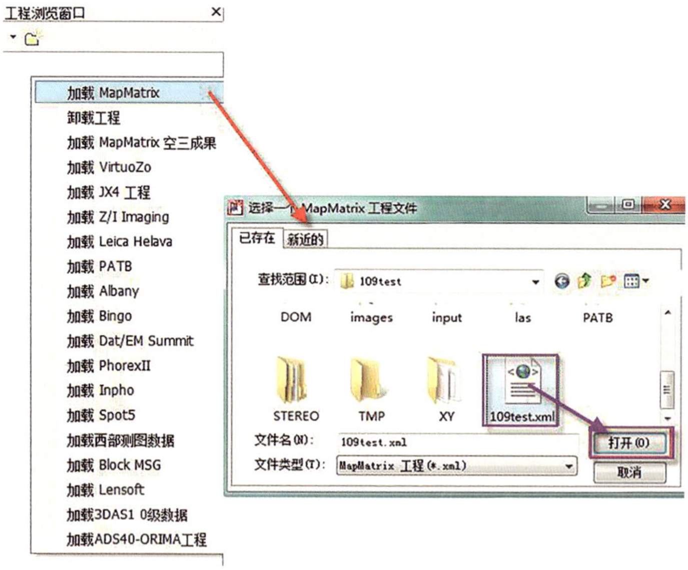

图 6-2 空三成果导入

加载工程后,系统在输出窗口中会给出提示信息,如图 6-3 所示。

2)设置相机文件

选中工程浏览窗口中的工程名节点(见图 6-3 中的 109test),然后点击该窗口上的 ,或选择工程节点右键菜单中的编辑相机文件,在工作区窗口出现如图 6-4 所示的界面,设置参数后保存。点击文件打开图标可以直接打开空三生产的相机文件,或通过文本打开相机文件对照输入。

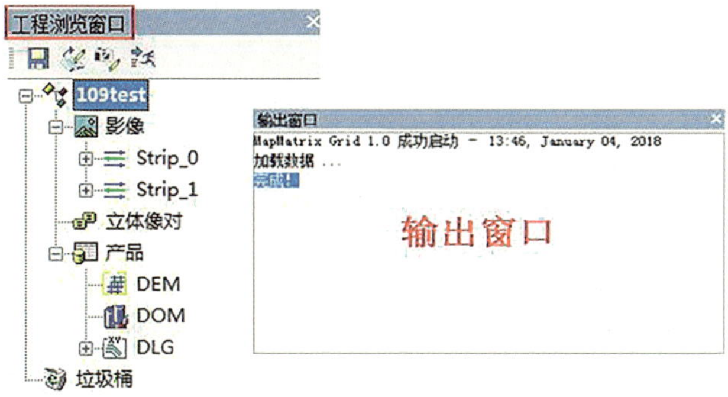

图 6-3　输出窗口

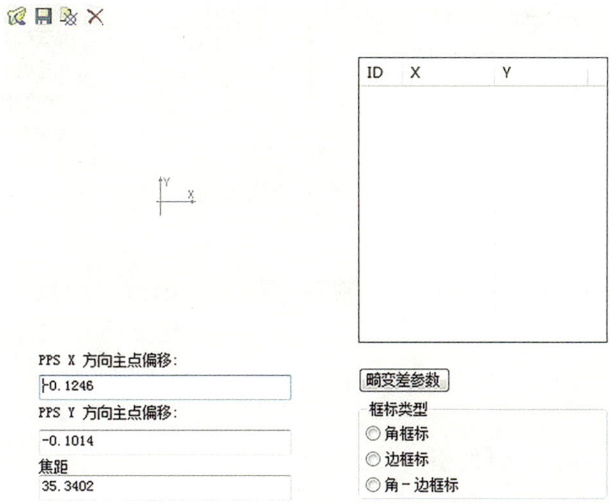

图 6-4　相机文件设置窗口

图 6-4 中：

(1) PPS X 方向主点偏移，0。

(2) PPS Y 方向主点偏移，0。

注：若像片在空中三角测量之前未做畸变校正，则 X、Y 的偏移值为默认值，若已进行完畸变校正，则偏移值均为“0”。

(3) 焦距，根据相机报告文件设置。

(4) ID X、ID Y，表示框标坐标；

(5) 畸变差参数，若这里使用的是经过畸变纠正的影像，这里可不设置，若采用原始影像按相机文件畸变参数进行设置。一般情况下，空三后均生成了无畸变影像，这里不用再设置畸变参数。

(6) 框标类型，按实际情况选择，无人机影像一般采用角框标。

3) 内定向并创建立体像对

在“工程浏览窗口”中“影像”节点处右键点击“数码量测相机内定向”；在工程名节点（如图 6-3 中“109test”）右键点击“创建立体像对”，如图 6-5 所示。

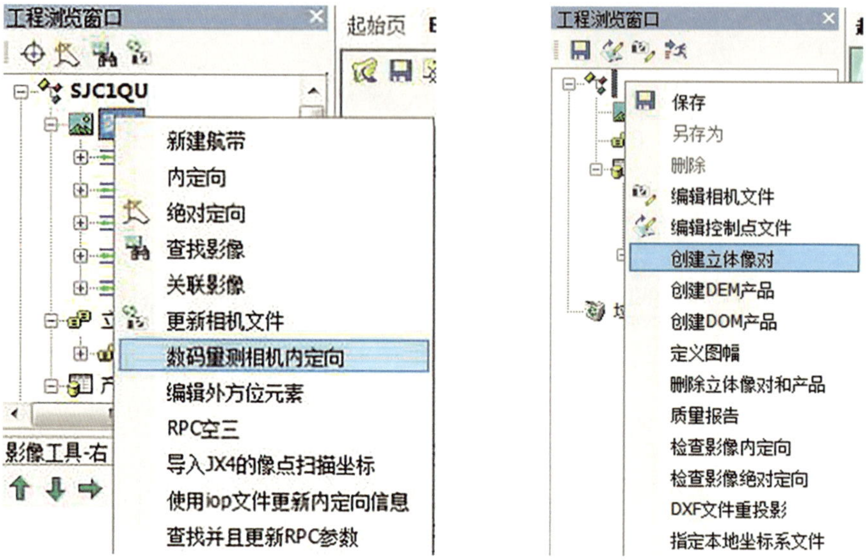

图 6-5　创建立体像对

4) 工程及立体模型精度检测

恢复工程及立体模型创建完成后,需对恢复的空三加密工程及立体模型精度进行分析,可利用像控点或外业检测点在立体模式下通过人机交互的方式进行精度检查,步骤如下所述。

(1) 控制点/检查点格式。

控制点/检查点为文本文件,格式如图 6-6 所示。

12

1001	564779.314	3806179.703	1633.317
1002	565010.398	3806177.598	1645.123
1003	565207.279	3806219.240	1675.735
1004	565448.886	3806228.472	1684.937
1005	564845.133	3805842.184	1638.278
1006	565008.491	3805827.923	1654.248
1007	565291.079	3805798.826	1642.248
1008	565498.571	3805845.636	1640.135
1009	564796.323	3805425.853	1630.185
10010	565062.238	3805444.532	1633.279
10011	565305.557	3805438.860	1640.424
10012	565497.507	3805472.629	1638.921

图 6-6　控制点/检查点格式

(2) 导入控制点/检查点。

在"产品"—"DLG"中右击"新建 DLG",在弹出的对话框中,设置文件路径及名称后点击打开。此时,"DLG"节点下会出现新建的 DLG 数据,如图 6-7 所示,在此节点处右击"数字化",在弹出的窗口中设置比例尺后,点击"确定",即可进入"FeatureOne"模块,如图 6-8 所示。

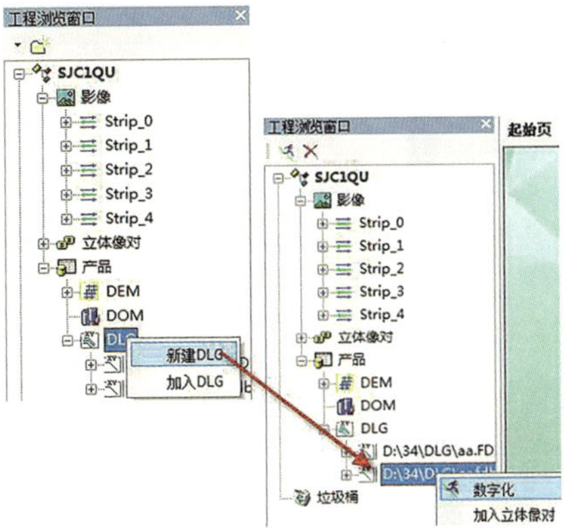

图 6-7 数字化

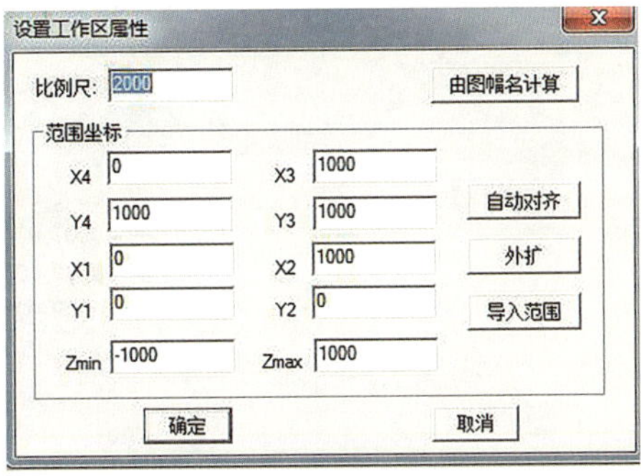

图 6-8 比例尺设置

在“FeatureOne”界面工程节点上，右击选择“装载立体模型”，模型装载后，选择工具栏中的“工具”—“检查点精度分析…”，在弹出的对话框中点击 ，打开控制点文件，如图 6-9 所示。

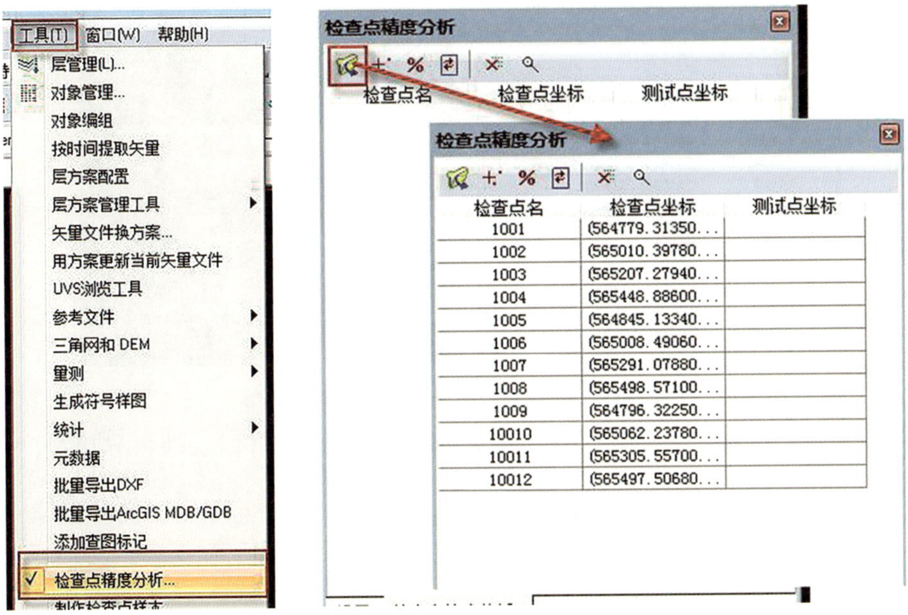

图 6-9 加载检查点

在左边工程栏中任意一个立体模型上右击“实时核线像对”，打开立体像对窗口后(这里需要注意激活“自动切换”命令，如图 6-10 所示。激活后，在“检查点精度分析”窗口中，点击任意一个控制点时，模型将自动跳转到其所在的立体模式上)，点击“采集测试点”，在立体像对中控制点正确位置处点击，测试点坐标一栏处将会统计出鼠标所点击位置处的相应坐标，如图 6-11 所示。

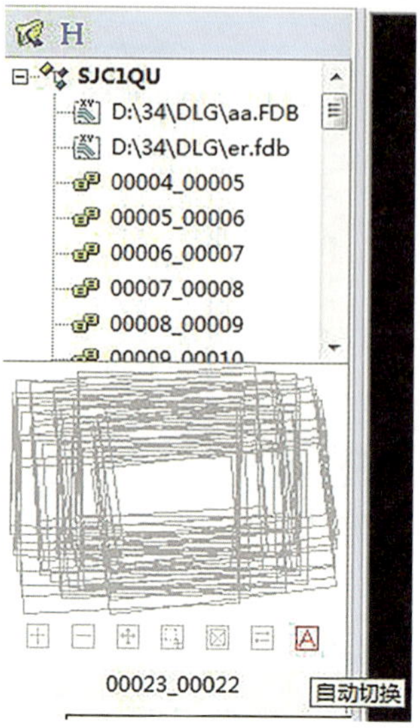

图 6-10　自动切换界面

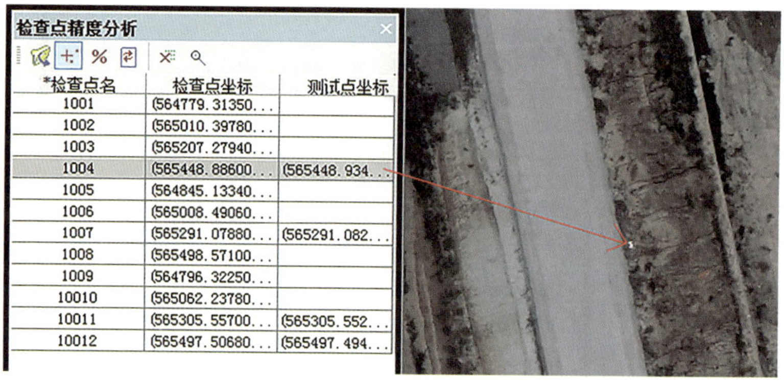

图 6-11　采集测试点

待需要检查的点都采集完成后，点击“数据统计”，输入文件名，即可导出精度检查报告，如图 6-12 所示。

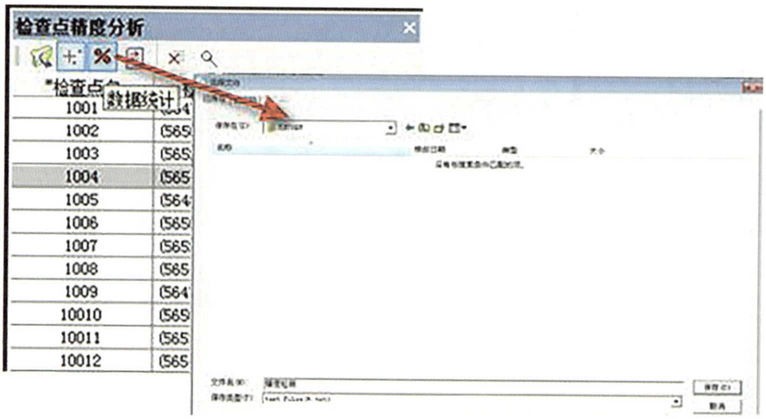

图 6-12　导出精度检查报告

导出的精度检查报告内容如图 6-13 所示。

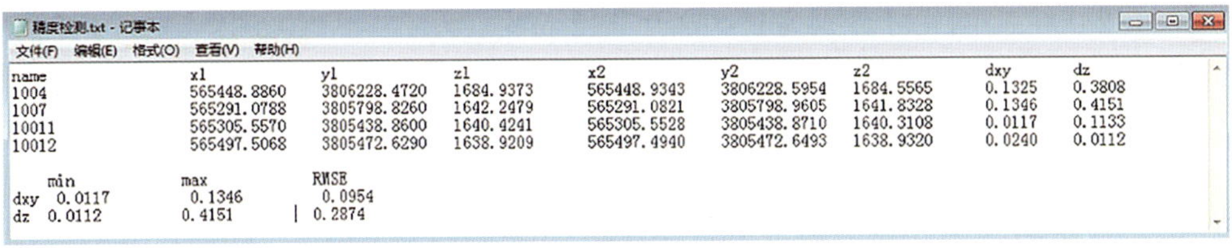

name	x1	y1	z1	x2	y2	z2	dxy	dz
1004	565448.8860	3806228.4720	1684.9373	565448.9343	3806228.5954	1684.5565	0.1325	0.3808
1007	565291.0788	3805798.8260	1642.2479	565291.0821	3805798.9605	1641.8328	0.1346	0.4151
10011	565305.5570	3805438.8600	1640.4241	565305.5528	3805438.8710	1640.3108	0.0117	0.1133
10012	565497.5068	3805472.6290	1638.9209	565497.4940	3805472.6493	1638.9320	0.0240	0.0112

	min	max	RMSE
dxy	0.0117	0.1346	0.0954
dz	0.0112	0.4151	0.2874

图 6-13　精度检查报告内容

通过精度检查报告查看控制点或检查点与对应模型点 dxy、dy 的 min、max 值及均方根误差 RMSE 是否超出相关规范规定的成果精度要求，还可以查看具体点的误差情况。

5) DSM 生产

点击“工具”—“匹配生成 DEM”，弹出如图 6-14 所示的界面，设置好相关参数开始匹配，匹配完成后会出现如图 6-15 所示的对话框，点击“确定”。

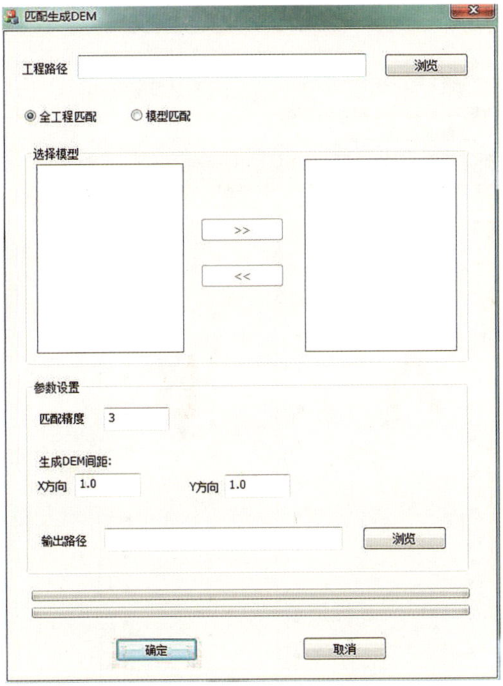

图 6-14　匹配生成 DEM 窗口

图 6-15　匹配完成后窗口

图 6-14 中：

工程路径，XML 格式的空三加密成果；

全工程匹配，选择此项工程整体匹配生成一个大的工程 DEM 文件；

模型匹配，选择需要生产 DSM 的模型添加到右边的窗口中，匹配出单模型 DEM 文件；

匹配精度，默认参数为 3，每 3×3 个像素匹配一个 las 点云，一般情况下选择默认参数；

生成 DEM 间距,依据相关规范、项目成果要求及比例尺进行设置(比例尺 1∶500、1∶1 000、1∶2 000,格网尺寸分别为 0.5 m、1 m、2 m);

DEM 存放路径,设置 DEM 生产后的存放路径。

3. DEM 编辑

DSM(数字表面模型)和 DEM 的区别在于 DSM 表达地表实际模型,包含所有地物及地貌信息,而 DEM 只表达地表地形信息,不包括建筑物、树林等。由于软件不能较好地过滤地表的无用信息,所以通过软件自动匹配生成的是 DSM,对于空旷地区 DSM 和 DEM 基本一致,但当地表分布有建筑物、树林等地物目标时,就需要对 DSM 进行编辑,将地物高程点修改至地面,生成 DEM。

1)任务区划分

在实际生产过程中,因数据量较大或范围限制,为了提高工作效率,避免漏编或重复编辑等情况,应在作业前做好任务划分,以便于后期数据接边。任务划分可以依据范围线格式在不同软件中进行,注意任务划分时应有公共边,如图 6-16 所示在 ArcGIS 软件中划分任务区,其中 ● 为 POS 位置。

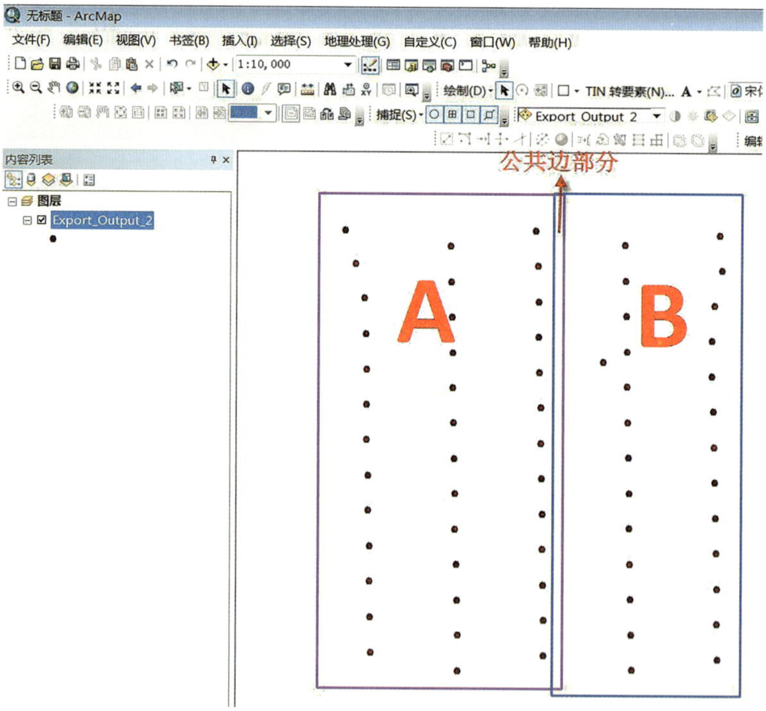

图 6-16　任务区的划分

2)编辑过程

DEM Matrix 软件 DEM 编辑常用命令如表 6-1 所示。

表 6-1 DTM Master 软件 DEM 编辑常用命令

矩形选区,快捷键 Ctrl+R	用于选择所要编辑的格网点
多边形选区,快捷键 Ctrl+P	用于选择所要编辑的格网点
page up 和 page down	减少 DEM 高程/增加 DEM 高程
定值高程,快捷键 E	给所选范围赋予指定的高程值
平均高程,快捷键 N	对选定区域赋予平均高程值
匹配点内插,快捷键 O	选定点重新内插。适用于被选中的点云,周围的点高程均合适,利用已有的点云重新内插所选中的地形
匹配点上下内插	仅将绘制选区内的上下边匹配点内插
匹配点左右内插	仅将绘制选区内的左右边匹配点内插
量测点内插,快捷键 I	以量测的高程点为基点,内插所选范围内 DEM 高程
局部平滑,快捷键 U	对选中区域的 DEM 做圆滑处理,使之过渡自然
全局平滑	对全图的 DEM 平滑
特征内插	根据特征矢量内插来处理,只处理特征矢量存在的区域
房屋过滤	对所选区域根据输入的临界高度值(地面的高程值,这个值以下认为是地面,以上的认为是房屋)进行滤波处理
房屋过滤#	对所选区域根据所设置的房屋高度进行滤波处理
图章	先左键单击选择参照部位,然后在目标位置左键单击,即可处理完成
裁切	用于 DEM 的裁切
导入高程	此功能主要是对 DEM 进行接边,把邻近 DEM 的高程值引进来,修改本 DEM 的高程值
DEM 扩展范围	外扩的区域绘制选区
局部匹配	对选区内的格网点,重新匹配(选区中一定要包含特征矢量,否则处理失败)

(1)数据导入。

①打开 DEM Matrix 编辑窗口。

进入 DEM Matrix 模块在产品节点 DEM 节点下右击“加入 DEM”命令,如图 6-17 所示,加入 DEM 后,单击编辑 DEM 按钮,进入立体编辑 DEM 模式。

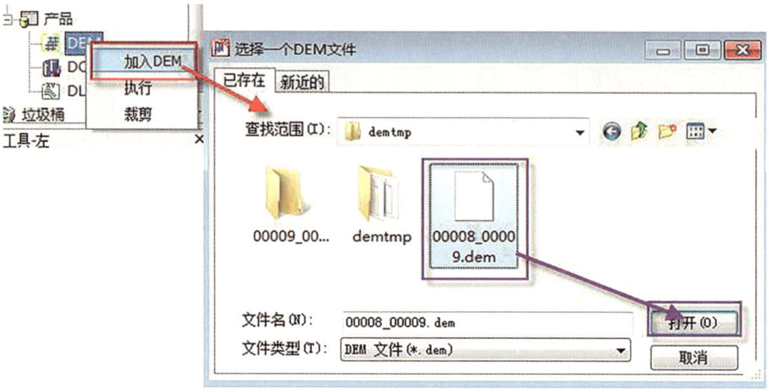

图 6-17　导入 DEM 窗口

②范围线导入。

在立体编辑模式窗口下,选择“矢量”—“导入特征矢量”导入范围线,该软件支持 FDB 格式、DXL 格式和 XML 格式的范围线。

(2)设置立体工作区。

选择 DEM 文件,右键打开“平面编辑”,如图 6-18 所示。使用“矩形选区”命令绘制立体上要加载的 DEM 点范围,区域如图 6-19 所示。

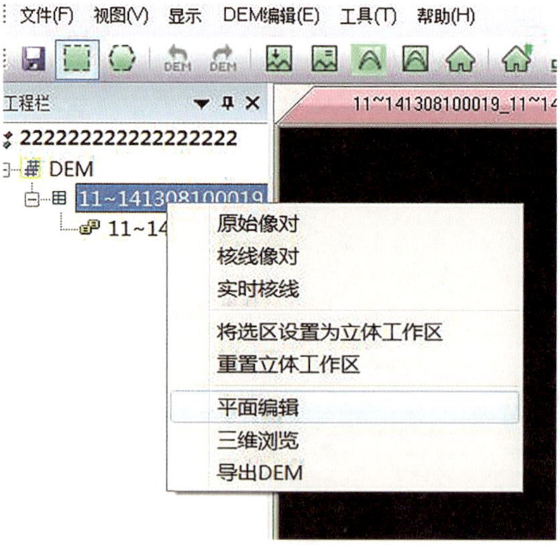

图 6-18　选择平面编辑

范围选择后再次选择 DEM 文件,右键弹出对话框,选择“将选区设置为立体工作区”,如图 6-20 所示。

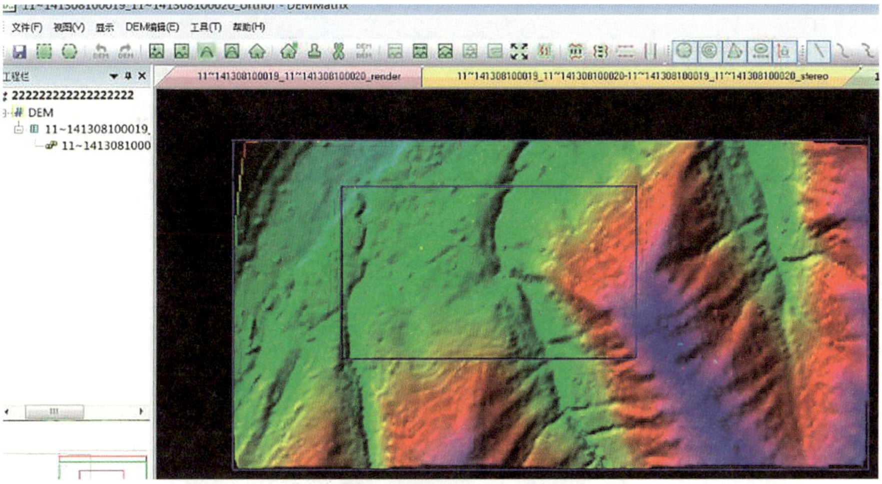

图 6-19　矩形选择编辑范围

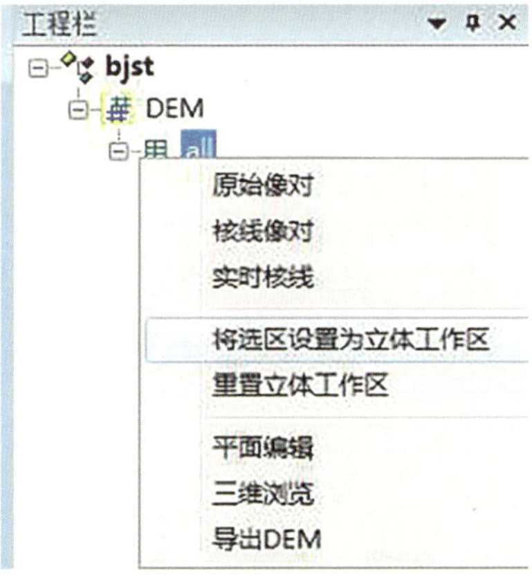

图 6-20　设置立体工作区

(3)进入立体编辑窗口。

立体编辑 DEM 前需要先打开立体像对,在立体模型节点上右击打开“实时核线”,进入打开立体编辑模式,如图 6-21 所示。

图 6-21　立体编辑窗口

图 6-21 中：

核线像对，是指采集了核线的立体像对；

原始像对，适用于 ADS 数据和卫星影像数据，可以直接在原始像对上编辑 DEM，不需要采集核线，Lensoft 工程的影像就只适用原始影像立体编辑；

实时核线像对，卫星影像、航空影像立体都适用，实时核线不但能自动根据立体构成方向将立体像对构建好，无须事先旋转影像，而且每个像对都是构建出最大立体范围的，确保没有立测漏洞。

(4) 硬件参数设置。

①输入设备设置。

打开“工具”—“输入设备”，在弹出的“设备设置”窗口中进行相关参数设置，如图 6-22 所示。设置完成后，点击“设备激活”，该状态即被保留。

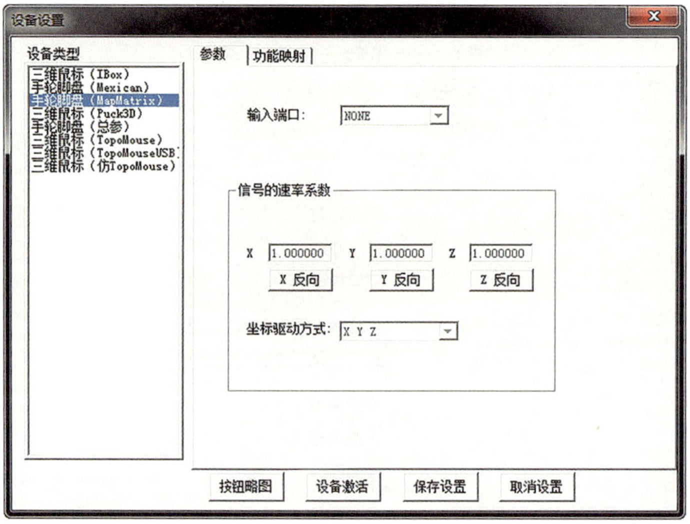

图 6-22　输入设备的设置

图 6-22 中：

输入端口，根据硬件连接主机端口选择相对应的输入端口；

信号的速率系数，图中 X、Y 及 Z 后的文本框中的数字为硬件输入信号的速率系数，即手轮或鼠标的位移与图中影像位移的比例，数字越小，影像刷新越慢。文本框中数字的正负号代表手轮脚盘的操作方向，若想调整，可点击“反向”命令对其进行调整。

坐标驱动方式，指的是手轮脚盘与影像坐标(X,Y,Z)的对应关系，点击坐标驱动方式右边的，在下拉菜单中选择不同的坐标驱动方式。

②选项设置。

选择“工具”—“选项”命令，系统弹出选项设置对话框，如图 6-23 所示。

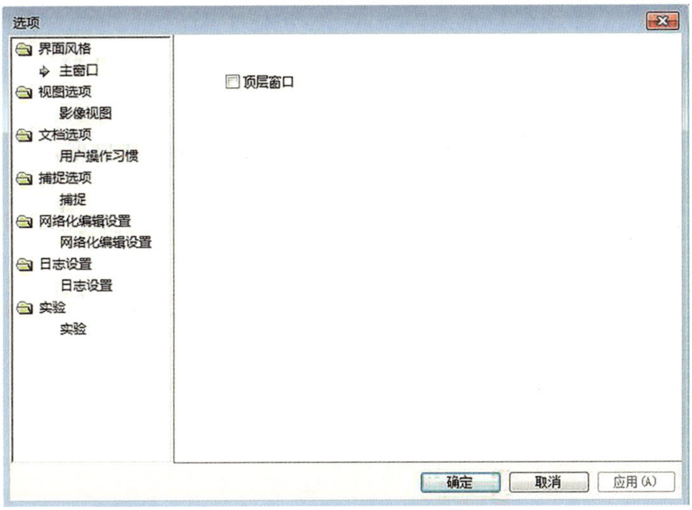

图 6-23　选项设置

a. 主窗口：可以选择是否将软件窗口置顶。

b. 影像视图设置如图 6-24 所示。

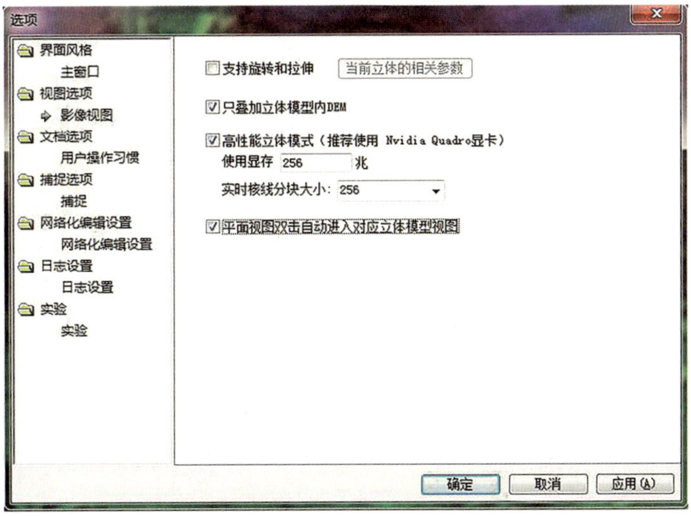

图 6-24　影像视图设置

图 6-24 中：

支持旋转和拉伸，主要针对卫星影像数据和 A3 数据，勾选此选项后，打开立体显示时可以对影像进行旋转与拉伸并进行相应的设置。

只叠加立体模型内 DEM，只显示当前打开的立体模型上的 DEM 点，模型外的 DEM 点不显示。当编辑的 DEM 的范围较大时，可以勾选此项加速立体模型的打开速度。

高性能立体模式，当立体显示效果不好时勾选此项，显存大小建议设置在 200~999。

注意：打开立体视图时高性能建议一直勾选，否则可能出现 DEM 点显示不出来的情况。

在平面视图双击自动进入对应立体模型视图，在平面视图，双击鼠标后会自动跳换到立体视图的当前坐标。

c. 用户操作习惯设置如图 6-25 所示。

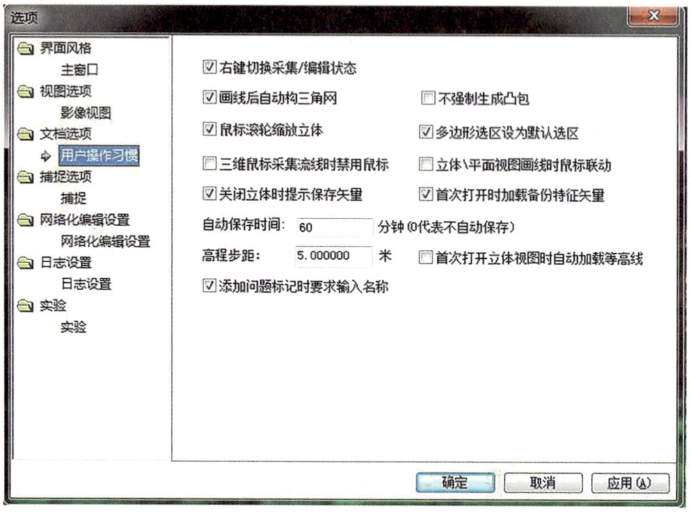

图 6-25　用户操作习惯设置

图 6-25 中：

右键切换采集/编辑状态，勾选后，单击右键进行切换。

画线后自动构建三角网，添加特征矢量或导入外部特征矢量，并且特征矢量被选中的情况下会自动构建三角网。

注意：在绘制特征矢量时建议不勾选此项，勾选此项可能会使程序出现反应变慢、变卡的情况。

鼠标滚轮缩放立体，勾选后，鼠标滚轮缩放立体；不勾选，鼠标滚轮调节测标高程。

三维鼠标采集流线时禁用鼠标，勾选后手轮脚盘/三维鼠标采集流线的同时，鼠标不支持使用。

关闭立体时提示保存矢量，添加特征矢量或导入特征矢量后，关闭立体界面的时候会提示是否保存。

多边形选区设为默认选区，勾选后，默认选择多边形选区；不勾选，默认选择矩形选区。

立体\平面视图画线时鼠标联动，勾选后，在立体视图画线时，平面视图也会同步画线；不勾选，立体视图画完当前矢量线，右键结束后平面视图才会显示。

注意：勾选此项，在用样条画线或用脚盘调高程时，可能会使程序出现反应变慢、变卡的情况。

首次打开时加载备份特征矢量，勾选后，打开立体像对时会提示是否加载矢量（打开立体视图时，如果在程序默认路径下已存在矢量文件 dxf，程序会提示是否加载矢量）。

高程步距，立体上绘制特征线时，可设置高程步距，然后通过“Ctrl+↑”“Ctrl+↓”调整 Z 值的高程。DEM 点减少高程（page up）/增加高程（page down）的步距也在此设置。

(5)不同地形 DEM 精细编辑。

DEM 编辑主要有定制高程、平均高程、特征内插、量测点内插等几种方式:①定制高程指选择一个区域给定一个高程值作为区域内所有点的高程;②平均高程指选择区域内所有点取平均高程值;③特征内插指选择区域内根据特征点线辅助内插出区域内高程值;④量测点内插指选择区域内从模型上量测一些地面点,根据量测地面点坐标内插出区域内高程值。对于地形比较复杂、地物比较多的区域量测点内插可以人机交互较准确地提取地面点,过滤地物点,是常用的 DEM 编辑方法。

①水系、河流。

对于封闭的水域,如湖泊、水库、池塘等,其格网点高程的设定一般采用“定值高程”,其高程值应取常水位高程。具体步骤为:选择编辑区域后,单击“定值高程”选项后输入高程值,系统根据输入指定高程值将所选区域拟合为一个水平面,使区域内所有格网点切准水平面。对于河流,由于其高程会有落差,也可以采用“定值高程”这种方法进行分段处理。为了高效作业,可采用特性线采集的方法进行编辑。

用多边形选择命令,在立体下采集池塘的水面(被选中的点,系统默认显示为青色),理论来讲,池塘水面的高程应相同。所以,在这里选用“定值高程”,根据水涯线高程赋值即可。或者使用“平均高程”命令,然后通过 page up 和 page down 调整高程切准水面。编辑前后对比如图 6-26 所示。

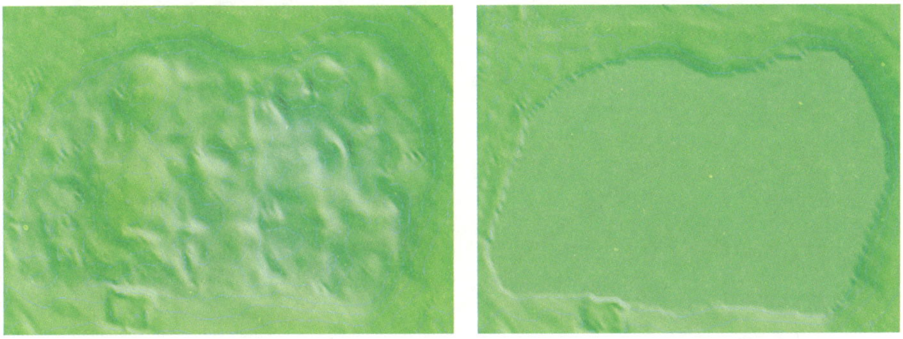

(a)编辑前　　(b)编辑后

图 6-26　水系、河流编辑前后对比

②房屋及附属设施。

对居民地进行自动匹配时,其格网点高程会默认为房顶高程值,在编辑时,对于平坦地区可以采用“定值高程”或“平均高程”的方法;对于地面有坡度起伏的区域可以采用采集特性线的方式进行编辑。

平坦地区编辑按照水系编辑的方式,打开立体编辑窗口,用多边形选择房屋的范围,一般情况下一户或一幢房屋的高程应该是相同的,所以在量取房屋地面高程后选择“定值高程”命令,输入高程值,将其高程压至对应的地面,编辑前后对比如图 6-27 所示。

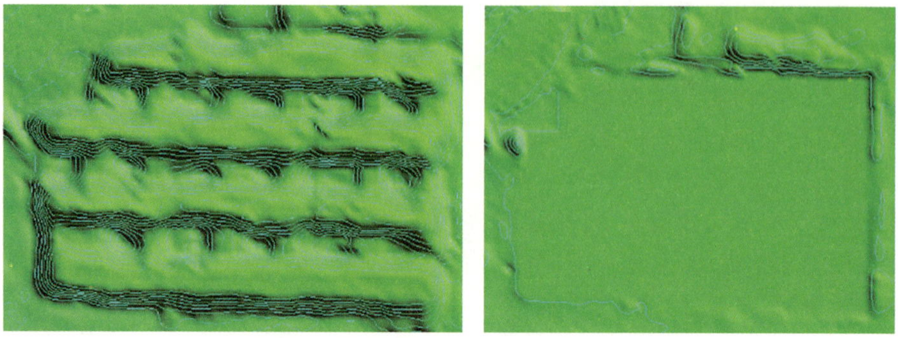

（a）编辑前　　　　（b）编辑后

图 6-27　房屋及附属设施编辑前后对比

地面有坡度起伏的区域可采用“特征内插”的方法进行编辑，就是采集特点及特征线，通过特征点线坐标内插出区域内部高程，具体编辑流程可参考地貌的编辑方式。

③道路。

道路的编辑，可以使用“道路推平”命令进行编辑。选择“DEM 编辑”—“道路推平”命令，或单击工具栏上道路推平按钮，鼠标左键沿道路中线量测一条线（量测线时要切准地面如图 6-28 所示），最后一点在道路的边缘处按下鼠标左键（量测道路的宽度），右键结束量测，程序自动对该处做推平处理。

图 6-28　中线采集示意图

④地貌编辑。

对平山头或凹地、狭长而坡缓的沟底、山脊及鞍部进行平滑处理，编辑陡坎、斜坡时，先采集其坎上、坎下的特征线，如图 6-29 所示，然后以坎上、坎下特征线为基础，通过“特征内插”命令得到中间点的高程（注意：特性线采集时，一定要切准地面），如图 6-30 所示。编辑坡地时，在高程有变化较为明显的地方采集特性线，然后通过“特征内插”或“量测点内插”命令重新内插；编辑梯田时，结合陡坎、斜坡的编辑方式，分别对坎上、坎下，坡上、坡下采集特征线后，通过“特征内插”命令对其他点进行重新内插；平地编辑时，当平地的高程起伏不明显时，选择对应的点云，用定制高程或者平均高程的方式进行编辑，当平地高程起伏明显时,同样需要采集特征线,通过“特征内插”的方式进行编辑。

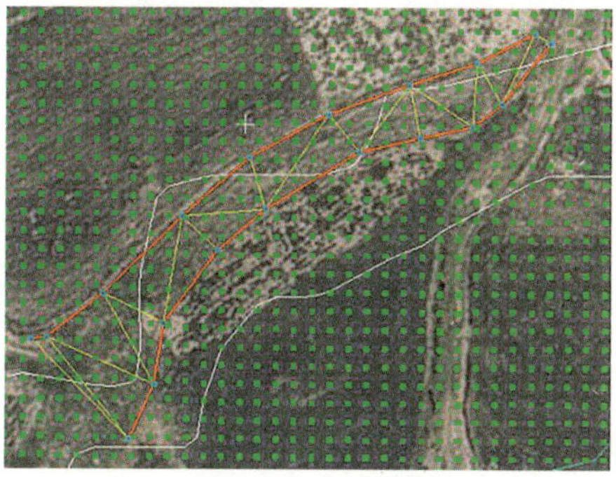

图 6-29　特性线采集示意图

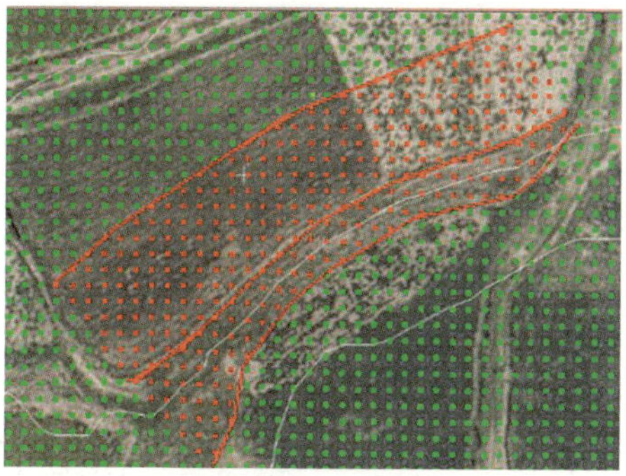

图 6-30　特征内插处理结果示意图

4. DEM 导出

在 DEM Matrix 中编辑 DEM,并不是对原 DEM 文件进行编辑,程序会在此文件夹下把 DEM 文件转换成同名的 demx 文件,编辑的是此 demx 文件,在编辑过程中,结果会实时保存在 demx 文件中。DEM 编辑完成后,需要将编辑后的结果导出,才能保存到 DEM。在工程浏览窗口 DEM 节点上右键选择“导出 DEM”,设置存储路径,将 DEM 成果导出,如图 6-31 所示。

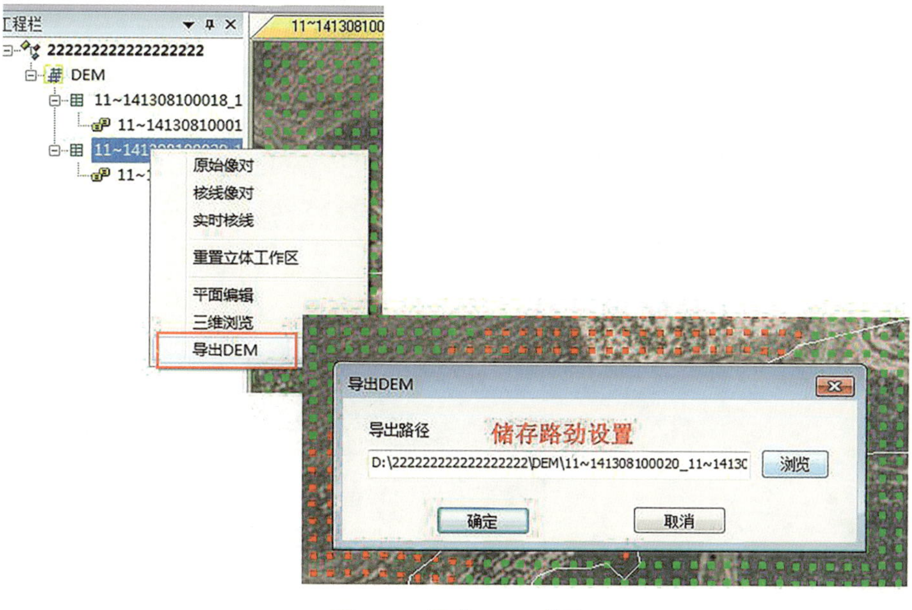

图 6-31　导出 DEM 成果

5. DEM 接边

DEM 的接边分两种情况:第一种是在编辑过程中相邻立体像对之间的接边;第二种是编辑完成后相邻作业区之间的接边。

在编辑过程中相邻立体像对之间的接边,是在编辑之前,打开本立体模型周围相邻的立体模型,在立体下找出相邻模型之间高差变化小的地方作为本立体模型的编辑范围。依次类推,完成编辑过程中相邻立体像对之间的接边,保证数据的连续性。

编辑完成后相邻作业区之间的接边,需要在平面编辑窗口中完成,步骤如下:

第一步,打开“平面编辑”窗口,如图 6-32 所示,添加参考 DEM,如图 6-33 所示(显示—设置参考 DEM);

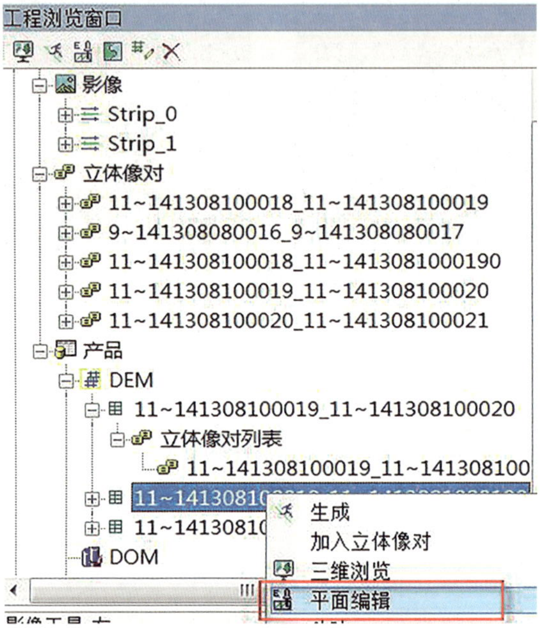

图 6-32　“平面编辑”窗口

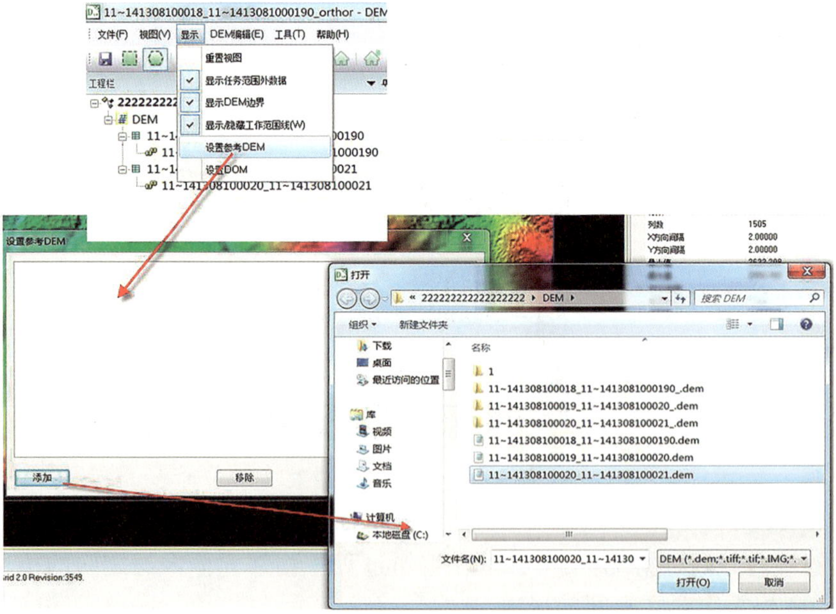

图 6-33　设置参考 DEM

第二步，在两个 DEM 的重叠区域绘制选区，如图 6-34 所示；

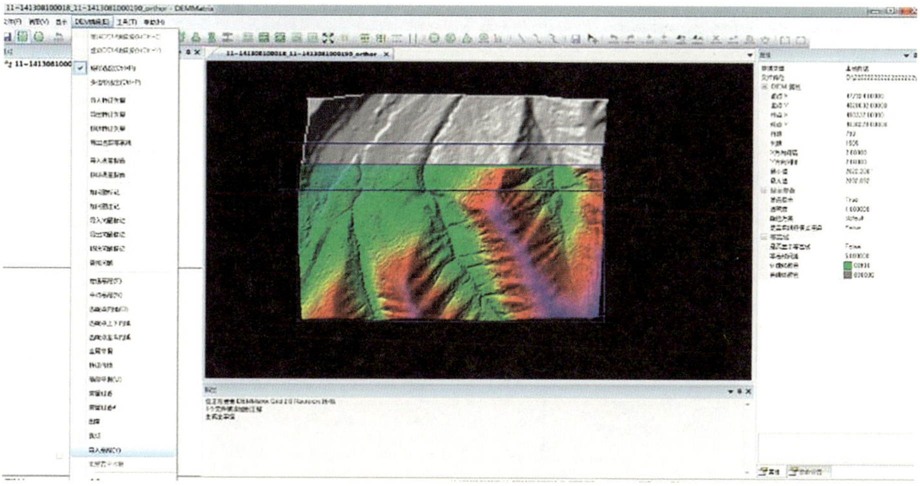

图 6-34 重叠区域设置

第三步，选择“DEM 编辑”—“导入高程命令”，可以按参考 DEM 的高程修改本 DEM 高程。

模型接边重叠带内同名点格网点的高程不得大于 2 倍中误差。

6. DEM 拼接

在工程栏中按住 Ctrl 键或 Shift 键的同时左键单击，选中要拼接的 DEM，如图 6-35 所示，然后鼠标右键选择“DEM 拼接命令”，弹出 DEM 拼接界面如图 6-36 所示。

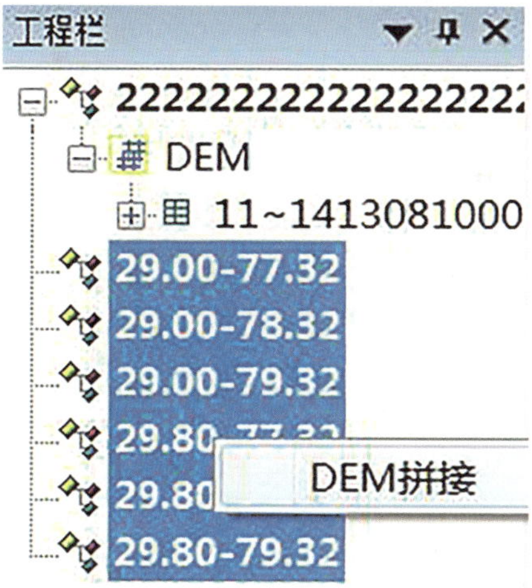

图 6-35 DEM 拼接选择

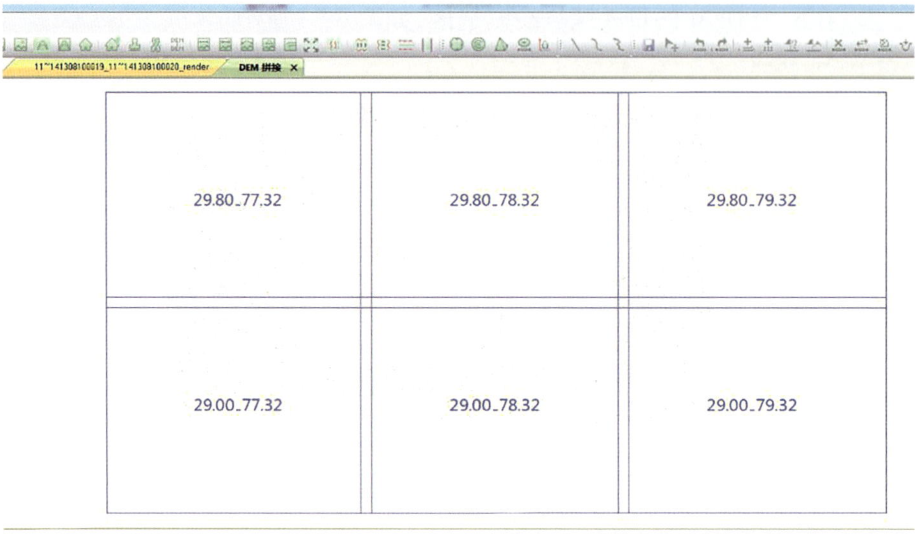

图 6-36　DEM 拼接界面

拼接之前先设置参数，界面如图 6-37 所示。

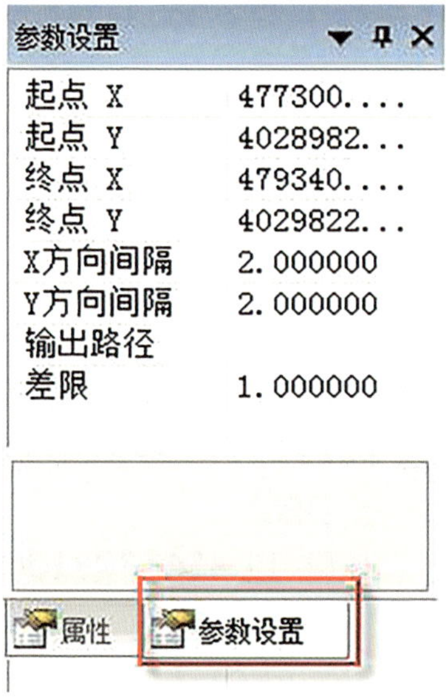

图 6-37　参数设置

设置 DEM 输出路径，在参数设置对话框中输入保存的文件名，然后保存输出路径，拼接后会生成误差报告。

参数设置后单击菜单栏的“执行”—“拼接命令”，程序自动进行 DEM 拼接处理。处理完成后，系统会将不同误差分布情况用不同颜色表示，如图 6-38 所示，通过误差分布指示图 6-38 左上角可以获知不同误差分布情况。

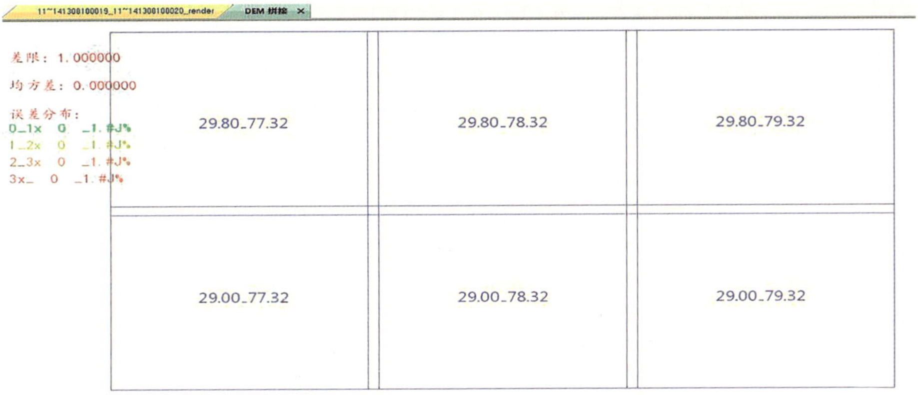

图 6-38　DEM 拼接误差分析

拼接完成后的 DEM 会自动加入到工程栏，并可通过平面或立体的方式打开查看或编辑。

7. 精度检查

DEM 编辑完成后，需要利用外业检查点或控制点对 DEM 成果进行检查，操作流程如下所述。

1）控制点/检查点格式

控制点/检查点文件为 TXT 格式，内容如图 6-39 所示。

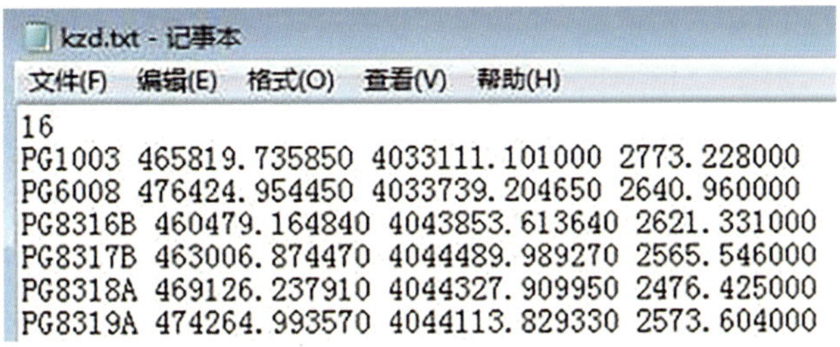

16
PG1003 465819.735850 4033111.101000 2773.228000
PG6008 476424.954450 4033739.204650 2640.960000
PG8316B 460479.164840 4043853.613640 2621.331000
PG8317B 463006.874470 4044489.989270 2565.546000
PG8318A 469126.237910 4044327.909950 2476.425000
PG8319A 474264.993570 4044113.829330 2573.604000

图 6-39　检查点文件

2）控制点/检查点导入

进入“立体编辑”窗口，选择“工具”—“控制点”检查命令，弹出如图 6-40 所示的界面，选择“导入控制点”命令导入控制点。

图 6-40　检查点加载

3）检查结果统计

导入控制点后系统会自动计算控制点与其对应位置 DEM 的高程差，如图 6-41 所示。

检查点名	检查点坐标	对应DEM点高程	高程差
149620...	(477846.716,4029559.730,2668.699)	2669.891	-1.192
149708...	(477756.988,4029897.188,2652.071)	2652.488	-0.417
149708...	(477729.988,4029881.243,2652.380)	2652.470	-0.090
149710...	(478086.883,4029778.803,2675.271)	2675.543	-0.272
149710...	(477952.558,4029823.841,2659.195)	2658.999	0.196
149711...	(478429.789,4029870.698,2669.248)	2671.365	-2.118
149711...	(478368.645,4029921.595,2669.001)	2670.174	-1.173
149712...	(478210.995,4029958.505,2661.657)	2662.273	-0.617
149712...	(478401.697,4029850.691,2672.935)	2673.854	-0.919

图 6-41　检查结果统计

4）输出误差报告

点击图标 %，另存精度误差报告，精度误差报告如图 6-42 所示，其中包括高程 dz 的 min、max、AVE、RMSE。

精度检查.txt - 记事本

文件(F)　编辑(E)　格式(O)　查看(V)　帮助(H)

12003161	83127.060	181729.651	33.664	83127.060	181729.651	33.637	0.027
9007	83187.798	183689.192	3.458	83187.798	183689.192	3.418	0.040
11001134	82910.388	182913.295	172.447	82910.388	182913.295	172.403	0.044
11001025	82865.794	181841.295	33.407	82865.794	181841.295	33.265	0.142
12001161	82181.724	181878.350	22.175	82181.724	181878.350	22.031	0.144
11001021	82855.867	181849.047	33.038	82855.867	181849.047	32.874	0.164
11001014	83088.465	181787.245	36.851	83088.465	181787.245	36.637	0.214
12003179	83111.657	181860.662	44.241	83111.657	181860.662	44.011	0.230
11001015	83111.637	181808.947	39.220	83111.637	181808.947	38.945	0.275
12001181	82266.828	182048.715	27.655	82266.828	182048.715	27.350	0.305
12003164	83042.239	181785.591	33.924	83042.239	181785.591	33.596	0.328
12003177	83100.319	181817.617	42.626	83100.319	181817.617	42.297	0.329
12001167	82282.352	181845.251	24.220	82282.352	181845.251	23.842	0.378
12003162	83077.689	181768.699	37.166	83077.689	181768.699	36.776	0.390
12003169	83075.415	181807.064	40.980	83075.415	181807.064	40.538	0.442
11001024	82854.878	181828.017	32.415	82854.878	181828.017	31.922	0.493
11003042	82241.618	182029.652	23.362	82241.618	182029.652	22.839	0.523
12003245	83223.200	182475.772	60.334	83223.200	182475.772	59.807	0.527
11003161	82129.990	183192.320	167.781	82129.990	183192.320	167.230	0.551
12001216	82223.666	182311.498	33.443	82223.666	182311.498	32.873	0.570
12003175	83107.121	181879.563	50.279	83107.121	181879.563	49.426	0.853
12003233	83140.280	182397.014	58.647	83140.280	182397.014	57.776	0.871
12001218	82194.824	182329.338	36.022	82194.824	182329.338	35.016	1.006
12001213	82183.686	182314.878	34.207	82183.686	182314.878	33.086	1.121
12001228	82065.833	182377.071	38.402	82065.833	182377.071	37.228	1.174
11001176	82841.285	183224.103	153.179	82841.285	183224.103	151.914	1.265
11001013	83059.714	181793.014	37.133	83059.714	181793.014	35.675	1.458
11001225	82865.214	183688.096	158.253	82865.214	183688.096	156.253	2.000
11001221	82860.375	183697.253	154.591	82860.375	183697.253	150.821	3.770

	min	max	AVE	RMSE
dz	-1.774	3.770	0.083	0.839

图 6-42　精度误差报告

8. DEM 裁切

一般情况下，DEM 提交格式为标准分幅，所以需要将 DEM 按标准分幅进行裁切。DEM 裁切按照相关规定或技术要求规定的起止格网点坐标进行，裁切过程中，依据相关规范要求，图幅应向四边扩展图上约 10 mm。DEM 的裁切可通过多款软件来实现，如 ArcGIS、MapMatrix、PixelGrid5.0 等，本书以 MapMatrix 为例说明 DEM 的裁切方法。

第一步，在 CASS 软件下，依据范围线和相应比例尺生成 50 cm×50 cm 的标幅框，为 DXF 格式（注：dem 和标幅框.dxf 应为同一坐标系）。

第二步，启动 MapMatrix 软件，选择工具“裁切 DEM/DOM”，弹出“DEMX”窗口，在文件中打开. dem 文件，如图 6-43 所示，弹出窗口如图 6-44 所示(红色边框表示数据的边界，左下角数值、右上角数值表示范围坐标，中间文字代表影像名称)。

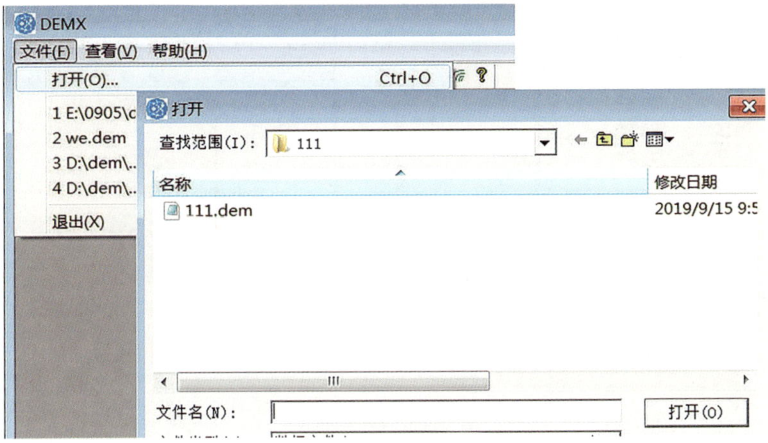

图 6-43　加载 DEM

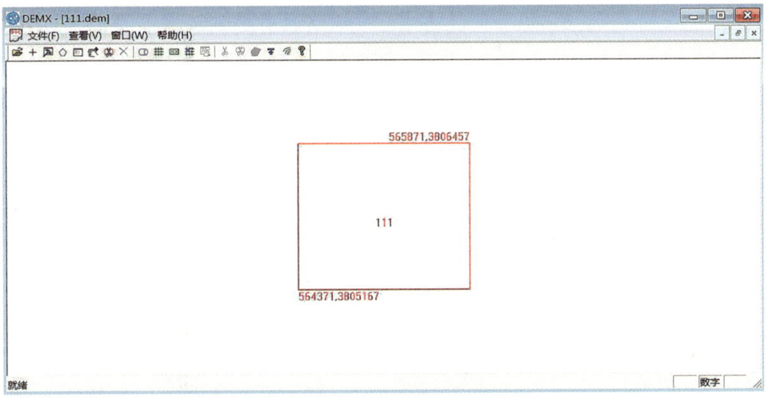

图 6-44　裁切工程界面

第三步，在此窗口下点击(导入标准分幅命令)，导入标幅框，如图 6-45 所示。

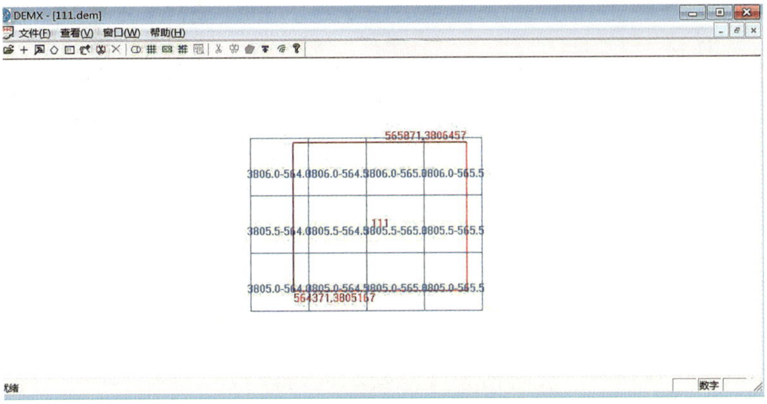

图 6-45　导入标准分幅

第四步，用鼠标框选所有标幅（选中标幅显示为橘黄色），设置相关参数，如图 6-46 所示，然后裁切（裁切后的标幅和原始.dem 文件在同一个文件夹下）。

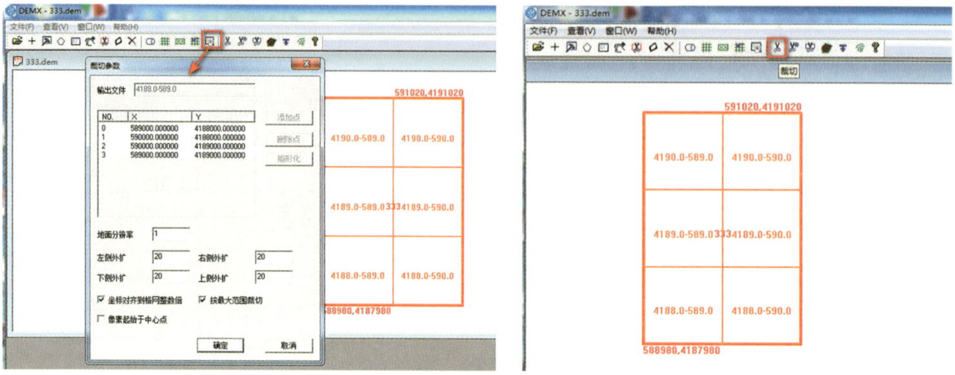

图 6-46　图幅裁切

9. DEM 格式转换

Mapmatrix 中“DEM 格式转换”工具支持多种格式的转换。点击“工具”—“DEM 格式转换”打开格式转换窗口，在左边窗口点击需要转换格式的按钮。这里以 NSDTF 格式为例进行说明，点击“->NSDTF”选项，添加 DEM 文件进来后显示在待转换区域，如图 6-47 所示。

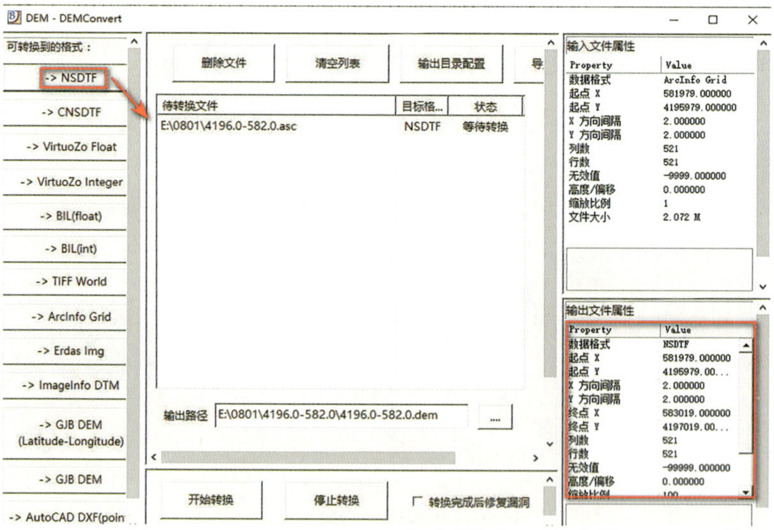

图 6-47　DEM 格式转换界面

输出文件参数设置（此处主要对无效值和缩放比例进行设置，其余参数与输入文件保持一致）：

无效值：-99999.000000（根据相关规范要求进行设置）。

缩放比例：100（高程值取值在小数后 2 位）。

导入 DXF 图廓：导入 DXF 图幅范围线，只转换 DXF 图廓范围内的 DEM。

输出路径：默认放置在原 DEM 文件的同名文件夹中，也可以点击输出目录配置按钮，设置其他存放路径。

转换完成后修复漏洞：建议勾选此项。

保留小数时四舍五入：如值是 99.999，在计算机内部变成 99.998 99。

缩放比例设置 100 倍（小数后 2 位）时，如果选择四舍五入，就变成了 100.01 了，不勾选四舍五入，值是 99.99。

参数设置后，进行 DEM 转换，转换完成后状态会显示为转换完成。

10. 元数据制作

（1）元数据文件是一个纯文本文件，其结构采用左边为元数据项，右边为元数据值的存储结构，并且不限定字节数，如表 6-2 所示。

表 6-2　DEM 元数据结构

序号	数据项	数据类型	值域	生产	建库	分发
1	项目名称	字符型				
2	产品名称	字符型				
3	产品代号	字符型				
4	图名	字符型				
5	图号	字符型				
6	比例尺分母	整型				
7	产品生产日期	日期型	YYYYMM			
8	产品更新日期	日期型	YYYYMM			
9	产品版本	整型				
10	出版日期	日期型	YYYYMM			
11	产品所有权单位	字符型				
12	影像地面分辨率	字符型	单位为 m			

（2）元数据文件的记录，参考 DLG 元数据记录要求。

11. 成果质量检查

1）检查 DEM 的数据基础

数据基础是质量检查的重要内容，包括坐标系和投影方式。可通过自动检查数据范围的正确性，实现坐标系统正确性的自动检查。

2）数据起止坐标的正确性

DEM 以“分幅”为单位，标准分幅的图廓角点坐标加上外扩尺寸就是 DEM 范围，起点坐标指的是该矩形左上格网中心点坐标，止坐标指的是该矩形右下格网中心坐标值。检查方法如下：

第一步，根据四个图廓点坐标计算起止坐标值，如式(6-1)所示。

$$\left.\begin{aligned} X_{起} &= X_{MAX} = \{\mathrm{INT}[\mathrm{MAX}(X_1, X_2, X_3, X_4)/\Delta d] + 1\} \times \Delta d - \Delta d/2 \\ Y_{起} &= Y_{MIN} = \mathrm{INT}[\mathrm{MIX}(Y_1, Y_2, Y_3, Y_4)/\Delta d] \times \Delta d + \Delta d/2 \\ X_{止} &= X_{MIN} = \mathrm{INT}[\mathrm{MIX}(X_1, X_2, X_3, X_4)/\Delta d] \times \Delta d + \Delta d/2 \\ X_{止} &= X_{MAX} = \{\mathrm{INT}[\mathrm{MAX}(Y_1, Y_2, Y_3, Y_4)/\Delta d] + 1\} \times \Delta d - \Delta d/2 \end{aligned}\right\} \quad (6\text{-}1)$$

式中：$X_1, Y_1, \cdots, X_4, Y_4$ 分别为图廓四个坐标；X_{MAX}, Y_{MAX} 为 DEM 格网起始中心坐标；X_{MIN}，Y_{MIN} 为 DEM 格网终止中心坐标；Δd 为格网间距。

第二步，通过程序自动读取 DEM 数据的起止点坐标值，与计算的理论值比较，检查是否一致。

3）高程无效值区间

高程无效值是指在获取 DEM 数据过程中出现局部中断等原因无法获取高程的区域。其网格高程值应根据规范要求赋予-9999。

4）接边正确性

接边正确性主要检查 DEM 的有效范围是否相接或重叠，有无漏洞；重叠部分的 DEM 高程误差是否在规定的限差范围内，对超过 2~3 倍中误差的区域需重新核实其正确性。

5）产品质量

产品质量的检查主要包括格网尺寸、数据格式和高程精度。格网尺寸大小是根据比例尺要求进行设置。

数据格式的检查，常用的 DEM 格式有国家标准空间数据交换格式 NSDTF-DEM（*.dem）、ESRI FLOAT BIL（*.bil）、Arc info Grid（*.grd）、Arc ASCII Grid（*.grd）4 种交换格式，可根据项目设计，转换为符合项目要求的格式。

高程精度的检查，一般采用外业检查点，通过人机交互的方式获取检测点坐标，比较该位置实测高程与该位置在 DEM 中的高程值的高程差，最终通过中误差公式，计算整幅图高程位置精度的精度，是否符合相关规范要求。高程检测点的选取，一般要求每幅图应采集不少于 28 个样点，并要求分布均匀，尽量避开地形起伏较大、零散破碎地形。

6）元数据文件（描述是否准确）

检查元数据文件是否缺少，文件名称的正确性以及文件能否打开；检查所有元数据项的值填写是否正确，格式是否符合相关规程规范要求。

码 6-1　数字高程模型的制作

四、任务考核

参考《基础地理信息数字成果 1:500 1:1 000 1:2 000 生产技术规程 第 2 部分：数字高程模型》（CH/T 9020.2—2013），以成果质量为考核核心，兼顾实践教学实际情况制订任务考核标准（见表 6-3）。

表 6-3　DEM 采集编辑任务实施考核标准

序号	内容	说明	比例/%	分项成绩	总成绩
1	考勤	出勤率、纪律情况	30		
2	实践报告	实践活动形成的技术报告	20		
3	实践成果	DEM 成果	30		
4		成果质量报告	20		

注：成果质量报告有明显错误者，综合成绩判断为不合格。

五、学习资源

（一）相关规范

（1）《1∶500 1∶1 000 1∶2 000 地形图航空摄影测量内业规范》（GB/T 7930—2008）；

（2）《基础地理信息数字成果 1∶500 1∶1 000 1∶2 000 生产技术规程 第 2 部分：数字高程模型》（CH/T 9020. 2—2013）；

（3）《测绘作业人员安全规范》（CH 1016—2008）；

（4）《测绘成果质量检查与验收》（GB/T 24356—2023）；

（5）《摄影测量与遥感术语》（GB/T 14950—2009）。

（二）参考在线教学资源

（1）职业教育国家在线精品课“无人机摄影测量”（智慧树）；

（2）1+X 无人机摄影测量职业技能等级认证综合平台，模拟训练。

项目七　DOM 采集编辑

一、项目描述

数字正射影像图(digital orthophoto map,DOM)是利用数字高程模型(DEM)对数字航摄影像或高空采集的卫星影像,逐像元进行数字纠正、镶嵌,按国家基本比例尺地形图要求裁切生成的数字正射影像数据集。数字正射影像图作为国家基础地理信息数字成果的主要组成部分之一,由于其有良好的判读与量测性能,并具有生产与更新周期短的优势,因而应用十分广阔。DOM 产品的制作分两个步骤:一是基于 DEM 对原始影像进行纠正;二是通过编辑软件对纠正后的影像进行匀光匀色、镶嵌、裁切、分幅等后处理,使其满足成果需求。本项目介绍使用 EPT 软件制作 DOM 产品的生产流程,使用其他软件制作 DOM 可参考此项目实施。

二、项目目标

(一)知识目标

(1)掌握数字正射影像图的相关概念;

(2)理解影像纠正的基本原理;

(3)掌握 DOM 匀光匀色、镶嵌、裁切、分幅等操作的基本要求。

(二)能力目标

(1)熟练使用 EPT 软件进行 DOM 产品加工;

(2)会进行 DOM 产品质量检查。

(三)素质目标

(1)培养学生严格按照相关规范来指导测绘作业的工作意识;

(2)培养进行测绘成果质量自查的工作意识。

三、项目实施

(一)项目参考标准

本项目参考《1:500 1:1 000 1:2 000 地形图航空摄影测量内业规范》(GB/T 7930—2008)、《基础地理信息数字成果 1:500 1:1 000 1:2 000 生产技术规程 第 3 部分:数字正射影像图》(CH/T 9020.3—2013)实施。

(二)项目流程

项目流程见图 7-1。

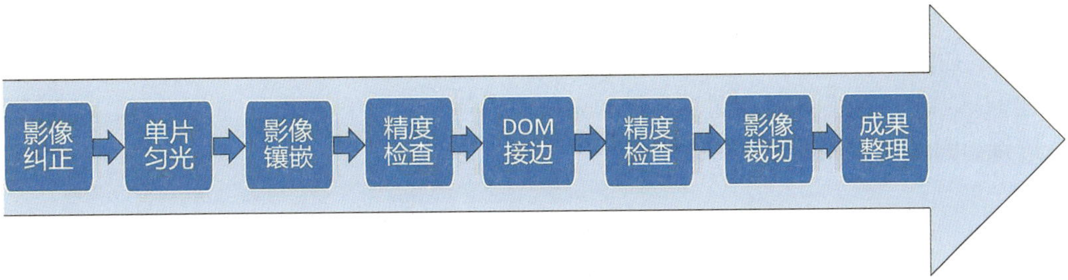

图 7-1　项目流程

(三)任务实施

【任务】　数字正射影像图制作

1. 资料准备

(1)空三加密后的工程文件.xml、影像数据 images 及空三加密过程文档,如图 7-2 所示。

图 7-2　空三加密成果文件

(2)编辑过的 DEM 成果如图 7-3 所示。

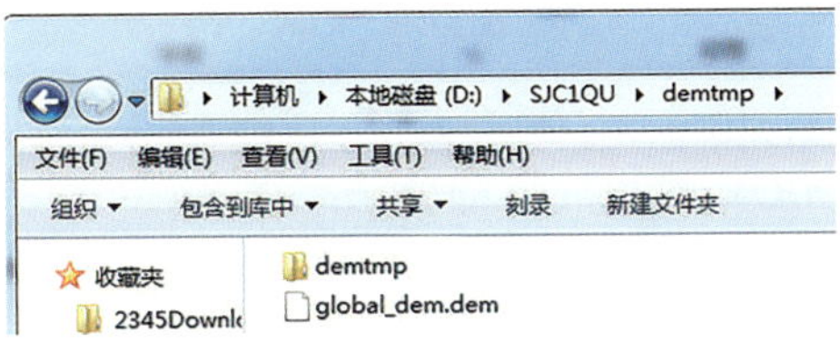

图 7-3　DEM 成果文件

2. 影像纠正

打开 EPT 软件,点击“开始”—“新建工程”—“新建匀\纠\拼工程”(见图 7-4)进入“新建匀\纠\拼工程”界面。图 7-5 所示界面可以进行批量自动化处理匀光、纠正、色彩过渡、拼接,可依据实际情况分别选择第一排批量处理功能。

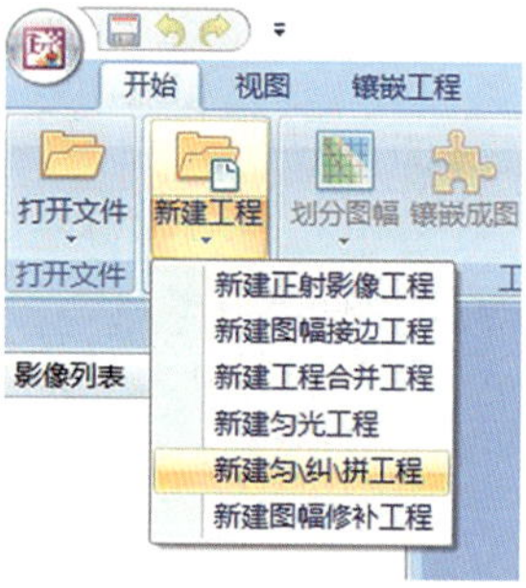

图 7-4　新建匀\纠\拼工程

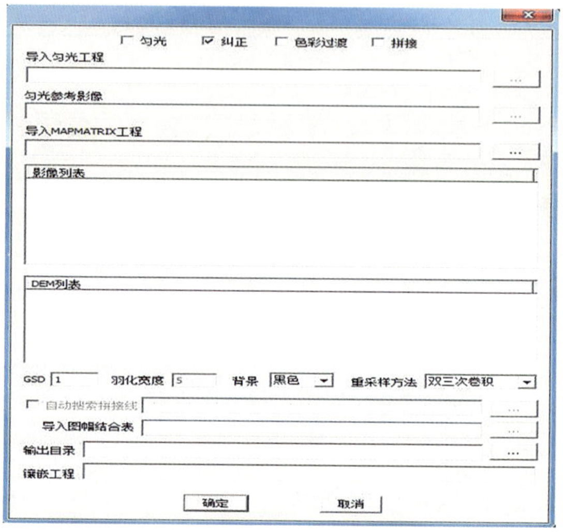

图 7-5　新建匀\纠\拼工程界面

注意:如果需要进行匀光操作,最好是提供匀光工程,若无匀光工程,则要提供一张匀光参考影像(参考影像指影像质量好、反差适中,能代表区域特征的影像);如果需要进行纠正操作,则需提供 MapMatrix 工程文件和 DEM 文件(目前只支持一个大的 DEM 文件);如果需要进行拼接操作,则需要准备一个 DXF 格式的结合表文件。

下文按图 7-5 顺序从上到下介绍各项设置。

(1)单击 … 按钮,分别导入匀光工程、参考影像和 MapMatrix 工程文件,若无匀光工程,指定参考影像亦可进行匀光处理。导入 MapMatrix 工程文件后,程序会自动读取 MapMatrix 文件内容,将原始影像和 DEM 文件分别导入到对应的列表中。

(2)若需要添加/删除原始影像和 DEM 文件,可在其列表中单击右键完成,如图 7-6 所示。

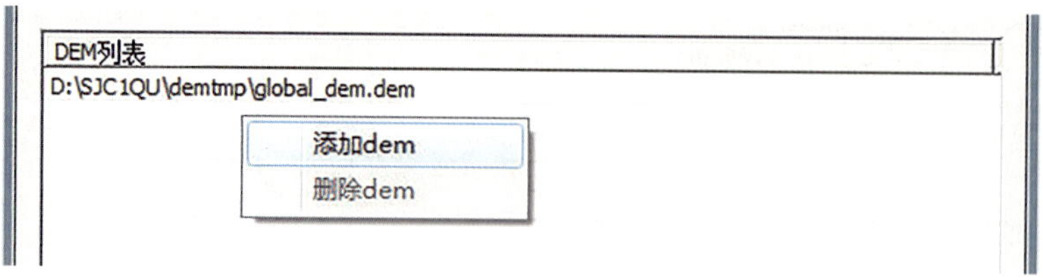

图 7-6　DEM 列表

(3)GSD:设置纠正后 DOM 输出成果的分辨率。

(4)羽化宽度:影像拼接时影像间的融合范围,默认 5 即可,此值还可以在编辑镶嵌线时设置。

(5)背景:依据实际要求选择,提供黑色/白色两种背景色。

(6)重采样方法:有最邻近采样、双线性插值、双三次卷积三种方式,推荐使用双三次卷积方法。

(7)自动搜索镶嵌线:若存在 DSM 或 DXF 矢量文件,可勾选此选项,并单击 … ,导入 DSM 或 DXF 矢量文件。程序通过 DSM 或 DXF 矢量文件自动搜索的镶嵌线,可自动绕开房屋等地物,减少编辑工作量。DXF 矢量文件只能包含房屋层信息,否则自动搜索镶嵌线的效果不佳。

(8)导入图幅结合表:导入 DXF 格式的矢量结合表文件。单击 … 按钮,弹出导入图幅结合表对话框。在对话框中单击 … 按钮,选取 DXF 矢量文件(DXF 最好为 R12 格式),分别在图廓层、图名层的下拉列表中选取对应的图层,设置完毕后,单击"确定"。

(9)输出目录和镶嵌工程这两项内容默认,也可依据实际情况进行修改。

单独进行纠正批处理,设置如图 7-7 所示。

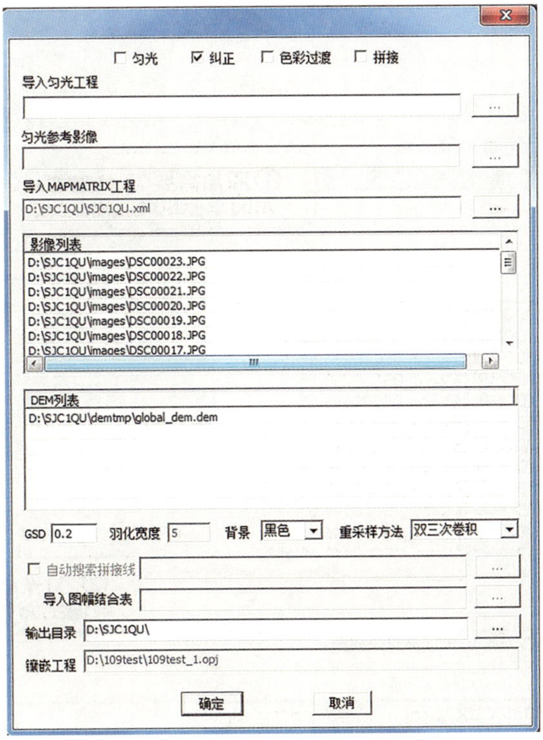

图 7-7　新建匀\纠\拼工程界面设置

单击 确定 ,执行纠正处理,属性栏左下角进度条可查看处理进度,如图 7-8 所示。

图 7-8　纠正处理进度条

处理完成后得到单片 DOM，默认存放在输出路径的 rectify 文件夹中，如图 7-9 所示。

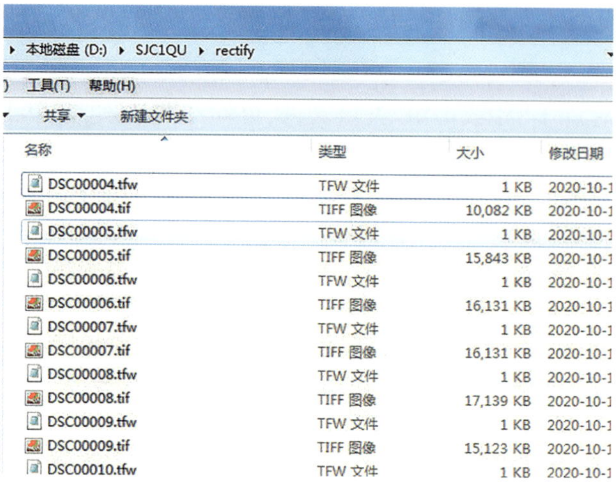

图 7-9　单张影像 DOM 成果示意图

码 7-1　单片制作

3. 单片匀光

1）新建匀光工程

点击“开始”—“新建工程”—“新建匀光工程”，“新建匀光工程”界面如图 7-10 所示。

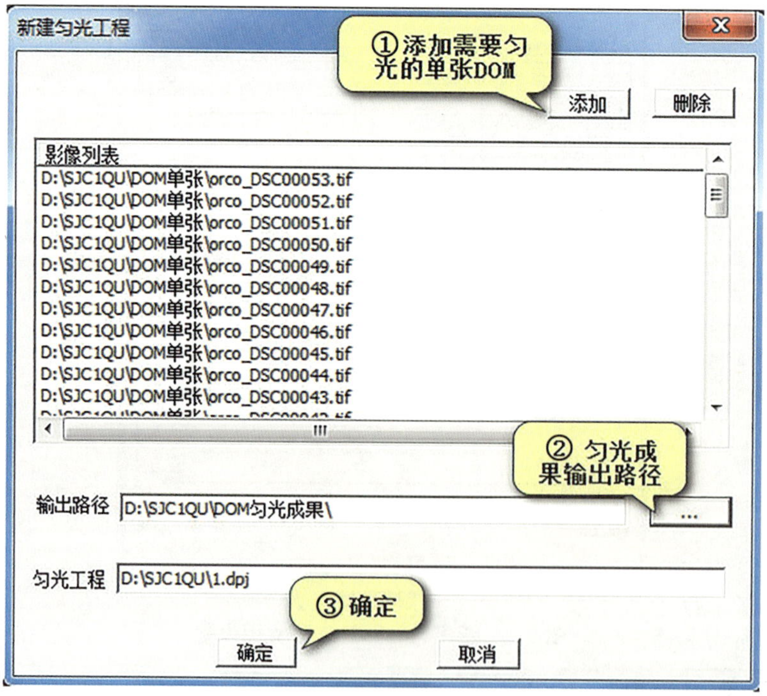

图 7-10　“新建匀光工程”界面

创建工程后界面如图 7-11 所示。

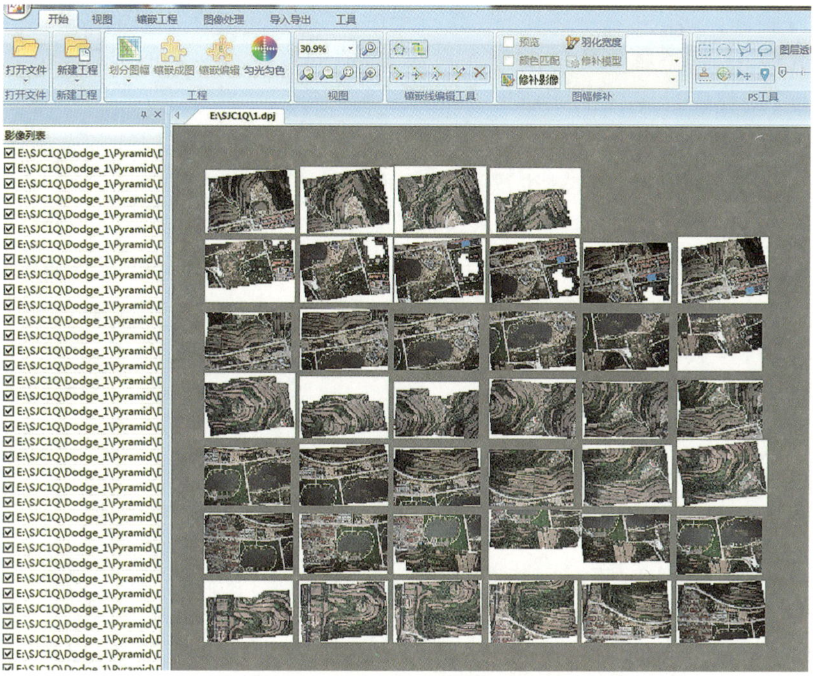

图 7-11　匀光工程平铺显示界面

2) 匀光参数设置

工程创建完毕后，点击“开始”—，进行参数调整，如图 7-12 所示。

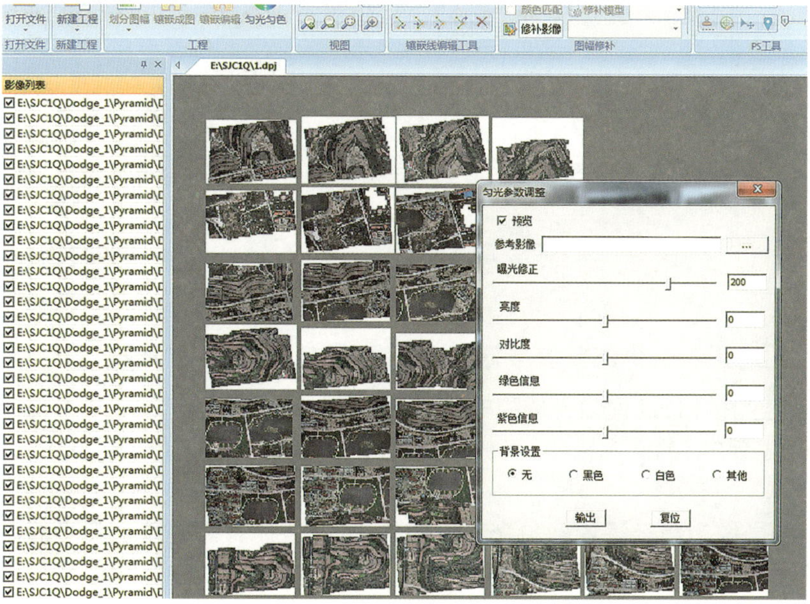

图 7-12　匀光参数调整界面

图 7-12 中：

(1) 预览，该按钮被勾选后，在视图窗口中将实时显示处理效果。

(2)参考影像,必须导入参考影像,然后根据影像的实际情况调整参数。

(3)曝光修正,调整影像整体的曝光指数,该值的修改有一定的风险会让颜色失真。

(4)亮度,调整影像整体的明暗度。

(5)对比度,调整影像颜色对比度。

(6)绿色信息,可以增加或减少绿色波段的信息。

(7)紫色信息,可以增加或减少影像的紫色信息。

(8)背景设置,按照实际背景颜色进行选取,如果选取错误会对匀光结果产生一定的影响。

(9)复位,将参数都恢复到初始状态,复位对参考影像无效,参考影像的恢复需要手工删除其路径。

3)运行处理

匀光参数设置完毕后,点击"输出"按钮,弹出如图 7-13 所示的界面。

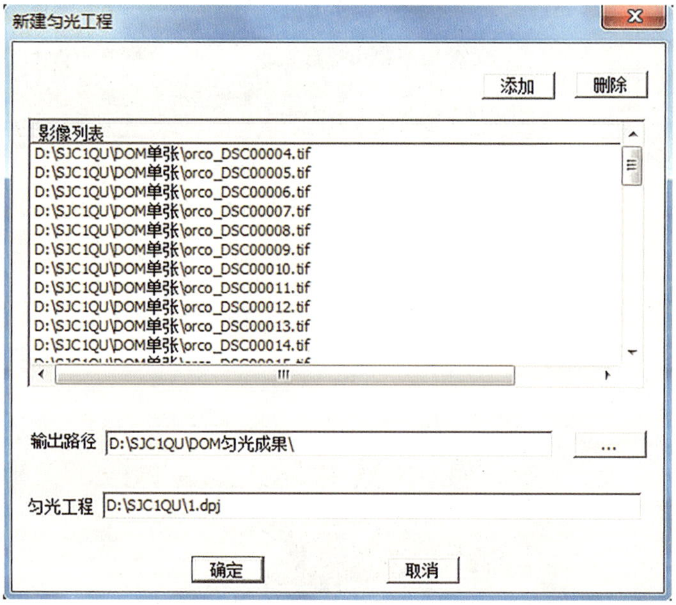

图 7-13　匀光参数调整界面

点击 添加 按钮,将需要参与匀光的影像添加到影像列表中。

点击 ... 按钮,设置匀光成果输出路径。

在"匀光工程"后的文本框中,可修改匀光工程路径及其工程名称,匀光工程文件后缀为. dpj。

列表中的影像为已经添加到匀光工程中的影像,若还有需要进行匀光的影像,再次进入匀光工程添加,将所有添加的影像统一匀光输出,如图 7-14 所示。

注意:若不进行"输出"操作,直接退出匀光界面,程序将不会保存调整的参数,建议在退出匀光界面前手动保存调整的参数结果。

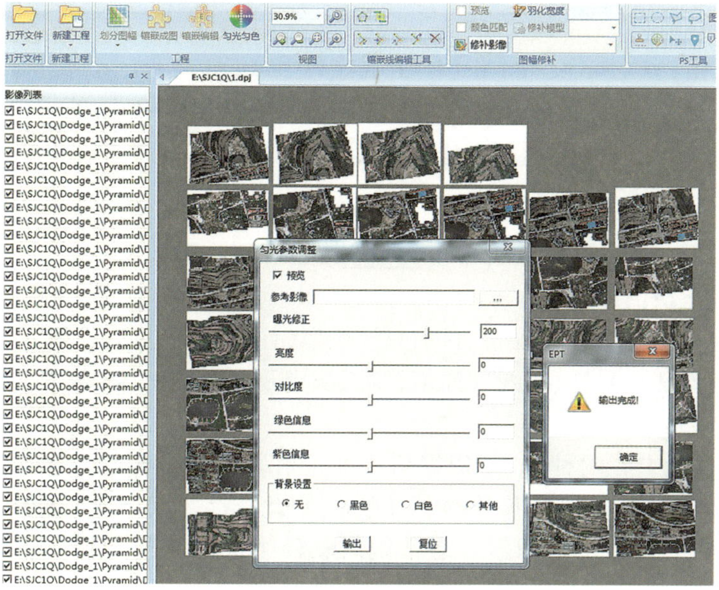

图 7-14　匀光输出

码 7-2　单片匀光

4. 影像镶嵌

1) 新建正射影像工程

点击“开始”—“新建工程”—“新建正射影像工程”，打开“正射影像工程”界面，如图 7-15 所示。

图 7-15　新建正射影像工程

图 7-15 中：

（1）单击 ... 按钮，分别导入 MapMatrix 工程文件和 DEM 文件。MapMatrix 工程文件和 DEM 文件只有在涉及原始影像修改的时候才需要指定，否则不必重新指定。

（2）单击 目录 按钮，指定 DOM 所在的目录，程序会自动将 DOM 目录下所有的影像加载到列表中。

（3）单击选择列表需要删除的影像，再单击 删除 按钮可删除影像。

（4）羽化宽度，通常默认值即可。

（5）背景色，根据项目的要求进行设置，目前只提供黑白两种颜色进行选取。

（6）重采样方式，有最邻近采样、双线性插值、双三次卷积三种方式，推荐使用默认的双三次卷积方式。

（7）坐标起点，有角点、中心两种选择，依据所添加正射影像的坐标起点来确定。其判断方法是：若正射影像的坐标可以被其分辨率所整除，则此坐标起点一定为角点；反之，则可能是中心，中心与角点相隔半个像素。通常国内软件生成的正射影像坐标起点是“角点”，而国外软件其坐标起点是“中心”。

（8）自动搜索镶嵌线，若存在 DSM 或 DXF 矢量文件，可勾选此选项，导入 DSM 或 DXF 矢量文件。程序通过 DSM 或 DXF 矢量文件自动搜索的镶嵌线，可自动绕开房屋等地物，减少编辑工作量。

（9）镶嵌工程，不建议修改路径，除非遇到空间不足的情况，程序默认正射影像工程名称为 *. opj。

设置完成后，单击“确定”按钮，即可创建正射影像工程，效果见图 7-16（红色方框为每张 DOM 边界范围）。

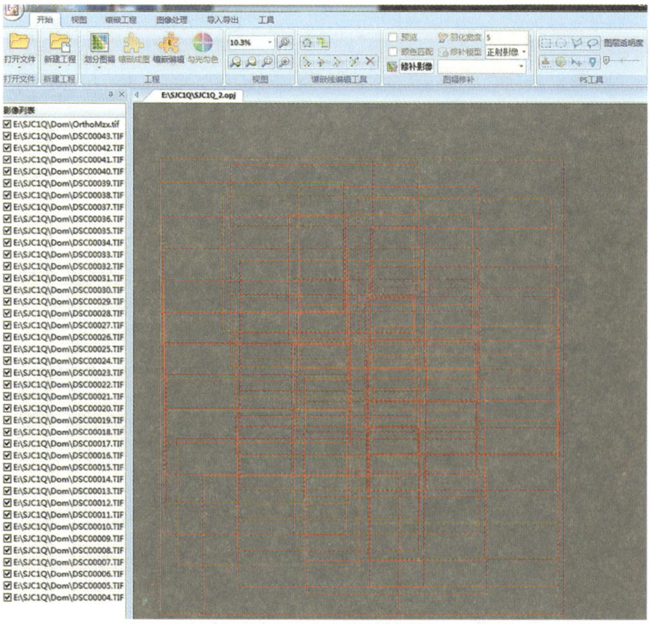

图 7-16　正射影像工程

2)镶嵌编辑

"新建正射影像工程"后,点击"开始"—"镶嵌编辑"按钮,进入镶嵌编辑模式。处理完毕后,正射影像工程如图7-17所示。

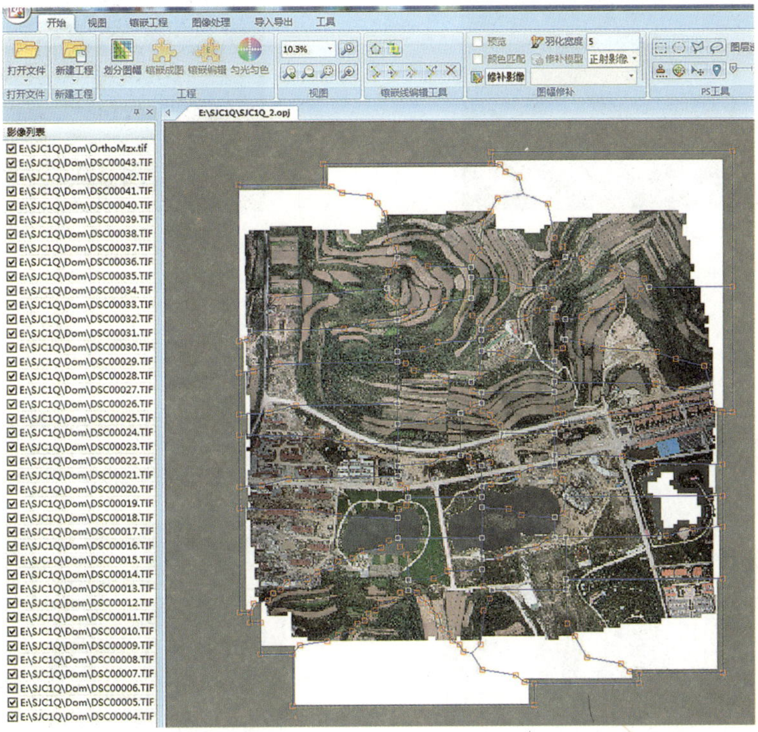

图7-17 正射影像工程

注意:

(1)程序成果默认路径为工程同目录下"工程名"+_MapSheet的文件夹,在此文件夹中包含以下四个成果文件夹。

MapSheet,镶嵌编辑模式下,此文件夹为空,当镶嵌成图后,生成的图幅将会存放于此。

Mosaic_Line,用于存放镶嵌线。

Mosaic_Line_bak,是对镶嵌线文件的备份。

Pyramid,金字塔文件夹,存放影像金字塔。

(2)在每次加载工程文件时,会同时在此工程目录下生成 * _bak. opj备份文件。

3)镶嵌线编辑

如图7-18所示为镶嵌线编辑时所用到的主要工具,分别为:添加点、插入点、移动点、删除点、删除临时线和修补选区。

编辑前、后效果如图7-19、图7-20所示。

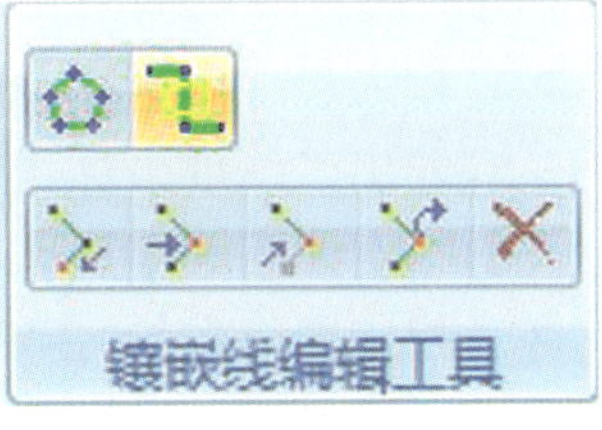

图7-18 镶嵌线编辑工具

图 7-19　编辑前效果

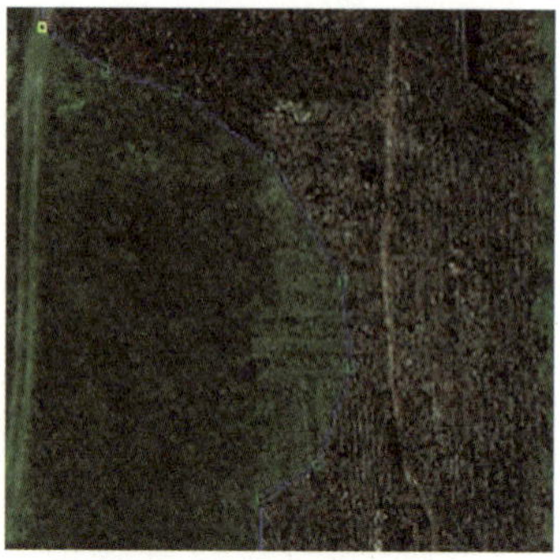

图 7-20　编辑后效果

4）正射影像修补

点击“开始”—“镶嵌线编辑工具”面板中影像修补选区编辑按钮切换到影像修补状态，默认修补模型为正射影像，如图 7-21、图 7-22 所示。

图 7-21　需修补的房屋

图 7-22　修补结果

5）划分图幅。

点击“开始”—“划分图幅”—“批量划分图幅按钮”，进入如图 7-23 所示的界面。

说明：

（1）图 7-23 中坐标范围为实际加载影像的最小角和最大角坐标值，程序会自动获取坐标范围，只需要修改起点坐标的值，这是因为通常矩形图幅的起点坐标都是整公里格网，故需要将起点坐标修改为整公里的倍数，否则划分的图幅坐标会带有小数，名称也会带有小数。

（2）比例尺分母，指比例尺的大小，程序提供的所有比例尺划分见图 7-24。

（3）分幅方式，目前实际上主要是矩形分幅和梯形分幅两种，但是由于新老图幅名称等的不同，因此又增加了其他分幅方式，见图 7-25。

（4）输入经纬度坐标，指导入的影像是否为经纬度数据。

（5）输出经纬度坐标，指输出的图幅是否为经纬度成果。

（6）指定图幅大小，可以自定义图幅大小也可以默认大小。

（7）指定图幅数量，指定图幅数量程序自动划分大小。

下面以矩形图幅划分为例，介绍其具体操作：

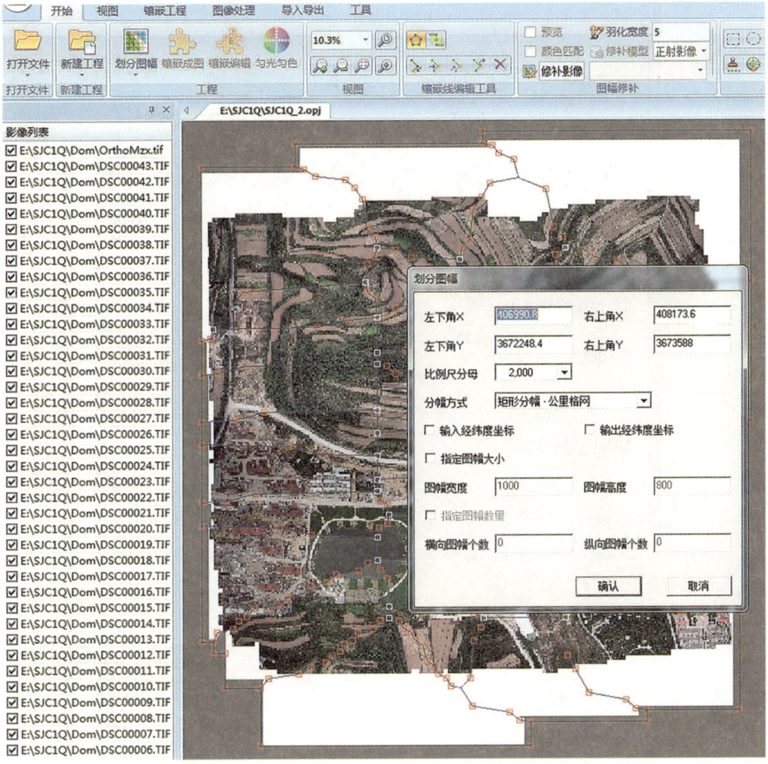

图 7-23　划分图幅对话框

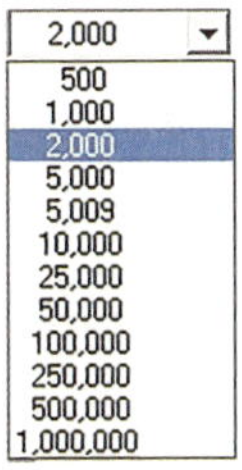

图 7-24　比例尺分母

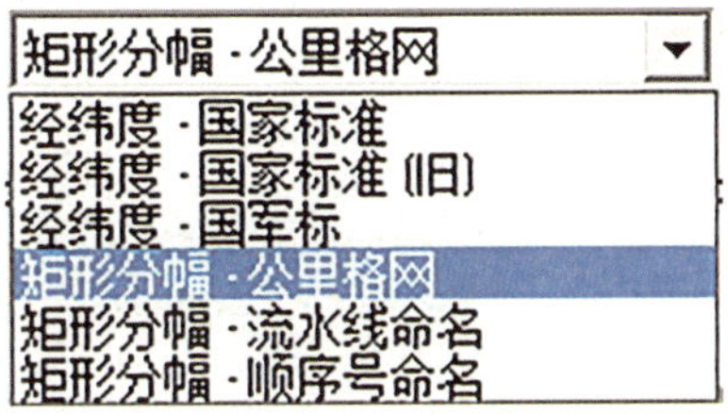

图 7-25　分幅方式

(1)设置起点坐标,如图 7-26 所示。

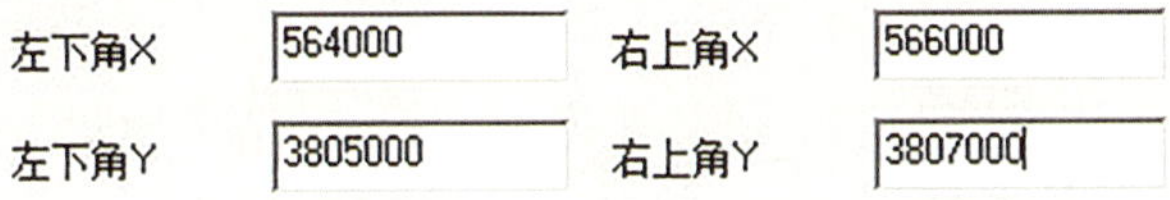

图 7-26　设置起点坐标

(2)将“比例尺分母”设置为 2 000;“分幅方式”设置为“矩形分幅-公里格网”;勾选“指定图幅大小”,分别指定“图幅宽度”和“图幅高度”为 1 000,单位为 m,如图 7-27 所示。

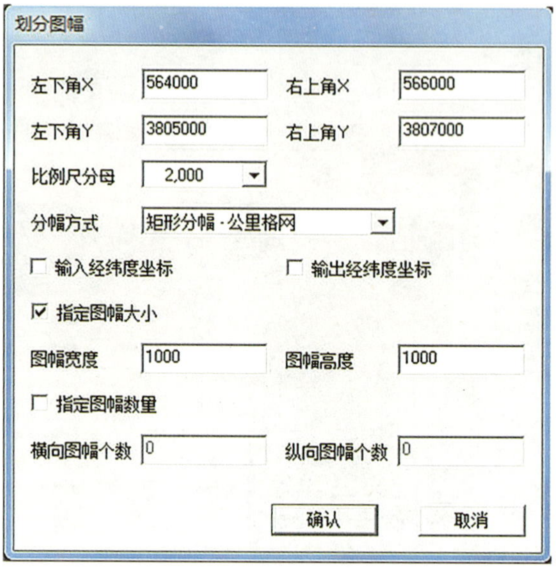

图 7-27 “划分图幅”对话框

(3)单击“确定”按钮,进入图幅名称命名设置的设定对话框,依据 1∶2 000 图幅命名规则,修改设置,如图 7-28 所示。

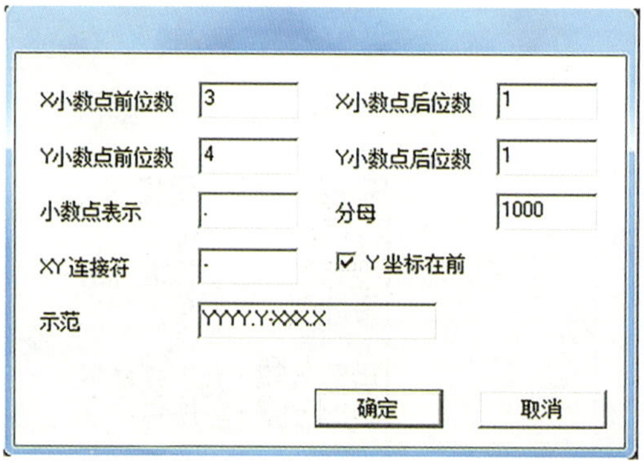

图 7-28 图幅名称命名设置

(4)单击“确定”按钮,程序将按照所设定的参数生成图幅图廓,如图 7-29 所示。

6)镶嵌成图

点击“开始”—“镶嵌成图”按钮,进入镶嵌成图模式,结果如图 7-30 所示。

镶嵌成图同时程序自动生成图幅文件,如图 7-31 所示。

5. 精度检查

在影像上量取控制点对应影像点,并计算中误差来评估影像精度。单击“镶嵌工程”—“精度检查”命令,弹出精度检查面板如图 7-32 所示。

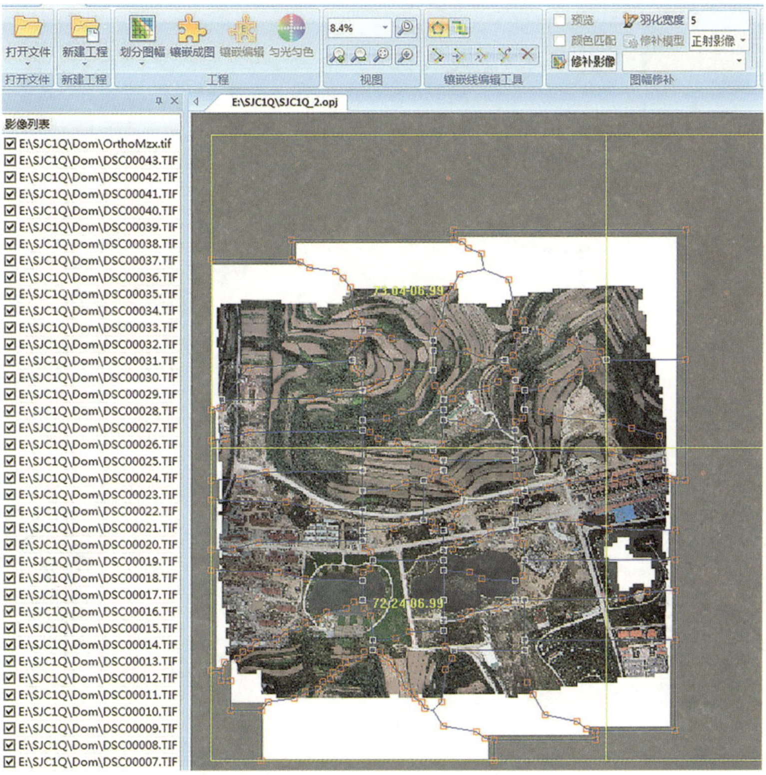

图 7-29　生成图幅图廓

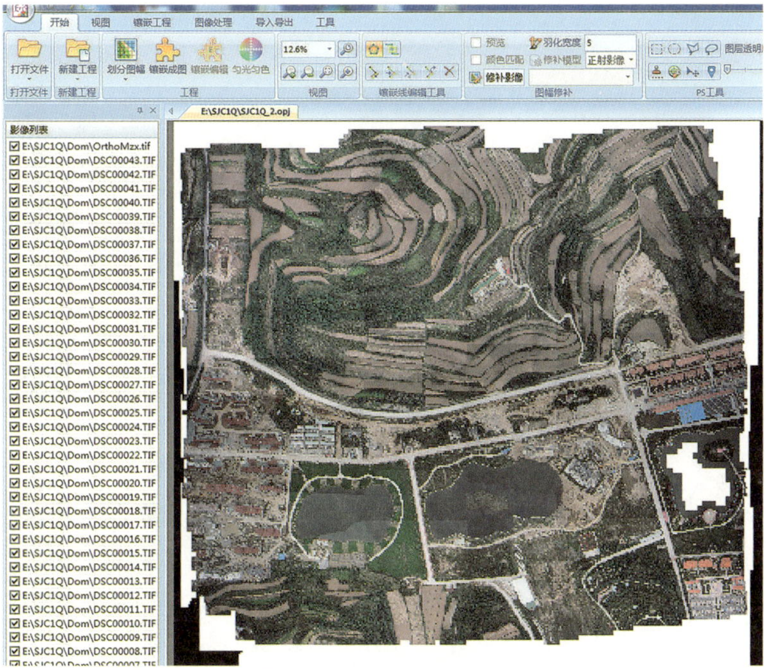

图 7-30　镶嵌成图

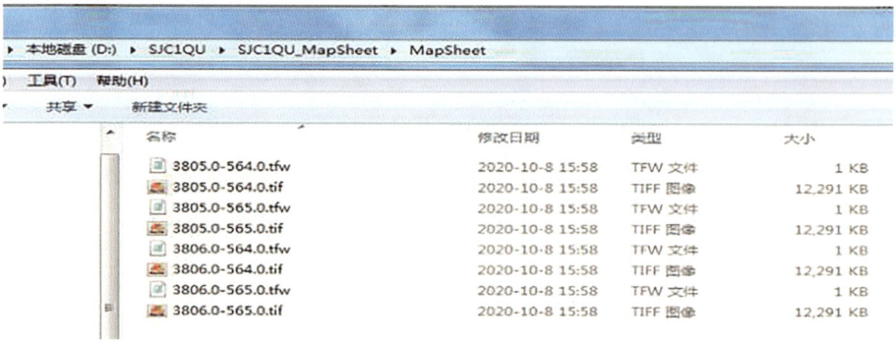

图 7-31　图幅文件

码 7-3　单片镶嵌-镶嵌线编辑　　码 7-4　图幅划分　　码 7-5　单片镶嵌成图

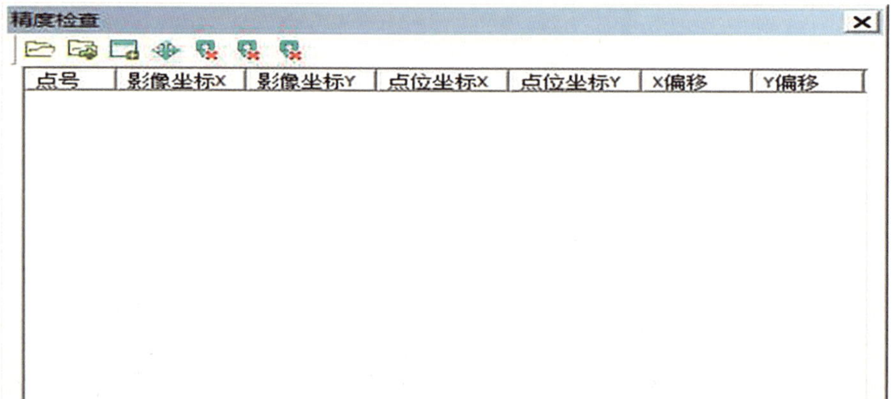

图 7-32　“精度检查”对话框

单击“导入控制点”按钮，选取控制点文件，加载完毕后，程序会将控制点全部添加到视图窗口中，如图 7-33 所示。

单击“添加控制点”按钮，开始量测控制点位置，在欲添加控制点处单击鼠标左键即可添加。未被量测的点均用红色表示，已量测的点以绿色显示，如图 7-34 所示。

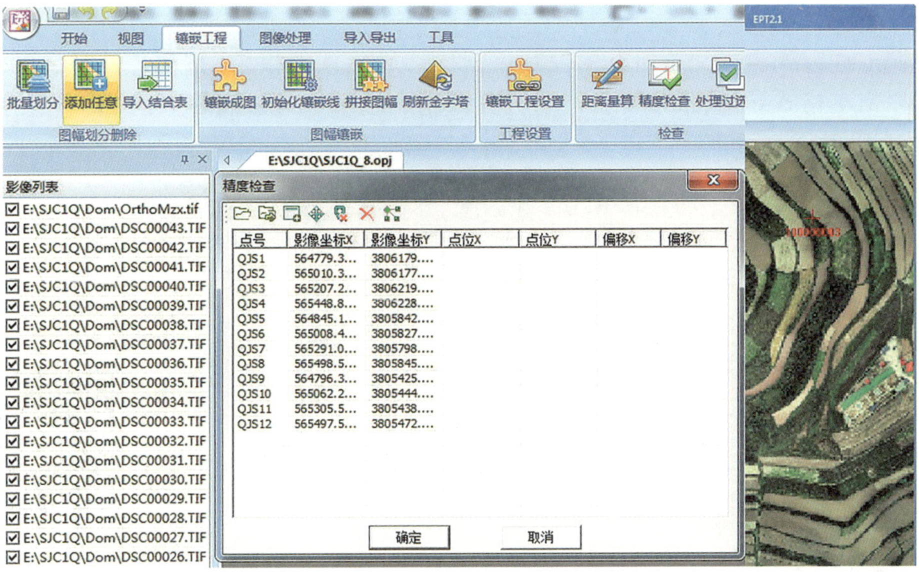

图 7-33　导入控制点

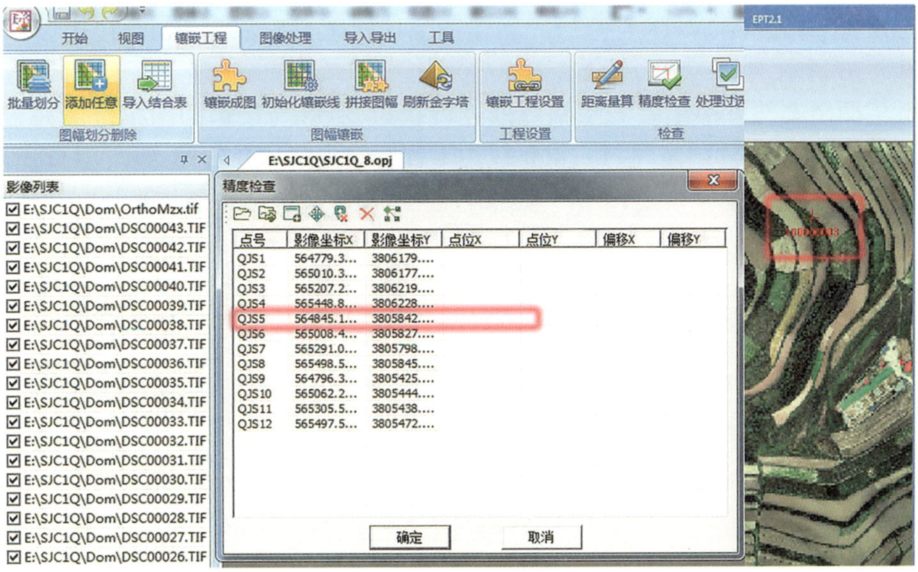

图 7-34　选取控制点

注意：

(1)控制点选取方式。

选取控制点有两种方式，可以直接在视图窗口中选取，也可以在列表中直接点选(这种选取方式程序会自动根据所选的控制点位置，将视图窗口切换到该点所在的位置处)，在视图中选取会比较方便。

(2)如果需要在上次的编辑结果的基础上继续编辑，可以将上次导出的报告文件加载进来。

按照上述方式添加完毕所有的控制点,单击“导出误差报告”按钮 ,程序会将精度检查报告以文本格式导出,报告中会记录所有控制点结果、中误差、最大值、最小值等信息,如图 7-35 所示。

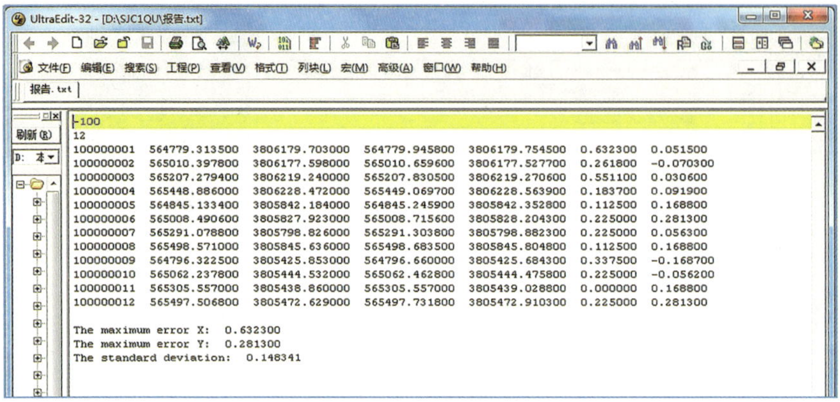
UltraEdit-32 - [D:\SJC1QU\报告.txt]

-100
12

100000001	564779.313500	3806179.703000	564779.945800	3806179.754500	0.632300	0.051500
100000002	565010.397800	3806177.598000	565010.659600	3806177.527700	0.261800	-0.070300
100000003	565207.279400	3806219.240000	565207.830500	3806219.270600	0.551100	0.030600
100000004	565448.886000	3806228.472000	565449.069700	3806228.563900	0.183700	0.091900
100000005	564845.133400	3805842.184000	564845.245900	3805842.352800	0.112500	0.168800
100000006	565008.490600	3805827.923000	565008.715600	3805828.204300	0.225000	0.281300
100000007	565291.078800	3805798.826000	565291.303800	3805798.882300	0.225000	0.056300
100000008	565498.571000	3805845.636000	565498.683500	3805845.804800	0.112500	0.168800
100000009	564796.322500	3805425.853000	564796.660000	3805425.684300	0.337500	-0.168700
100000010	565062.237800	3805444.532000	565062.462800	3805444.475800	0.225000	-0.056200
100000011	565305.557000	3805438.860000	565305.557000	3805439.028800	0.000000	0.168800
100000012	565497.506800	3805472.629000	565497.731800	3805472.910300	0.225000	0.281300

The maximum error X: 0.632300
The maximum error Y: 0.281300
The standard deviation: 0.148341

图 7-35 精度检查报告

码 7-6 影像精度检测

6. DOM 接边

(1)点击“开始”—“新建工程”—“新建图幅接边工程”按钮,弹出“接边设置”对话框,如图 7-36 所示。

(2)将两个文件夹中单幅的图幅数据进行接边,所参与接边的图幅范围完全一致。图幅添加完毕后,单击“确定”按钮,设置接边工程的输出路径及名称,如图 7-36 所示。

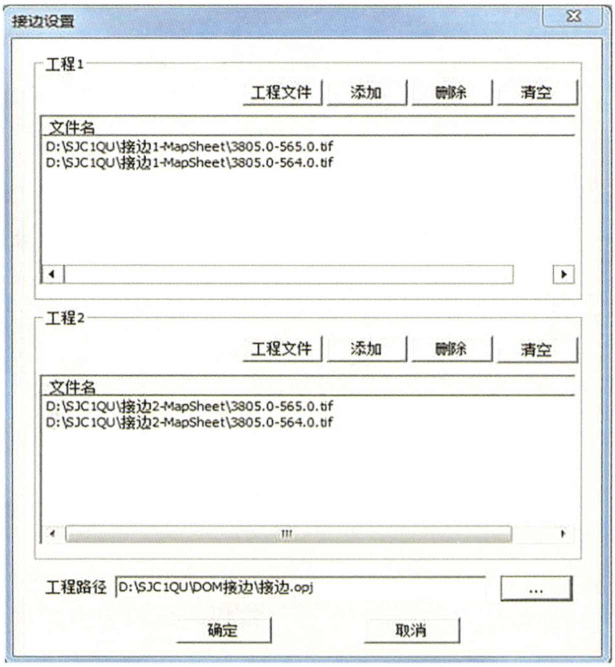

图 7-36 接边设置完毕

单击“确定”按钮，弹出如图 7-37 所示的对话框。单击“是(Y)”按钮，生成金字塔影像，图幅接边工程创建完成。若单击“否(N)”按钮，则接边工程不会生成金字塔影像。

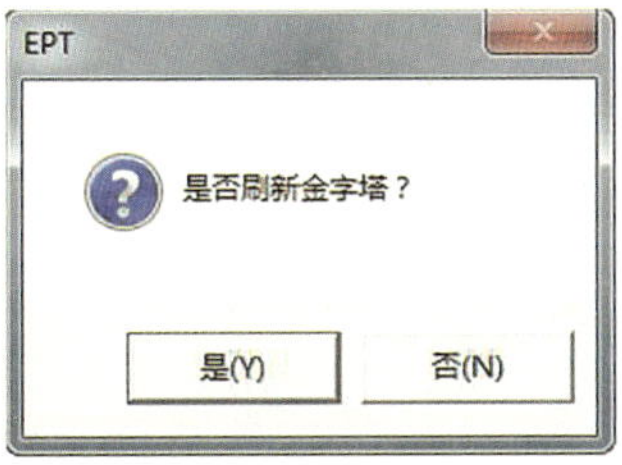

图 7-37　刷新金子塔对话框

注意：

①创建图幅接边工程时，支持两种数据的导入，一种是单幅的图幅数据，另一种是有重复数据的镶嵌工程(可以是正射影像工程，也可以是图幅修补工程)，且要求所参与接边的图幅范围完全一致，否则无法正常创建接边工程。

②接边工程初始化所生成的金字塔影像，是使用图 7-36 中的工程 1 的影像采样而成。

(3)添加接边线。

点击“镶嵌工程”—“接边线”，单击鼠标左键开始绘制接边线，穿过图 7-36 中的工程 1 行/列所有图幅，最后单击右键，程序将自动闭合所绘制的区域，如图 7-38 所示。

接边线绘制完毕后，单击镶嵌成图按钮，程序便开始初始化镶嵌线。

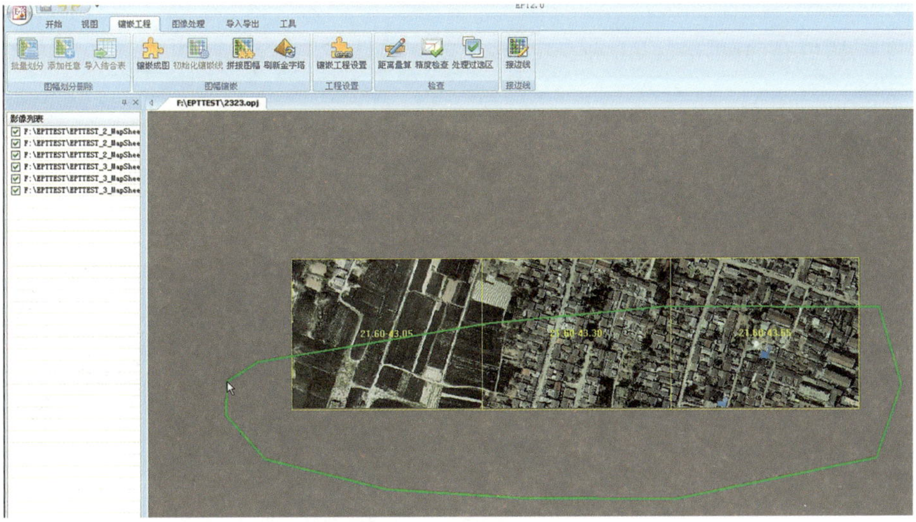

图 7-38　绘制接边线

注意：

①接边线所框选的区域是图 7-36 中的工程 1 中图幅影像所保留的部分，未被框选的图幅区域会被工程 2 中的图幅影像替换。

②接边线必须穿过所有图幅才为有效的接边线，若绘制的接边线不符合规则，会弹出提示对话框，此时需要再次单击左键重新绘制。

(4)编辑接边线。

具体参照镶嵌线编辑、参考操作手册,如图 7-39 所示。由于通常接边图幅都是没有重叠区域或是重叠区域很小的,所以边界上的镶嵌线基本上不能移动,在处理这样的情况时,需要锁定某个方向才能正常处理,如在垂直移动关键点的时候需要按住“V”键再用鼠标拖动节点,而水平方向则需要按住“H”键。

注意:接边工程中的关键点不能和普通镶嵌工程一样编辑关键点,在接边工程中的关键点只能够移动。

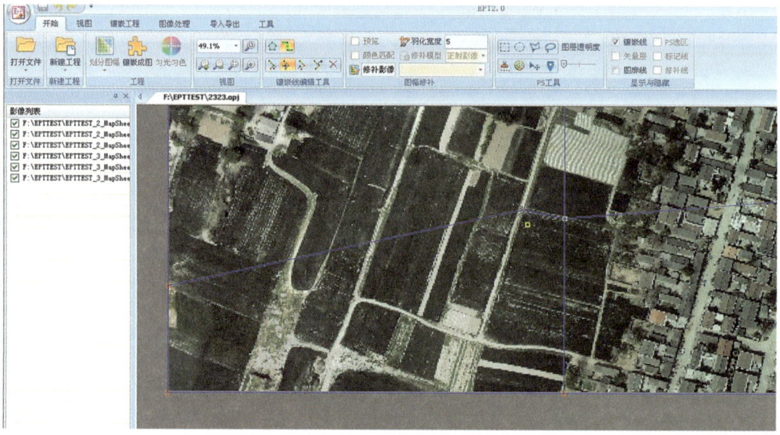

图 7-39 编辑接边线

码 7-7 影像接边

7. 影像裁切

影像裁切可在 ArcGIS、EPT、航天远景等多个软件中均可完成,可参考任务六 DEM 裁切部分实施。

8. 成果整理

DOM 成果数据包括:TIFF 格式的标幅、TFW 格式的坐标文件、DXF 格式的标幅框、DXF 格式或 SHP 格式的镶嵌线、DOM 质检报告,如图 7-40、图 7-41 所示。

zhengshe_ortho_part_03_10.tfw　　zhengshe_ortho_part_03_10.tif

图 7-40 标幅及坐标文件

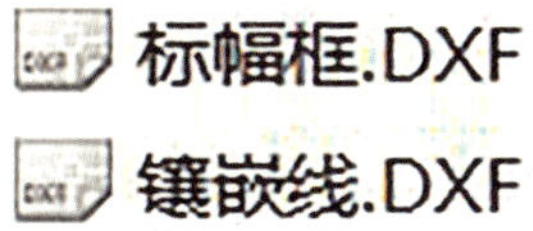

图 7-41 标幅框与镶嵌线

四、任务考核

参考《基础地理信息数字成果 1∶500 1∶1 000 1∶2 000 生产技术规程 第 3 部分：数字正射影像图》（CH/T 9020.3—2013），以成果质量为考核核心，兼顾实践教学实际情况制订任务考核标准（见表 7-1）。

表 7-1 DOM 采集编辑任务实施考核标准

序号	内容	说明	比例/%	分项成绩	总成绩
1	考勤	出勤率、纪律情况	30		
2	实践报告	实践活动形成的技术报告	20		
3	实践成果	DOM 成果	20		
4		成果质量检查报告	30		

注：成果质量报告有明显错误者，综合成绩判断为不合格。

五、学习资源

（一）相关规范

（1）《1∶500 1∶1 000 1∶2 000 地形图航空摄影测量内业规范》（GB/T 7930—2008）；

（2）《基础地理信息数字成果 1∶500 1∶1 000 1∶2 000 生产技术规程 第 3 部分：数字正射影像图》（CH/T 9020.3—2013）；

（3）《测绘作业人员安全规范》（CH 1016—2008）；

（4）《测绘成果质量检查与验收》（GB/T 24356—2023）；

（5）《摄影测量与遥感术语》（GB/T 14950—2009）。

（二）inphoDOM 制作及正射影像挂图制作

码 7-8 影像工作底图制作

码 7-9 影像挂图制作

（三）参考在线教学资源

（1）职业教育国家在线精品课“无人机摄影测量”（智慧树）；

（2）1+*X* 无人机摄影测量职业技能等级认证综合平台，模拟训练。

项目八　实景三维模型精细化处理

导　学

地图从二维到三维、从室外到室内、从地上到地下已经是全球科技发展和智慧地球建设的必然趋势，而实景三维更加直观，可量、可算、信息丰富，是关系国防安防、城市规划、智能交通、生态环保、人工智能等诸多产业发展的重要应用技术。“两个一百年”奋斗目标提出，到2021年全面建成小康社会，2049年建成富强、民主、文明、和谐的现代化社会主义国家。这意味着，各个行业都要加快发展进程，尤其是地信等高新技术产业，更是我国现代化发展的重要推动力。

实景三维中国建设符合我国发展的整体规划。2019年6月，自然资源部印发了《自然资源“十四五”规划编制工作方案》，提出在“十四五”期间拟大力推进实景三维中国建设。实景三维中国建设是新型基础测绘的主要任务和成果形式，带动“以地理要素为视角和对象”的传统基础测绘向“以地理实体为视角和对象”的新型基础测绘转变。目前，实景三维产业已经具备充分的技术条件，且市场需求强烈，具备推进实景三维中国建设这类大型国家级工程的基础。首先，测绘卫星、无人机航测、激光雷达、倾斜摄影、移动测量系统和自动化采集汽车等“空天地”三维数字采集方法已经成熟；其次，5G网络、云计算、区块链等技术的逐渐成熟让业界具备了海量数据的处理能力；同时，各地市基于DLG制作的三维地形图和如今辐射全国的街景地图，也为实景三维中国建设提供了基础。

一、项目描述

实景三维建模是采用倾斜摄影、激光雷达与近景摄影等手段获取研究对象的影像及点云，使用点云数据构建测区的三角网结构模型，最终将纹理映射到结构模型上生成实景三维模型的方法。采用这种方式直接建立的三维模型存在较多不完善的地方，例如这种模型上存在道路凹凸不平、树木拉花、存在空洞、建筑物不完整、贴图错位、有悬浮物等问题。三维模型精细化处理就是解决上述问题，让模型成果在保证高精度的前提下，更加美观，便于展示应用。

二、项目目标

（一）知识目标

（1）掌握实景三维模型编辑的主要内容；

（2）理解实景三维模型的数据组成及数据结构；

（3）掌握实景三维建模的相关概念。

（二）能力目标

（1）能熟练使用软件进行实景三维模型结构编辑；

(2)能熟练使用软件进行实景三维模型纹理编辑及映射。

(三)素质目标

(1)《中华人民共和国国民经济和社会发展第十四个五年规划和2035年远景目标纲要》(简称《纲要》),对社会主义现代化国家建设进行了全面部署,提出了高质量发展的要求。结合《纲要》及自然资源发展趋势,使学生了解国家发展需要什么知识结构、能力结构的人,学生需要具备哪些数字化能力,如何适应时代发展。

(2)培养学生关注时事要闻的习惯,找到时事和专业知识的交叉点,培养学生的人文素养和发展创新精神。

(3)培养学生使用技术规范指导测绘工作的素质。

三、项目实施

(一)项目参考标准

本项目参考《城市三维建模技术规范》(CJJ/T 157—2010)、《三维地理信息模型数据产品规范》(CH/T 9015—2012)、《三维地理信息模型生产规范》(CH/T 9016—2012)实施,成果按《三维地理信息模型数据产品质量检查与验收》(CH/T 9024—2014)的要求检查。

(二)项目流程

项目流程见图8-1。

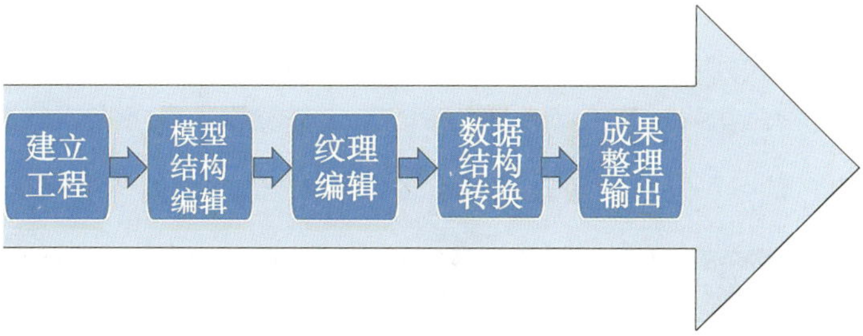

图8-1　项目流程

(三)任务实施

实景三维模型是通过倾斜摄影测量等手段联合解算获取的地表模型,这种模型通过解算软件生成,针对不同用图有多种不同的数据结构,下文做简要分析。

OSGB(open scene gragh binary):目前常见的倾斜实景模型格式,是Smart3D处理的倾斜摄影三维实景模型数据的组织方式,一般是二进制存储、带有嵌入式链接纹理数据(.jpg)的OSGB格式,这里的Binary是二进制的意思。此类数据具有文件碎、数量多、高级别金字塔文件大等特点,难以形成高效、标准的网络发布方案,从而无法实现不同地域、不同部门之间数据共享。

OBJ:OBJ文件是Alias|Wavefront公司基于工作站的3D建模和动画软件"Advanced Visualizer"开发的一种标准3D模型文件格式,适合用于3D软件模型之间的互导,也可以通过Maya(Maya是美国Autodesk公司出品的三维动画软件)读写。OBJ可以是传统模型,也可以是倾斜模型,比如Smart3D里面生成的模型需要修饰,可以输出OBJ格式,之后

就可以导入到 3DsMax 进行处理;或者在 3DsMax 中建立一个模型,想把它调到 Maya 里面渲染或动画,导出 OBJ 文件就是一种很好的选择。OBJ 文件一般包括三个子文件,分别是.obj、.mtl、模型文件及.jpg 纹理文件。目前,几乎所有知名的 3D 软件都支持 OBJ 文件的读写,不过其中很多需要通过插件才能实现。另外,OBJ 文件还是一种文本文件,可以直接用写字板打开进行查看和编辑修改,同时 3D 网站也支持 OBJ 格式数据的上传加载。

本项目以 SVSMeshEditor、模方 ModelFun 两款软件为例进行实景三维模型精细化处理的介绍。

【任务一】 SVSMeshEditor 任务实施

1. 数据准备

实景三维模型常用成果有 OBJ、OSGB 两种数据格式,模型精细化也是针对这两种格式数据的处理,此外,还需要建模软件中导出的空三加密成果 *.xml 文件,以及在空三平差成果基础上导出的无畸变影像。

2. 新建工程

两种格式的三维模型编辑方式不同,OSGB 数据格式可以创建工程处理,也可以直接将存放 OSGB 的文件夹拖进 SVSMeshEditor 软件进行编辑;OBJ 格式模型的编辑必须以工程方式打开,否则只能一个瓦片一个瓦片地打开编辑,并且在编辑过程中有些操作命令无法使用,工程的创建可根据数据的需求进行。

1)实景编辑——CC 工程的创建

(1)创建工程:在软件菜单栏中打开“新建空三工程”命令,在主界面菜单栏下点击“导入”命令,导入倾斜摄影空三提供的工程 *.xml 文件,如图 8-2 所示。

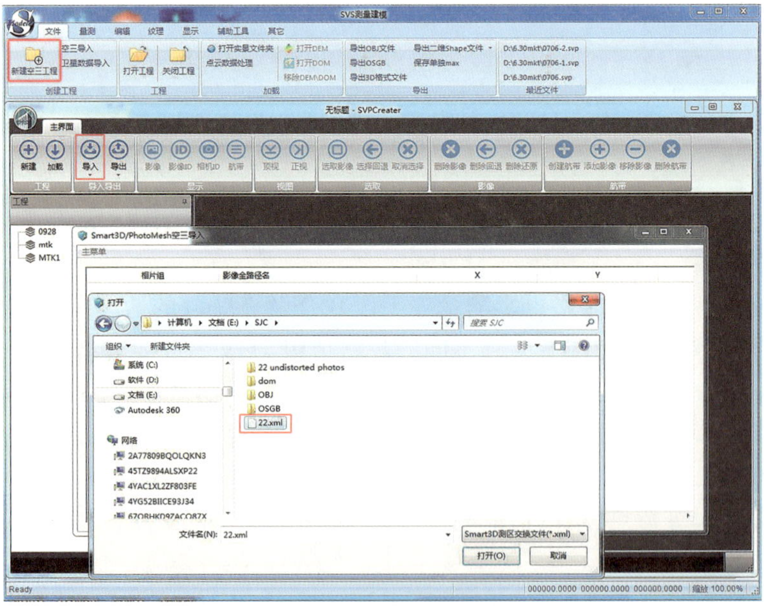

图 8-2　创建工程

(2)创建 *.svp 工程:导入数据后,更改影像的存放路径(倾斜空三提供的无畸变影像)。影像路径更改完成后,在主菜单下拉命令条中导出 *.svp 工程,如图 8-3 所示。

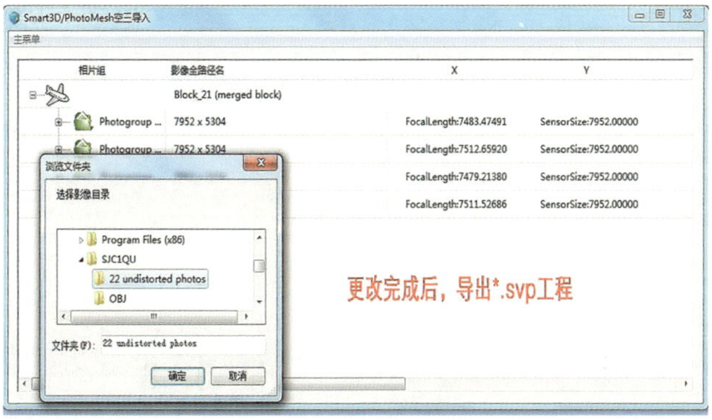

图 8-3　更改影像路径

(3)加载 *. svp 工程:在主界面工程命令条下“加载”创建的 *. svp 工程,工程菜单栏里可以看见所创建的工程,点击工程名,右击设置为“当前工程”,工程的子目录下会显示出倾斜摄影空三的信息。在“航带”信息下右击,点击“自动划分航带”后单击“确认”,如图 8-4 所示。

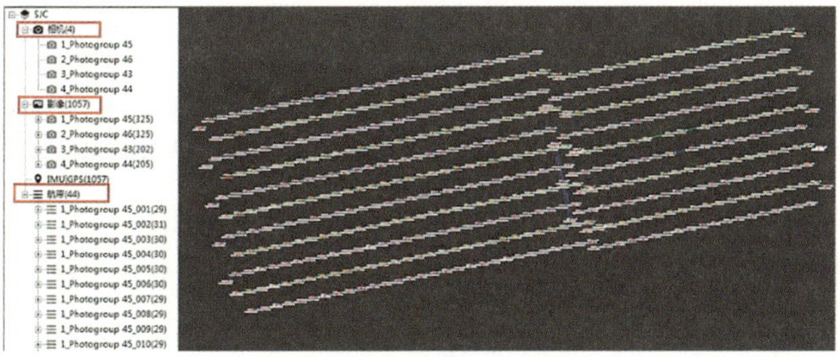

图 8-4　航带划分彩印

(4) *. svp 工程设置:数据工程加载完成后,在文件菜单下“打开工程”进行工程设置,将各类数据定位在对应路径下,点击“确定”,如图 8-5 所示。

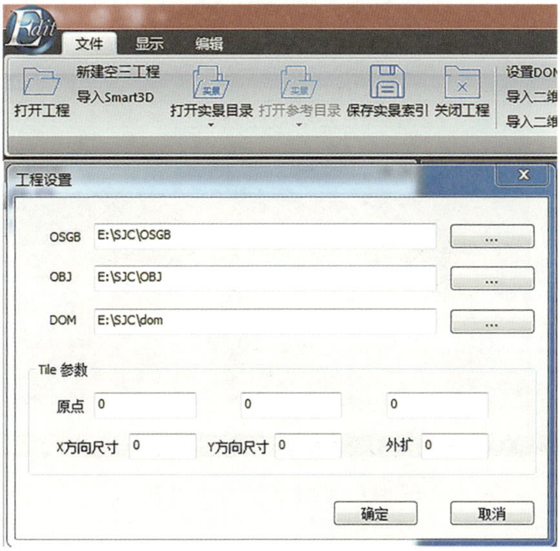

图 8-5　工程设置

2) 实景编辑——空三工程创建

(1) 在文件界面找到“新建空三工程”，点击后在主界面“新建”命令下“新建工程”输入对应的工程名和工程存放路径后点击“确认”命令，如图 8-6 所示。

图 8-6　创建空三工程

(2) 对已有的数据进行路径的设置，两种数据格式必须对应，也可以依据需求选择需要编辑的数据格式，如图 8-5 所示。

3) 实景编辑——精编模式切换

精编模式，即 OBJ 格式的编辑，点击“选择块”，软件默认是全选。按键盘上的“ESC”键取消全选。红色块为选中块，蓝色块为未选中块。根据需求用鼠标左键点击需要进入精编模式的块，选择好之后，点击鼠标右键隐藏未被选中的块，如图 8-7 所示。

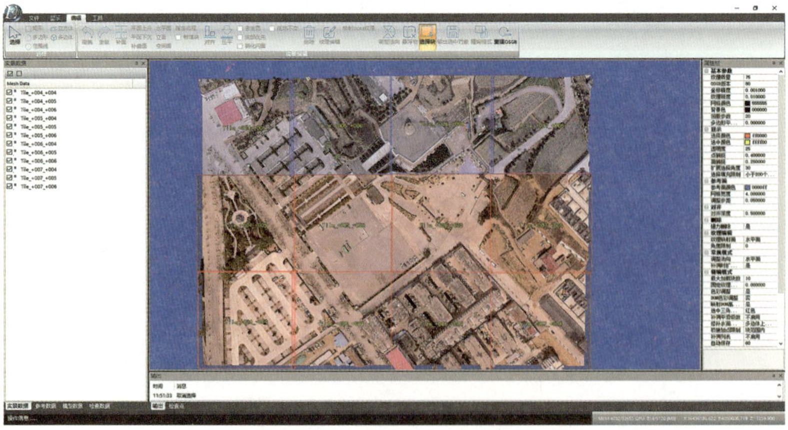

图 8-7　精编模式瓦片选择

码 8-1　工程创建　　码 8-2　模型编辑(OSGB)　　码 8-3　软件模式切换

3. 模型结构编辑

1)删除处理

删除处理一般包括悬浮物删除、模型数据边缘的修整、模型的裁切。

(1)悬浮物删除:在实景三维模型生产过程中,如电线塔、电线杆、电线、塔吊等细小有镂空的地物,无法构成连续的三角网,会出现部分地物悬浮、镂空的现象,需对产生的悬浮物进行删除处理。针对不同的数据格式删除处理的操作方式也不同。

①OSGB 模式中悬浮物的删除,在编辑命令下的"选择"工具中找到相应的工具,如"矩形"和"多边形"来圈选场景中的建筑范围,"立方体""多边体""球体"一般用于立面选择,如图 8-8 所示。

图 8-8　悬浮物立体选择

②对需要处理的数据进行范围的选择,用实景编辑菜单栏下的"悬浮物"删除命令,鼠标右击 悬浮物 直接删除悬浮物,如图 8-9、图 8-10 所示。

图 8-9　悬浮物选择

图 8-10　悬浮物删除后效果

③OBJ 数据格式的编辑需要进入精细化编辑模块进行处理，使用实景模型编辑命令条下的“悬浮物”命令实现悬浮物删除。

(2)边缘修整：通常在三维模型生成时，实际生产模型面积要大于项目合同面积，在提交成果时需要按项目范围裁切或删除边缘效果较差的模型，因此需要做边缘修整。使用选择工具按照需要的范围对边缘的数据进行选择，选择后删除多余的部分，如图 8-11、图 8-12 所示。

图 8-11　边缘修整前

图 8-12　边缘修整后

(3)模型裁切:有些情况下,需要将地面部分地物从实景模型中裁切掉,裁切掉的部分可以使用精细化模型补充或者直接用其他材质抹平,以提高模型美观度。

①OSGB 数据格式中对单独的模型一般推荐使用立体模式进行选择处理,使用工具有"立方体""多边体""球体",根据需求选取工具,如图 8-13 所示。

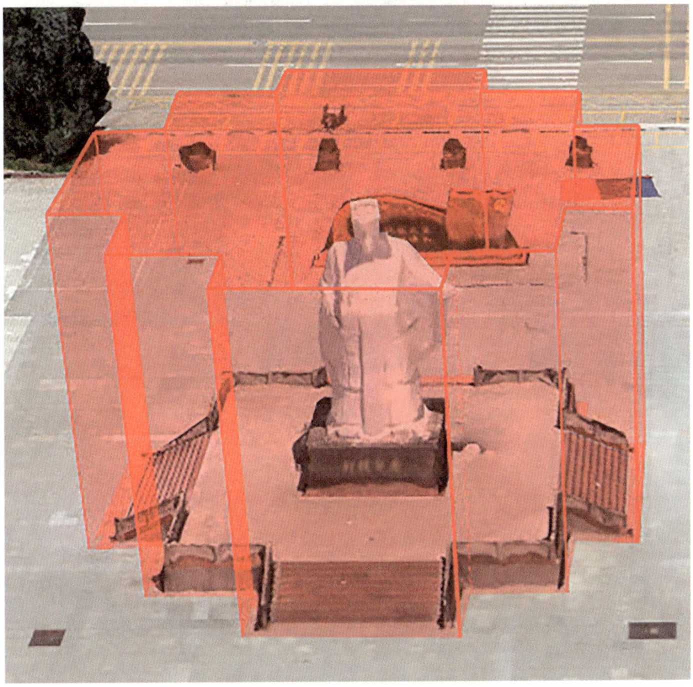

图 8-13　立体选择的独立地物

②使用"Delete"键删除所选物体,对删除物体的底面可以进行补洞操作,也可将重构的模型数据与场景进行融合处理。

注意:建议对独立的地物删除使用 OSGB 数据进行编辑(Shift+鼠标左键,上下移动面;使用 Ctrl+鼠标左键,左右移动面)。连片建筑物使用 OBJ 数据进行精细化编辑。

③OBJ 格式的数据进行精细化编辑,使用选择工具下的操作命令,选中需要删除的建筑物,对删除物体的底面进行补洞操作,完成后放入重构的模型数据与场景进行融合处理。

4 种选择方式:"拉框"为矩形选择工具;"多边形"为多边形选择工具;"流线"为自由选择工具;"多边体"为多边体选择工具。

所有选择方式均为透视选择(会把被选择面区域内的场景都选择出来)。

注意:"精确选择"勾选之后再用选择工具选择,只会选择当前视角可以看见的面,当前视角看不见的面不会被选中;"扩展选择"勾选之后再用选择工具选择时,会把同一方向的面一起扩展选中,法线方向不同的面,则不会被选中;"只显示选中集"勾选之后,只会显示被选中的面,没有选中的面则被隐藏;"填充选择区"用于填充选择区中未被选中的区域仅可填充四周面,如图 8-14 所示。

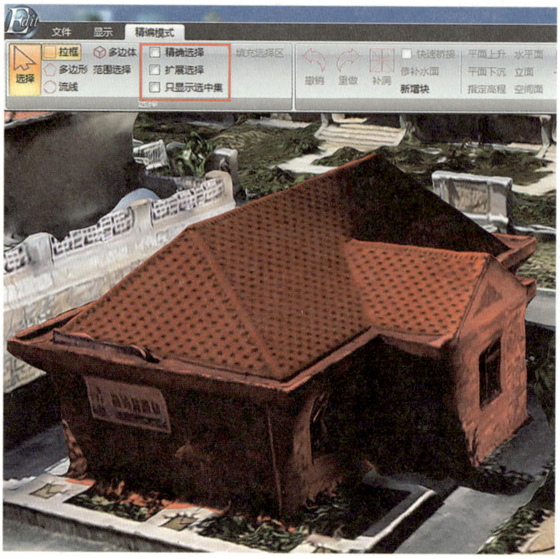

图 8-14　OBJ 格式数据选择

2)重构生成

重构生成,一般包括模型空洞的修补、模型的压平处理、模型的修饰几部分内容。

(1)空洞修补:因航摄死角在建筑物等区域出现的空洞、水面、大面积的玻璃墙等弱纹理区域无法重构三角网导致的空洞;栅栏、栏杆、厚度不够的薄墙体等易穿透的物体形成的空洞,处理这些空洞必须进行三角面重构生成,重构的过程中使用补洞工具进行操作。

①OSGB 模式将需要补面的区域使用合适的选择工具选择出范围,点击补面。补面的方式有“补曲面”“水平面”“空间面”三种方式,选择好区域点击鼠标右键,即可完成补面操作,补洞前后对比见图 8-15。

(a)补洞前　　(b)补洞后

图 8-15　补洞前、后对比

三种补面方式:“补曲面”根据范围进行补面;“水平面”选取一个点确定基准面;“空间面”选取三个点确定基准面。

②OBJ 格式的数据补洞操作只能一个瓦片一个瓦片地进行，选中需要补洞的瓦片，直接点击实景编辑命令下的“补面”工具进行补面操作（可以补的洞显示黄色的边，补洞的时候要把鼠标放到洞的黄色边上面，黄色边会变成红色，再点击鼠标左键即可完成补洞操作），补完后的面是一个没有纹理的三角面，还需要进行纹理的映射、编辑等工作，见图 8-16。

(a)补洞前　(b)补洞后

图 8-16　OBJ 格式数据补洞前后对比

（2）压平处理：在实景三维模型上，利用选择工具选中需压平的对象，点击“压平”命令，根据压平对象选择“水平面”“垂直面”或“空间面”“指定高程”等模块，确定需对准的基准面，拾取基准面之后，单击鼠标右键即可压平到对应的基准面，如图 8-17 所示。

(a)压平前　(b)压平后

图 8-17　压平处理前后对比

不同模块操作方法：

①水平面，拾取压平物周围地面任意一点，确定基准面，压平时，根据实际项目需求勾选“去重叠”“底面优先”“弱化闪面”“低地不变”等功能。

②空间面，拾取压平物周围三处地面点确定一个基准面，压平时，根据实际项目需求勾选“去重叠”“底面优先”“弱化闪面”“低地不变”等功能。

③垂直面，需用“立方体”或“多边体”或“球体”包裹选择立面，拾取两个点确定基准面（平面压平无法使用），使用时必须勾选“对齐到平面”功能。

④指定高程，输入高程数值来确定基准面。

注：OBJ 数据的处理方式与 OSGB 数据处理方式一致。

（3）模型修饰：在实景三维模型生产时，受航摄分辨率、航摄角度等因素的影响，部分建筑物墙线会出现圆角的情况，因此需要使用墙线拉直的方法对建筑物的墙线进行重构处理。SVSMeshEditor 软件中对 OBJ 数据进行编辑时可以使用墙线拉直的方法绘制墙线，手动使用墙线拉直命令后，软件会自动重构墙线处的三角网。点击鼠标左键选取墙线两端的两点，如只需要拉直一段墙线，选取好一段墙线之后，直接点击鼠标右键确认拉直；如需要多段墙线一起拉直，可继续点击鼠标左键选取墙线两端的点，选取好所有墙线之后，再点击鼠标右键确认拉直，如图 8-18 所示。

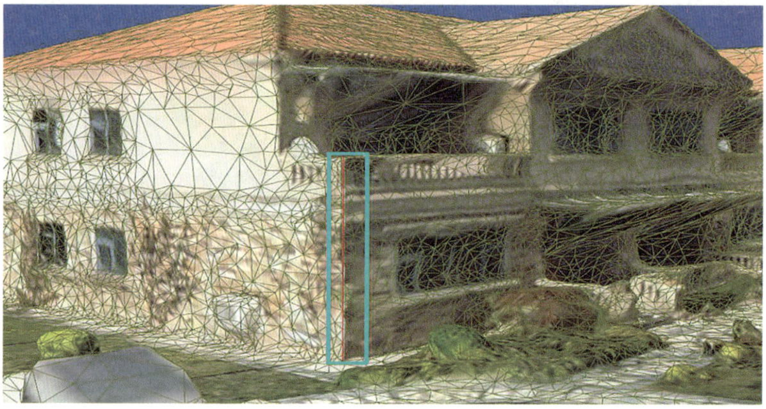

图 8-18　建筑物修饰

3）桥接补洞

桥接补洞适用于修补有角度的空洞或者两个瓦片之间的空洞，编辑的数据格式为 OBJ 数据。选择需要编辑的块，点击实景命令条下的“桥接”工具，显示白色网格状的瓦片为没有选中的瓦片，对选中的瓦片进行桥接操作，完成之后选择实景命令条下的“补洞”命令进行补洞操作，精编模块中可以修补的洞以黄色线包围显示，对包围的洞用鼠标左键点击包围区范围内可完成操作（按住键盘上的“Ctrl”键，将鼠标放在地面上选取地面的高程，再点击需要桥接地方即可出现桥接点，建议加两个点，然后进行桥接操作，完成后退出“桥接”命令），如图 8-19 所示。

图 8-19　精细模型桥接补洞

码 8-4　模型编辑（OBJ）

4. 纹理编辑

映射处理:一般包含软件自动提取影像纹理和借助第三方软件 PS 进行修饰。

(1)自动纹理映射:在 OBJ 格式的数据中,选出需要映射纹理的范围,可以从 DOM 映射纹理,来完成正射影像成果替换模型纹理;也可以用 OSGB 映射纹理来完成替换;并且可以从空三影像中进行纹理的替换,得到的结果是一样的。

(2)PS 软件修饰:此操作需要联动 PS 软件进行处理,纹理修补完成后直接更新纹理,纹理路径保存在软件安装目录下。在实景编辑命令下,点击工具栏的"纹理编辑"可打开 PS 软件进行纹理修饰,保存更新纹理,修改后的纹理可将原有的纹理贴图进行替换。在纹理编辑前需要设置 PS 软件的存放路径。如图 8-20 所示为纹理编辑映射。

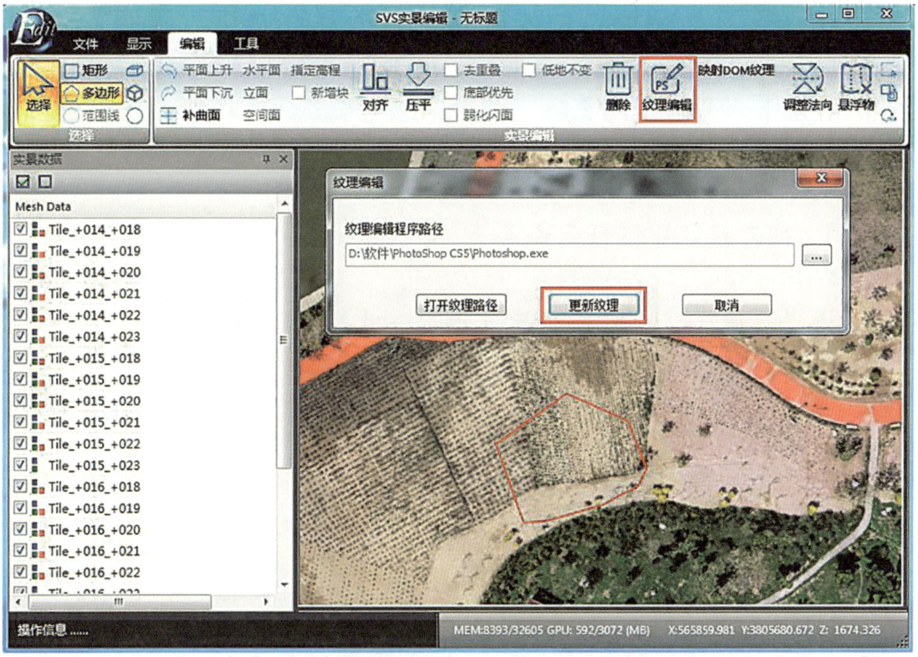

图 8-20 纹理编辑映射

5. 数据转换

在精编模式(OBJ)编辑完成之后,还需要把精编模式中编辑之后的瓦片进行"重建 OSGB"操作,将编辑改动后的瓦片同步成 OSGB 格式。需注意,OSGB 格式下的编辑无法同步到精编模式 OBJ 里面。保存好修改完成的 OBJ 数据后,单击"常规模式"回到 OSGB 编辑界面,点击"重建 OSGB"。列表上出现的瓦片都是经过精编模式编辑后的瓦片,工程列表下面打勾的瓦片都是在精编模式下编辑过的瓦片,点击"处理"开始重建 OSGB。

批量重建 OSGB 格式数据不需要加载工程,只需要选择好路径进行转换,转换过程耗时比较长。将转好格式的数据移动到大场景数据文件中,任务完成。可以通过浏览软件进行数据查看,如图 8-21 所示。

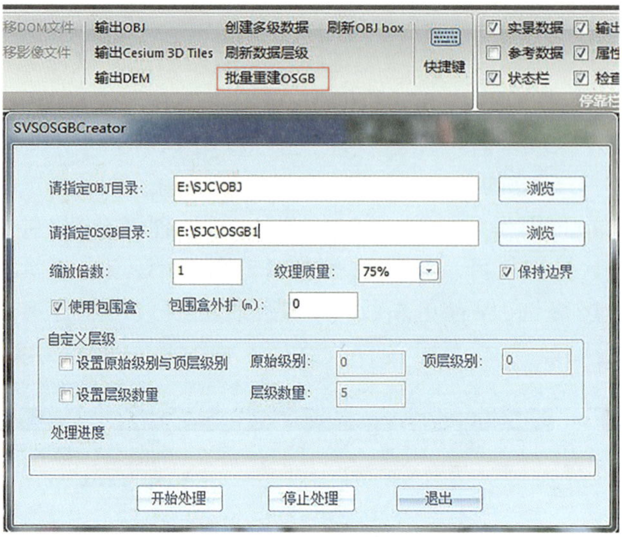

图 8-21　格式转换

【任务二】 模方 ModelFun 任务实施

1. 数据准备

OBJ、OSGB 两种格式数据、空三加密成果 *.xml 文件,以及在空三平差成果的基础上导出的无畸变影像。

码 8-5　PPT-模方功能介绍

2. 新建工程

打开 ModelFun 软件—“新建工程”,设置工程名称、工程路径,设置 OSGB、OBJ 数据位置(偏移量:设置两种模型的位置偏移,一般默认),“空三影像设置”界面设置空三成果路径及无畸变影像路径,如图 8-22 所示为“新建工程”界面。

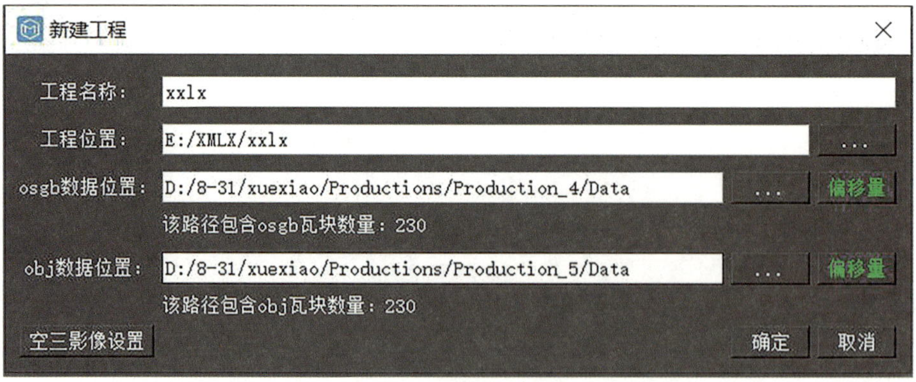

图 8-22　“新建工程”界面

3. 主界面简介

工程设置完成后进入软件主界面,各工具如图 8-23 所示。

(1)工程管理界面:包括新建、打开、保存及关闭工程。

(2)数据管理界面:包括打开关闭瓦片、数据备份和恢复、导出 OBJ/OSGB、导出

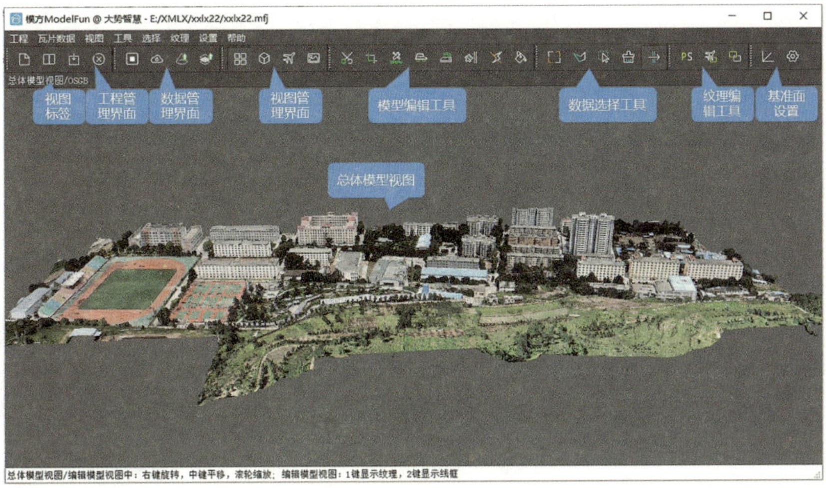

图 8-23　软件主界面

DOM/DSM 成果。

(3)视图管理界面:进行主视图的切换,包括总体模型视图、编辑模型视图(数据管理界面打开需要编辑的瓦片后进入瓦片编辑界面)、空三影像视图(显示空三成果)、影像视图。

(4)模型编辑工具:包含模型编辑的各种工具。

(5)数据选择工具:模型数据选择的各种方法。

(6)纹理编辑工具:通过链接 PS 软件进行纹理编辑、通过空三映射实现纹理编辑。

(7)基准面设置:立面修整时设置编辑的基准面。

4. 数据备份与恢复

数据使用过程中的阶段性成果想要保存,可以通过“数据管理”界面—备份与恢复功能将数据备份,需要时进行阶段性还原,如图 8-24 所示。

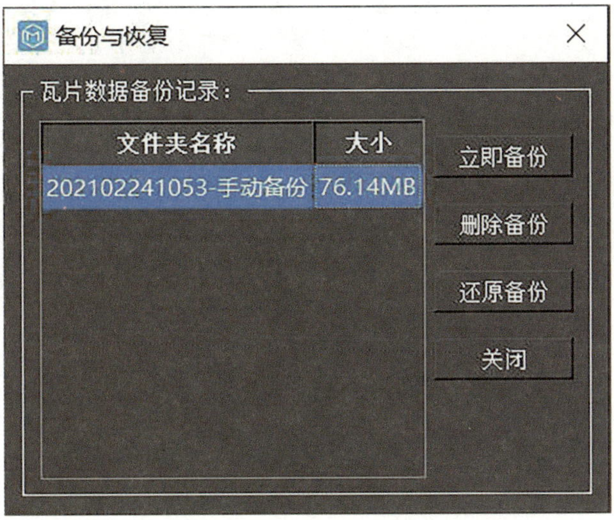

图 8-24　数据备份与恢复

5. 模型结构编辑

1) 删除底部碎片

在生产实景模型过程中，在模型底部有时会出现多余生成的底部碎片，利用删除底部碎片功能可将这些碎片统一删除，不用单独处理。删除底部碎片时的重点是判断哪些碎片属于底部碎片，这里需要选择种子点(模型上均匀地选择一些点)，以种子点为参考，将低于种子点的碎片直接删除。

种子点选择的要求：一是在地面上选择，不要选择在屋顶或者树木之类地物上；二是在地面上的区域均匀覆盖。

点击进入“删除底部碎片”界面，如图 8-25 所示，在种子点界面选择或者删除种子点，选择完成后在瓦片操作界面删除碎片。

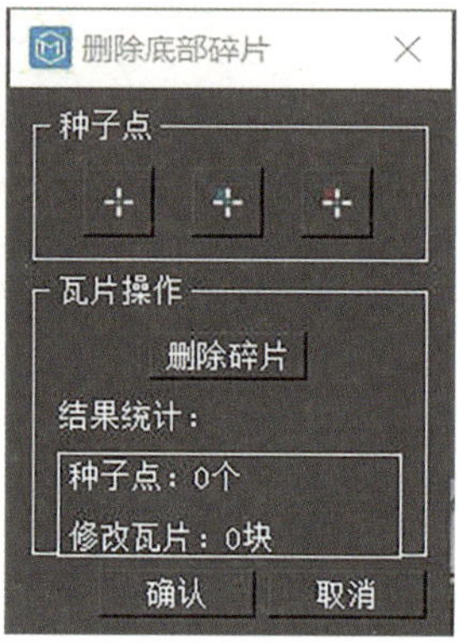

图 8-25　删除底部碎片

2) 边缘裁剪

对超出编辑区域的模型在编辑前可沿编辑范围线裁切掉。在模型编辑工具栏选择，边缘裁切的流程如图 8-26 所示，边缘裁切方式有删外和删内两种。

裁切流程：①绘制裁切线；②选择裁切方式；③按裁切线裁切。

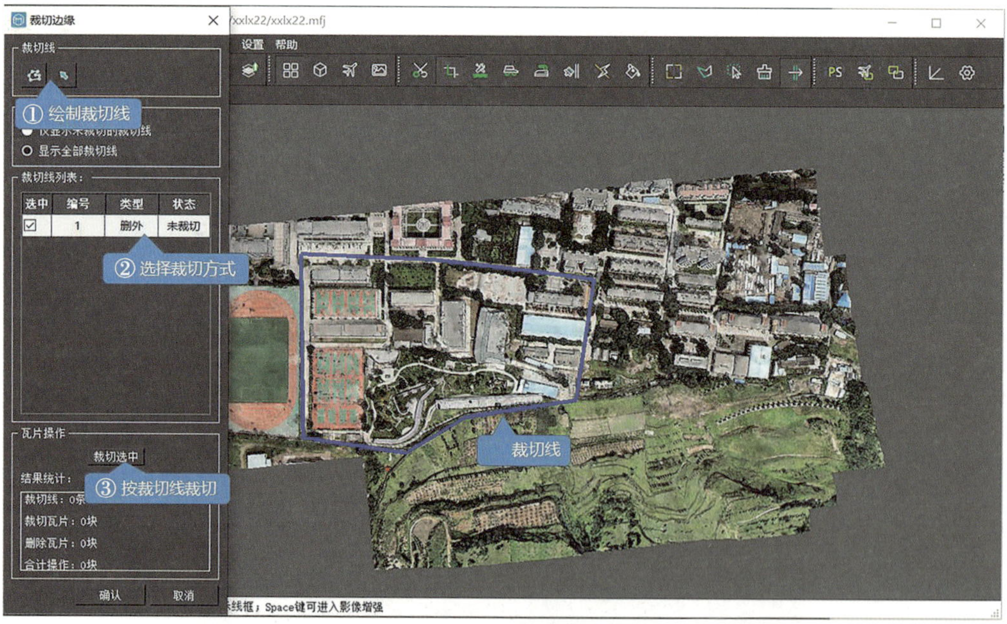

图 8-26　边缘裁切流程

3) 水面修整

打开工具，进入水面修整界面，按提示步骤完成水面的修整，效果如图 8-27 所示。

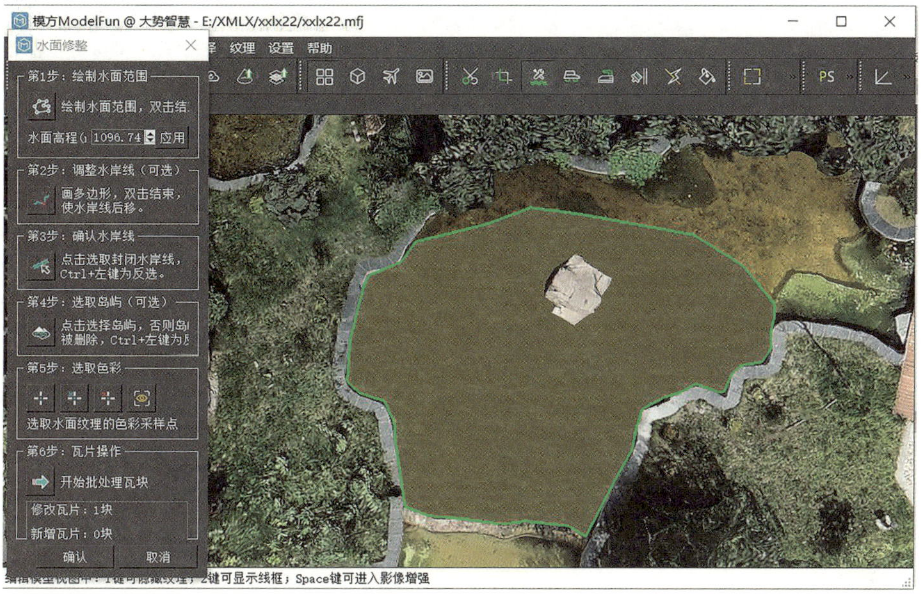

图 8-27　水面修整

以下编辑功能需要在视图管理界面打开需要编辑的瓦片，在编辑模型视图/OBJ 环境下进行。

4）模型置平

模型地面各类置平操作可通过道路置平工具实现。

（1）打开瓦片："数据管理"界面—"瓦片打开/关闭"选择需要编辑的模型后确定，如图 8-28 所示。打开后需要编辑的模型会显示在编辑模型视图/OBJ 界面。

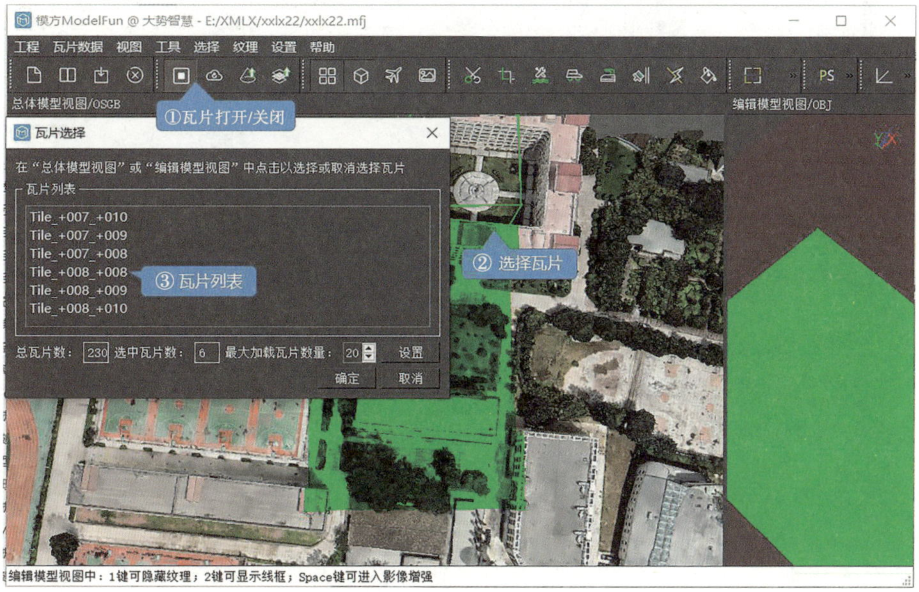

图 8-28　打开瓦片流程

（2）置平操作：通过键盘“1”键关闭或打开纹理，在白模界面选择需要置平的区域，软件会自动置平选择区域，如图 8-29 所示为置平前后对比图，若选择错误可恢复或撤销。注意置平操作是通过所选区域边界内插出内部高程，所以选择边界的操作很重要。

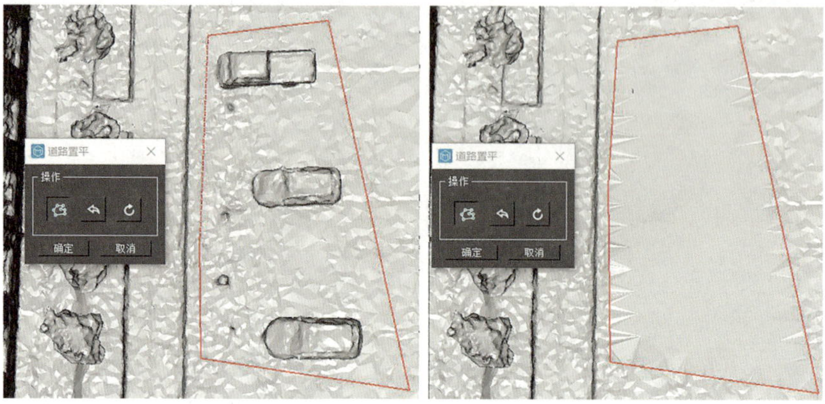

图 8-29　置平前后对比图

模型侧面各类置平操作可通过表面置平工具实现，操作流程与道路置平相同。

5）删除小碎片

在模型生产或编辑过程中生成的各类地物碎片，在不需要的情况下可以删除。选择工具进入删除小碎片界面，如图 8-30 所示，可以通过显示所有碎片全选碎片，也可以通过鼠标逐个选择，按“Delete”键删除碎片。

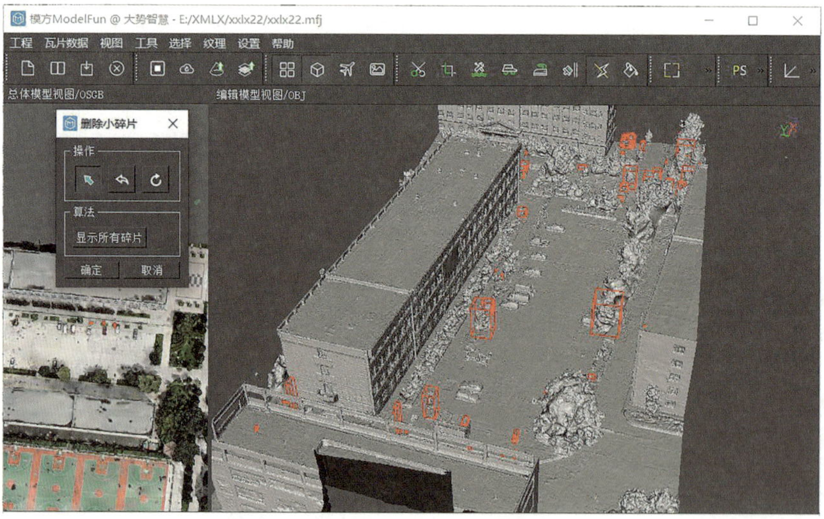

图 8-30　删除小碎片

6）补洞

在模型编辑过程中，可以将多余地物选择了直接删除，删除后地物连接的地面会出现漏洞，如图 8-31 所示，在模型生成过程中由于缺少影像或者地物被遮挡，也会出现模型漏洞，需要对这些漏洞修补。选择“补洞工具”，“1”键进入白模模式，通过填补内部孔（左键双击）、边界孔（左键双击）、桥接（左键点击桥接两边界）的方式完成补洞工作。进入补洞界面，漏洞会以绿色显示，按漏洞类型选择对应工具直接填充，如图 8-31 所示为漏洞填补前后对比图。

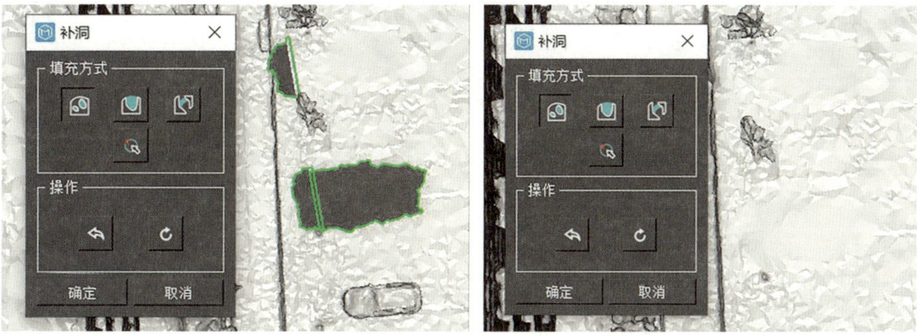

图 8-31　补洞前后对比图

7）立面修整

立面修整可直接使用修整工具修整，也可以使用参考基准面修整，用于修整立面墙上的破洞或模型生成中不规则的区域。

（1）打开设置基准面，在需要修整的区域用鼠标单击可以设置基准面，基准面位置不对可通过调整修改，设置完成后关闭“设置基准面”界面，如图 8-32 所示。

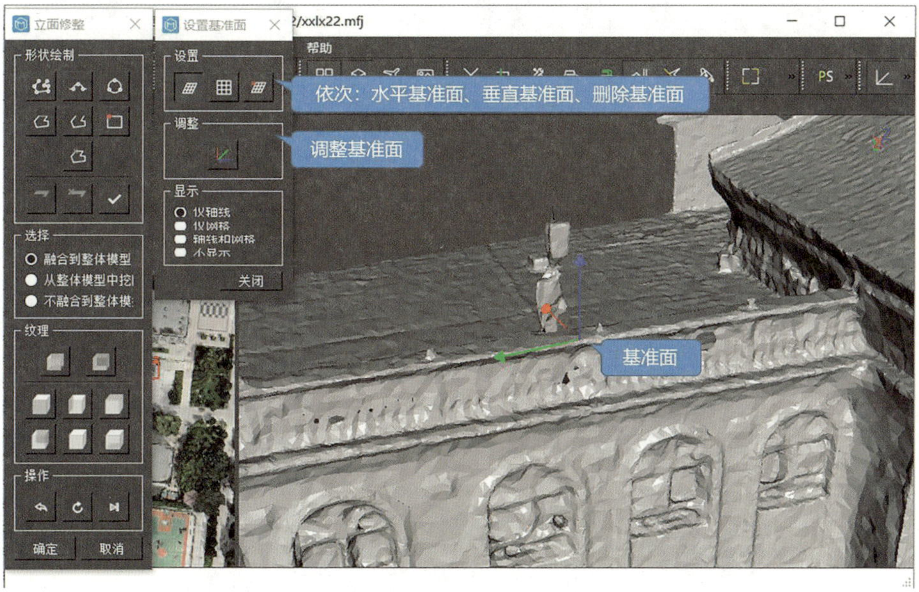

图 8-32　设置基准面

（2）选择绘制折线或者绘制圆弧命令沿基准面绘制需要补洞的线，然后利用推出墙边命令推出墙体宽度，最后利用挤压多棱体命令拉出墙体高度，点击完成绘制，选择融合到整体模型即可完成修整，结果如图 8-33 所示。

（3）门洞、屋檐等需要从模型中挖出的修整，在选择界面选择从模型中挖出，其他操作流程相同。

图 8-33　模型修整过程示意图

8）选择删除

有些树木、电线杆等多余物体不好修整的可以直接删除。利用各种选择工具直接选择需要删除的模型，按“Delete”键删除，如图 8-34 所示为删除前后对比。注意此方法虽然简单方便，但是部分物体删除后会出现漏洞，需要利用补洞功能进行补充，再采用道路置平等工具完善处理。

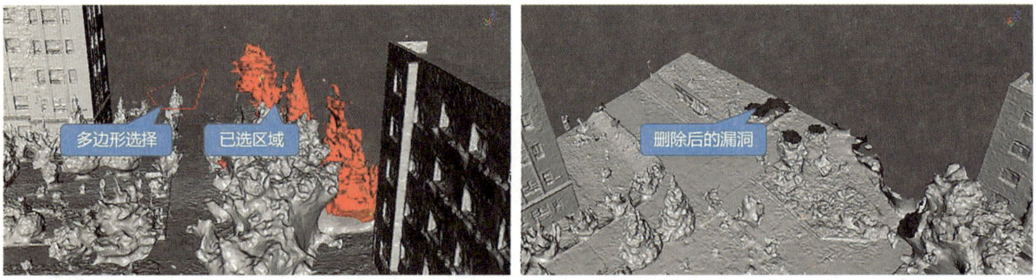

图 8-34　模型删除前后对比图

6. 纹理编辑

进入设置界面，链接 PS 程序路径，如图 8-35 所示。

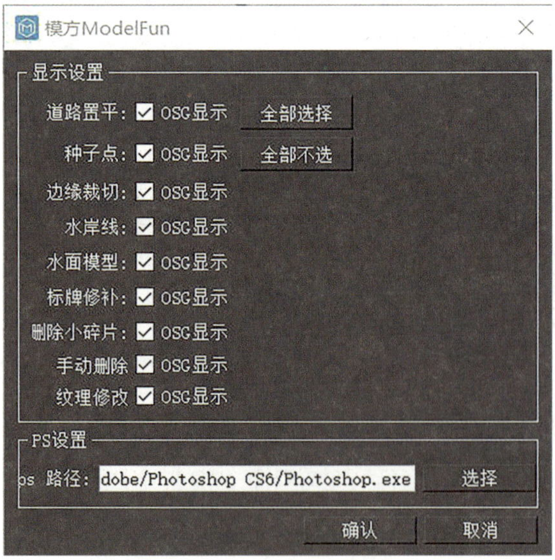

图 8-35　PS 路径设置

点击，软件会联动到 PS 软件进行纹理编辑，PS 的使用这里不再介绍，如图 8-36

所示为草坪修复的整个流程效果示意图，经历了删除、补洞、置平、PS 纹理修复几个步骤。

图 8-36　纹理编辑前后对比图

7. 成果导出

软件编辑成果均在工程文件里临时存储，不会破坏原始数据，最终成果需要导出才可以使用。选择工具，进入导出界面，如图 8-37 所示，根据需要选择导出数据的格式，选择需要导出的模型瓦片（可以鼠标在屏幕点选），最后导出成果。

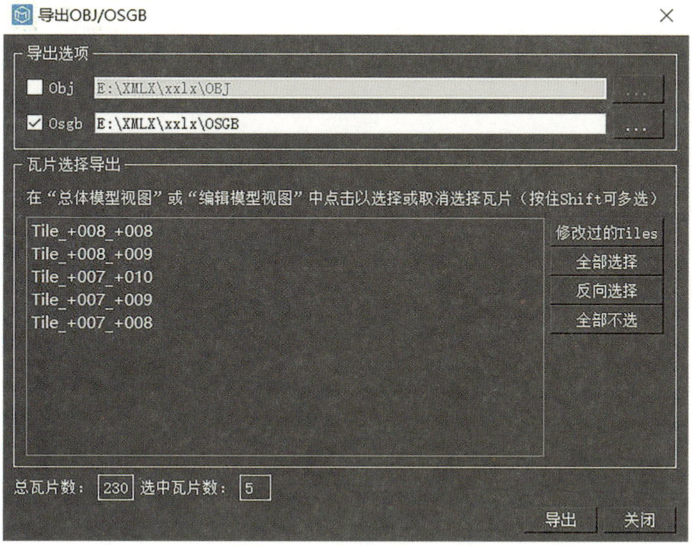

图 8-37　成果导出设置

码 8-6　实景三维模型编辑

四、任务考核

参考《三维地理信息模型数据产品质量检查与验收》(CH/T 9024—2014)的要求检查,以成果质量为考核核心,兼顾实践教学实际情况制订任务考核标准(见表 8-1)。

表 8-1 实景三维模型精细化任务实施考核标准

序号	内容	说明	比例/%	分项成绩	总成绩
1	考勤	出勤率、纪律情况	30		
2	实践报告	实践活动形成的技术报告	30		
3	实践成果	精细化处理成果	40		

注:成果质量报告有明显错误者,综合成绩判断为不合格。

五、学习资源

相关规范:

(1)《实景三维中国建设技术大纲(2021 版)》;

(2)《三维地理信息模型数据产品规范》(CH/T 9015—2012);

(3)《三维地理信息模型生产规范》(CH/T 9016—2012);

(4)《三维地理信息模型数据产品质量检查与验收》(CH/T 9024—2014);

(5)《摄影测量与遥感术语》(GB/T 14950—2009)。

项目九　实景三维模型单体化

导　学

随着城市数字化进程的发展，各行业信息化建设也加紧了步伐，地理信息系统（GIS）作为信息化的有力工具占据越来越重要的地位。然而，二维GIS本身也面临一些问题，数据太单一、抽象，只能实现宏观的、浓缩的、概略的统计和分析，对于细节则不能面面俱到；GIS系统太专业，需要具备专业知识的用户才可使用；二维地图并不能完全显示出地物和地形的纹理、形状和环境信息等；虚拟三维耗时长、耗资大，实际作用并没有达到预期的效果。针对二维GIS的特点，以影像地图为基础的实景三维GIS，作为二维GIS技术的升级产品，成为GIS发展的新方向。应用实景三维技术，不仅可提供地物的抽象二维图，还有与二维图紧密相关的连续可量测影像，这种影像也可应用在城市管理的方方面面，由此，实景三维GIS在城管、公路、公安、铁路等行业中的应用越来越广泛。

实景三维建模的技术已经成熟，最终得到的实景三维摄影模型可以看成是一张表面覆盖了高分影像的连续的TIN三角网，这张连续的TIN三角网在带给我们更加逼真的倾斜模型的同时，也给我们出了一道不可避免的难题——在GIS中如何管理和应用，若实景三维模型不能进行对象的单独选中和查询，就只能和影像一样作为底图浏览，无法进一步深入应用，由此引出了倾斜摄影的单体化技术，将实景三维模型切割为单个独立部件的工作。

常见的实景三维模型单体化可总结为以下三种方法：

（1）最直观的思路是将各类地物从连续的三角网面上裁切出来，从物理上实现分割，可称之为“切割单体化”，效果示意图如图9-1所示。

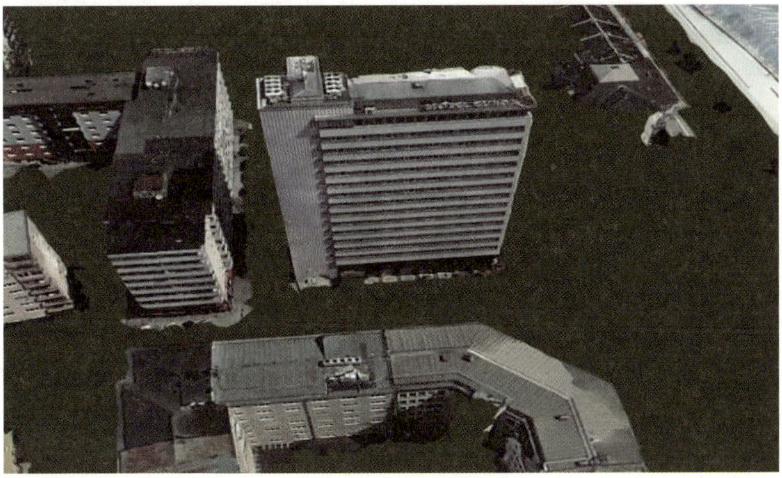

图9-1　切割单体化效果示意图

(2)利用三角面中每个顶点格外的存储空间，把对应矢量面的 ID 存储起来，如一个建筑物对应三角面片的所有顶点都存储在同一个 ID，实现通过 ID 这个属性将连续的实景三维模型分割的效果，称之为“ID 单体化”，效果示意图如图 9-2 所示。

图 9-2　ID 单体化效果示意图

(3)建立实体独立的矢量图层与三维模型叠加，在显示时，动态地把矢量面叠加到三维模型上，实现三维模型可被单独选中的效果，这种方法是在模型显示渲染时动态显示的，称之为“动态单体化”，效果和“ID 单体化”类似，如图 9-2 所示。

切割单体化在单体化的道路上最为彻底，因为只有这样，才能把单个实体从连续的三维模型上分离开，就如二维抽象的点线面实体一样，基于此进行实体属性赋值也就比较简单了。但是通过深入的研究、应用发现，“ID 单体化”和“动态单体化”在操作成本更小的情况下，也能实现应用需求，且效果更好、系统负担更小。单体化的本质是解决实景三维模型连片无法独立选中单个实体管理、应用的问题，并不“必然”要求把实体物理上从整体模型上分离出来，只要能实现模型“对象化”“可管理”，就能满足 GIS 的需求。“切合单体化”在小范围应用中也有优势，例如可以对切割模型进行单体化编辑，使其更加美观、逼真，方便展示应用。

一、项目描述

无人机倾斜摄影测量技术生产的实景三维模型虽然可以直观地表达地表形态，但是还是存在一些局限性。倾斜摄影获取的模型是依据点云构建三角网，在三角网表面贴上纹理得到的。由于在运算过程中没有人工干预，整个模型点云统一构建三角网生成结构模型，所以这种处理方式并不会把建筑物、地面、树木等物体进行单独区分。连续的三角网数据无法单独选择使用，是“一张皮”，因此需要进行“单体化”处理。对于大多数 GIS 应用而言，需要对各类地物赋予属性，并基于地物实体自身及属性实现一些功能，因此模型的“单体化”成为倾斜摄影模型应用中必须要解决的问题。本项目以武汉智觉空间 SVSModeler 单体化软件为例对三维实景模型中的建筑物进行单体化处理进行介绍。

二、项目目标

(一)知识目标

(1)理解模型“单体化”的含义；

(2)理解模型“单体化”的相关概念。

(二)能力目标

(1)掌握实景三维模型单体化的操作流程；

(2)掌握单体化成果几种格式的相互转化方法；

(3)掌握单体化成果和场景模型数据的融合。

(三)素质目标

(1)通过实景三维模型“单体化”的介绍，培养学生认识问题、分析问题的基本科学素养，这一过程符合马克思主义从感性认识到理性认识的辩证统一观点；

(2)理解测绘地理信息数据生产过程中的最优策略思想，明白在一定的规则和约束条件下进行，最理想的成果不一定是最好的成果，效益最大化是各种工作的要求，这也正符合马克思主义的价值观，现实世界任何事务的价值是在一定规则和条件下才能实现的。

(3)结合相关规范及项目要求进行测绘产品制作及成果检查，树立学生的保密意识和法治观念。

三、项目实施

(一)项目参考标准

本项目参考《城市三维建模技术规范》(CJJ/T 157—2010)、《三维地理信息模型数据产品规范》(CH/T 9015—2012)、《三维地理信息模型生产规范》(CH/T 9016—2012)实施，成果按《三维地理信息模型数据产品质量检查与验收》(CH/T 9024—2014)的要求检查。

(二)项目流程

项目流程见图 9-3。

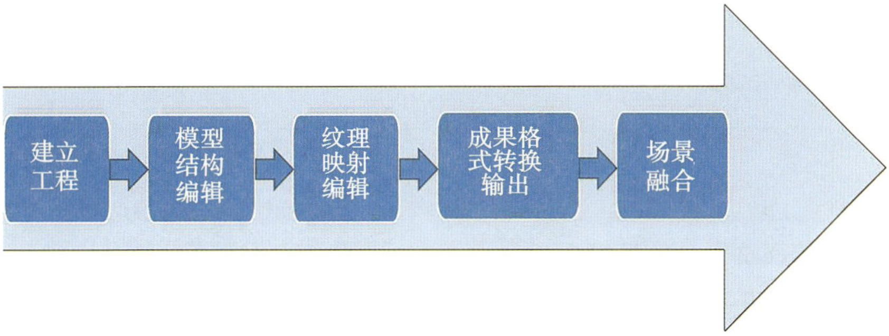

图 9-3　项目流程

(三)任务实施

【任务一】 SVSModeler 单体化任务实施

1. 创建工程

1)数据准备

实景三维模型 OSGB 格式数据;空三加密成果 *. xml 文件;在空三平差成果的基础上导出的无畸变影像。

码 9-1　工程创建

2)数据导入

导入 Smart3D2019 空三加密的成果,创建单体化工程 *. svp。

在软件主界面点击“导入”命令,进行数据的导入。如图 9-4 所示。

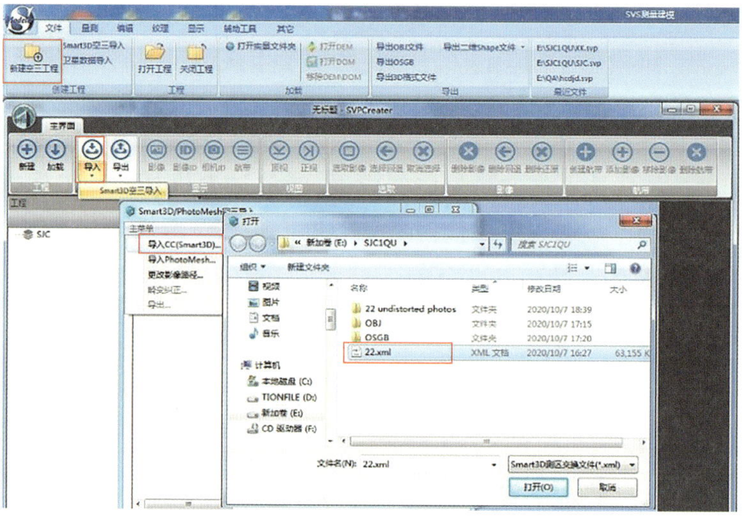

图 9-4　数据导入

3)更改影像路径

工程文件 *. xml 导入后会显示每个相机的参数及影像文件。由于 *. xml 工程里记录的是影像路径,如果更换影像路径,需要重新指定。具体操作为:右击“相片组”更改影像路径按钮,输入对应影像保存的文件夹,待更改完成后导出 SJC. svp 工程,如图 9-5 所示。

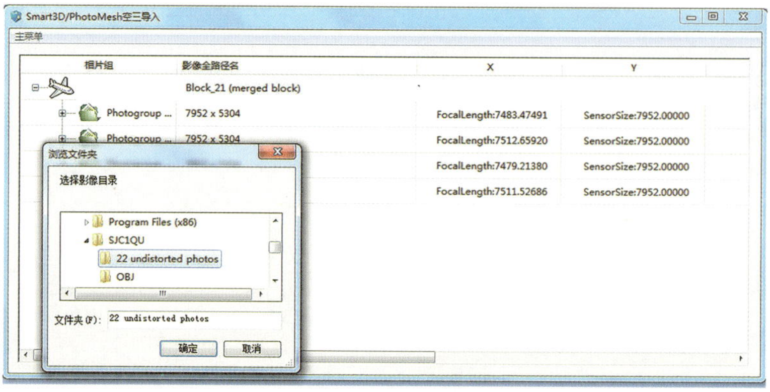

图 9-5　更改数据存放路径

4）航带划分

打开导出的已经创建好的工程文件，直接点击“确定”（若前面忘记修改影像路径也可以在此步操作中修改，修改完成后可以在影像界面检查路径是否修改保存合适），然后在主菜单下加载工程自动划分航带，如图 9-6 所示。

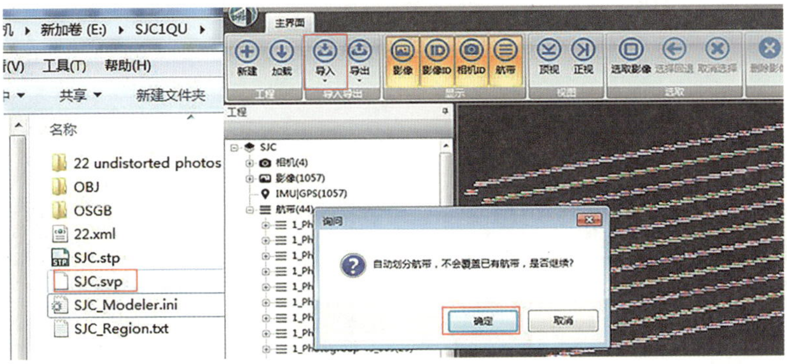

图 9-6 航带划分

5）创建金字塔

在主界面点击“加载”按钮，加载生成的 SJC. svp 工程，加载成功后，点击“创建金字塔”按钮，开始金字塔创建，如图 9-7 所示。

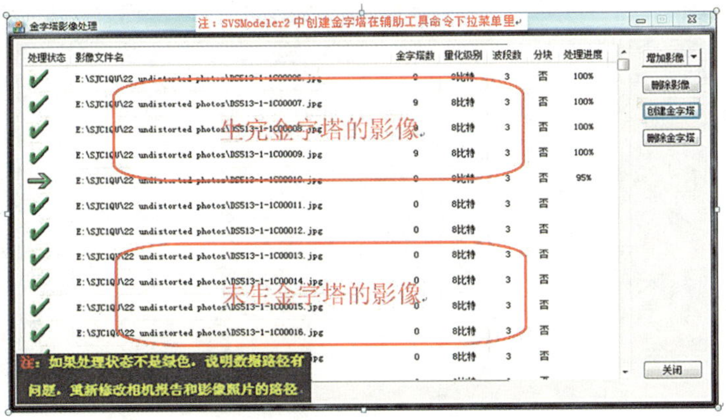

图 9-7 生成金字塔影像

注意：因为数据量比较大，金字塔创建较慢，在拷贝数据时只需拷贝任务区范围内的影像。纹理映射需要使用倾斜的影像，为保证纹理映射效果，需选取范围线外两条航线内的影像。

6）单体软件与 3DsMax 软件联动设置

（1）在安装插件之前先要安装好 3DsMax 软件，目前能联动建模的版本有 Max 2014 版。在 SVSModeler2 软件其他命令条下点击“安装插件”，如图 9-8 所示。

点击“确定”后提示安装成功，再点击命令条“启动 3DsMax”命令启动 3DsMax 软件。

（2）启动 3DsMax 软件后，进行 3DsMax 设置。使用程序下的配置按钮，新增一个按钮数，将使用程序中的 SVSMaxPlugin 软件拖到新增的空白按钮里面，点击“确定”。3DsMax 软件右侧的实用程序下点击 SVSMaxPlugin 软件进行链接，如图 9-9 所示。

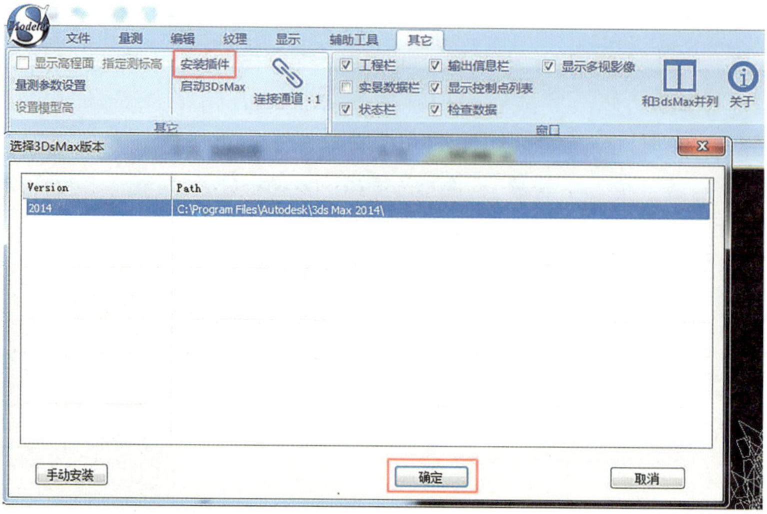

图 9-8　安装插件

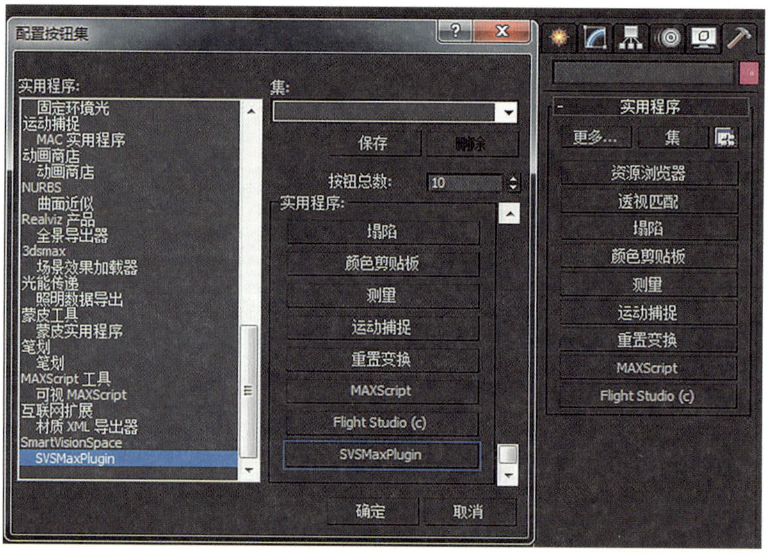

图 9-9　联动建立

建立联动后，3DsMax 软件在自定义命令下的单位设置里面设置显示单位比例为“米”。

7）捕捉功能的使用

在软件量测命令条下点击“捕捉设置”进行相关设置，如图 9-10 所示。

（1）二维捕捉：捕捉已有几何结构的 X、Y 坐标信息，采用测标计算值；

（2）三维捕捉：捕捉已有几何结构的 X、Y、Z 坐标值；

（3）内捕捉：主要用于“屋脊房屋”重建过程中，对已经量测的几何信息进行捕捉，从而方便插入约束信息。

8）任务区划分

分配作业范围，能更有效地完成生产任务。作业区可以人工指定，也可以导入外部矢

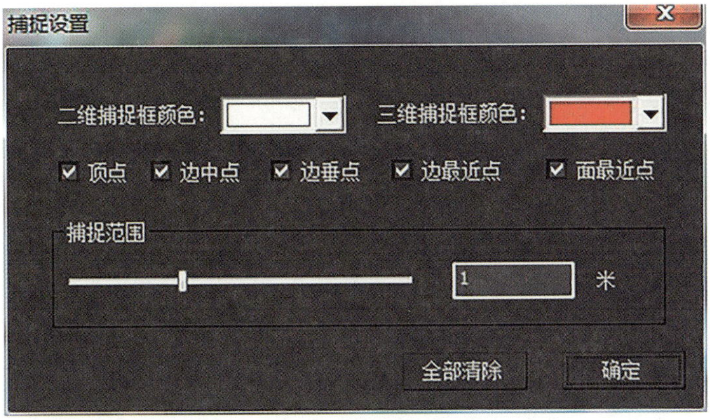

图 9-10 捕捉设置

量线，如图 9-11 所示。

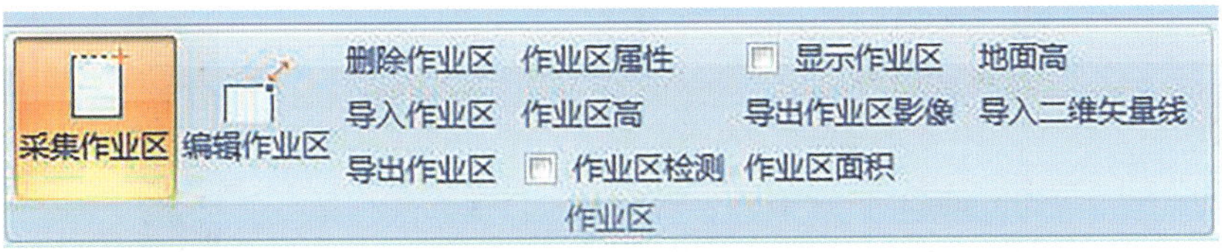

图 9-11 “作业区”命令条

人工划分范围线，通过工具条作业区栏下的“采集作业区”命令进行划分，可通过“编辑作业区”修改测区的名称和范围等，并可导入外部 DWG 格式数据，如图 9-12 所示。

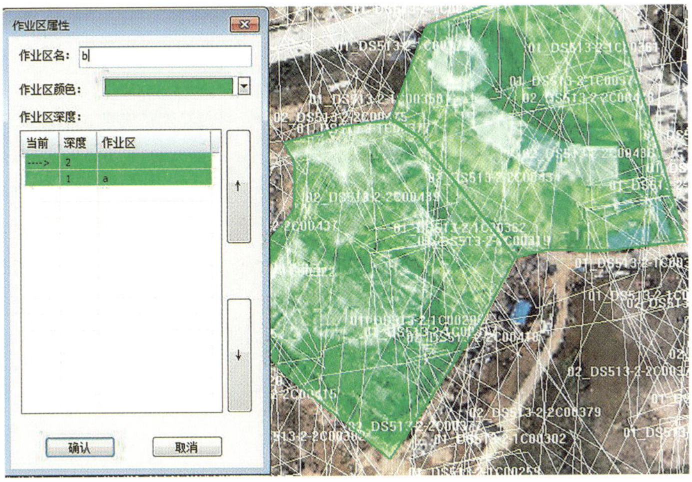

图 9-12 任务区划分

注意：

(1)作业区范围划分可以通过导入 DOM 叠加划分，更加直观；

(2)采集作业范围的功能，只能在切换到测区导航视图才能激活；

(3)设定好作业区后，如果勾上“作业区检测”，量测的过程中，光标在作业范围外时，会自动变成无法测量的状态。

2. 模型结构编辑

1) 大数平移

数据导入完成后,需要进行大数的平移。大数的平移数据是指倾斜空三提供的坐标文件 *. xml,大数的平移是为了在 3DsMax 软件中操作起来更加灵活。

码 9-2　结构搭建

说明:大数是指在做空三瓦片分割时设定的一个原点坐标,这个原点坐标可以是自己设定,也可以是软件自动解算的数值,一般情况下考虑多架次之间的接边需要自己设定,如图 9-13 所示。

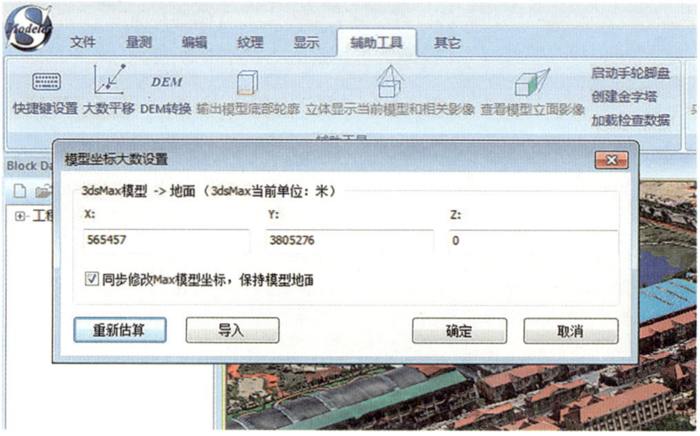

图 9-13　大数的平移

2) SVSModeler 软件常用快捷键

SVSModeler 软件常用快捷键见表 9-1。

表 9-1　SVSModeler 软件常用快捷键

快捷键	功能	快捷键	功能
Z	影像放大	BackSpace	回退一步
X	影像缩小	Ctrl	实时直角化
Ctrl+Z	撤销	S	捕捉开关
Ctrl+Y	重做	F2	二维捕捉
Space(空格)	高程锁定	F3	三维捕捉
Enter	查看多视影像	F4	捕捉设置
Shift+S	矢量线隐藏/显示	D	插入屋脊点
Ctrl+S	保存 Max 文件	F	插入屋脊边
Esc	退出当前编辑	G	结束屋脊测量

3) 模型结构的采集

SVSModeler 软件建模有两种量测方式:一种是航测法立体像对量测建模,对硬件环境要求比较高,需配置 3D 立体眼镜及立体显卡显示器等硬件支撑,在立体环境下以 3D 测图的方式进行建筑物的半自动化建模,立体量测的作业方式与数字线划图的生产方式类似,因此称之为倾斜建筑的 3D 测图;另一种是在三维实景 OSGB 下进行量测,这种无须

3D 立体设配可以进行全方位的旋转量测,下文分别讲解两种方式。

(1)采用立体像对量测模型。

立体像对量测模式依据设备需求的不同可以分为两种量测模式:左右眼立体量测、真立体量测。

①左右眼立体量测。

模型量测界面是建模的主体操作界面,在界面上通过立体环境,进行建筑物等模型的人机交互量测。通过立体像对、采集建筑物轮廓,然后滚动鼠标,贴到地面,拉出白膜。利用捕捉工具,捕捉建筑外轮廓点,确保构建模型精度,如图 9-14 所示。

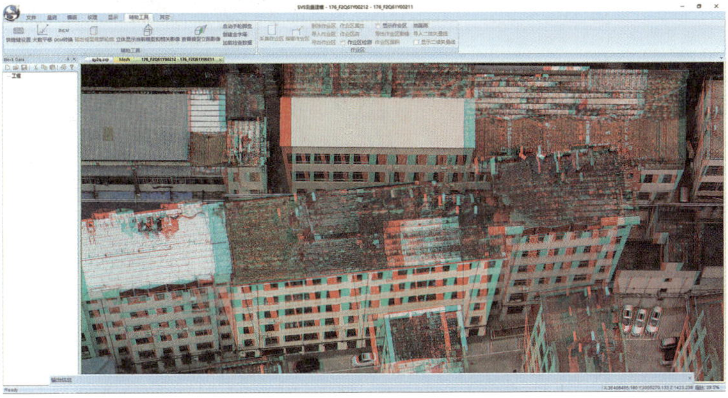

图 9-14　左右眼立体模式量测

②真立体量测。

打开工程按钮,打开一个建模工程,在左侧的立体像对列表里选择一个像对,双击打开就可以量测模型,如图 9-15 所示。

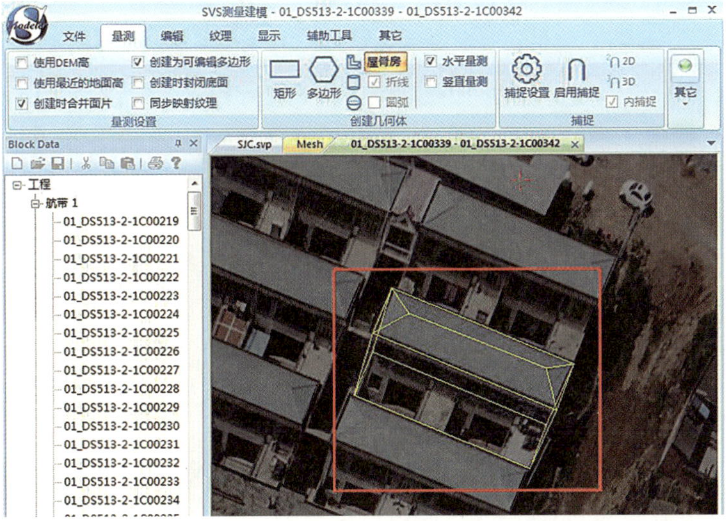

图 9-15　真立体模式量测

(2)采用 OSGB 实景模型进行量测。

通过“打开工程”命令,打开建立好的“SJC. svp”工程,进入工程界面,实景三维 OSGB 文件通过“打开实景文件夹”一同加载到工程中。

注意:打开实景三维选择到 OSGB 文件夹即可,若选择“Data”文件夹,因为加载不了坐标信息. xml,无法提取纹理,如图 9-16 所示。

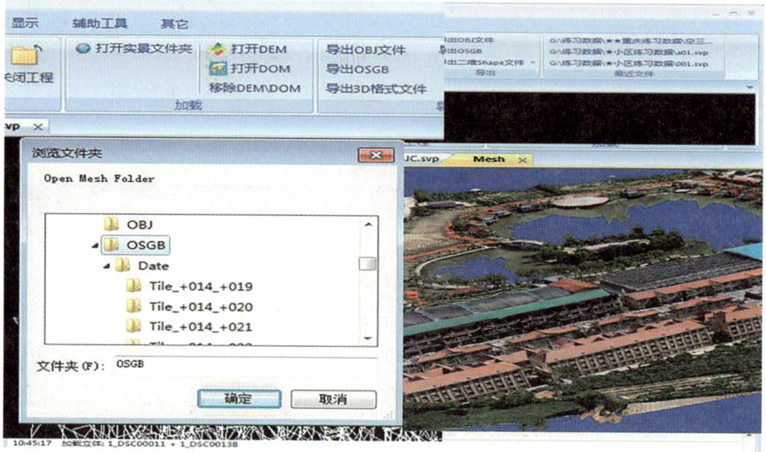

图 9-16　实景模型加载

导入 OSGB 实景模型,采集建筑物顶部轮廓,然后滚动鼠标,贴到地面,拉出白膜。建模过程中需要根据房屋几何结构特点选择对应的建模工具,建模工具主要有:矩形房屋、多边形房屋、边模式多边形、屋脊房屋以及用于测量线的多边形线和边模式线。

基本量测工具条(见图 9-17)介绍如下:

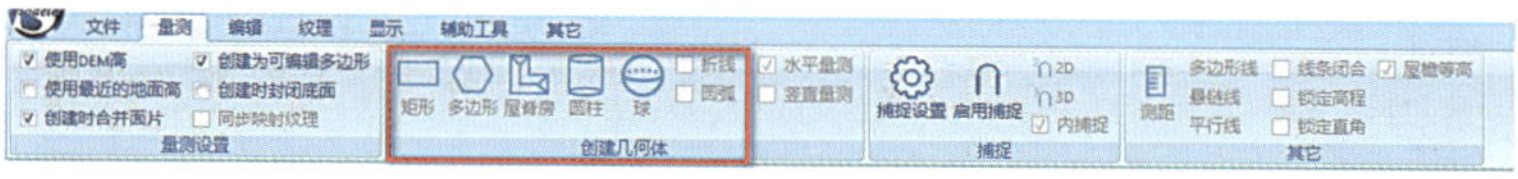

图 9-17　量测工具条示意图

①矩形房屋建模工具的使用介绍:主要用于量测建筑物为矩形的主体结构或者建筑物附属结构。

a. 选择创建几何体菜单栏下的“矩形”命令工具。

b. 调节好视差后(只用于立体量测),依次量测屋顶一条边的两个顶点。

建议:尽量先量测较长的边,这样有利于提高量测精度。

c. 移动鼠标使对边与房屋边线重合,点击左键确认。

d. 移动鼠标到地面,右键单击结束,在 3DsMax 软件下对量测出的模型右击“转换为可编辑多边形”。

②多边形量测工具:主要用于主体结构为不规则的建筑物。

a. 选择创建几何体菜单栏下的“多边形”量测工具。

b. 调节视差(只用于立体量测)依次左键单击量测屋顶外轮廓顶点;建模过程中可使用“Ctrl”键进行实时角度锁定。

c. 右键单击结束屋顶轮廓测量。

d. 移动鼠标到地面，右键单击结束，在 3DsMax 软件下对量测出的模型右击“转换为可编辑多边形”。

技巧：若量测建筑物体轮廓并非单纯的多边形，需要灵活切换多边形线的类型，比如圆弧、样条曲线来完成外轮廓的量测。利用“矩形”“多边形”绘制出房屋主体，采用 3DsMax 软件中的“移动”“插入”“挤出”“缩放”等工具进行制作建筑物，如图 9-18 所示。

图 9-18　规则建筑物采集

③屋脊房屋建模工具：主要用于屋顶具有屋脊的不规则房屋。

a. 选择创建几何体菜单栏下的“屋脊房”量测工具。

b. 调节视差（若外轮廓在同一高程面进行高程锁定）。

左键，依次量测屋顶外轮廓顶点；右键，结束外轮廓量测。

c. 观察构网情况，若屋脊（类似于山脊线）没有生成结构线，则需要在内部添加约束信息；若构网未满足实际房屋几何结构，则根据情况插入两种约束信息，在插入约束信息时打开捕捉工具进行操作。

d. 移动鼠标到地面，右键单击结束，在 3DsMax 软件下对量测出的模型右击“转换为可编辑多边形”。

选择“屋脊房”量测建筑物的主体，打开捕捉（二维捕捉—设置边最近点），调整高度绘制“人”字形，拉出房屋的高度，如图 9-19 所示。

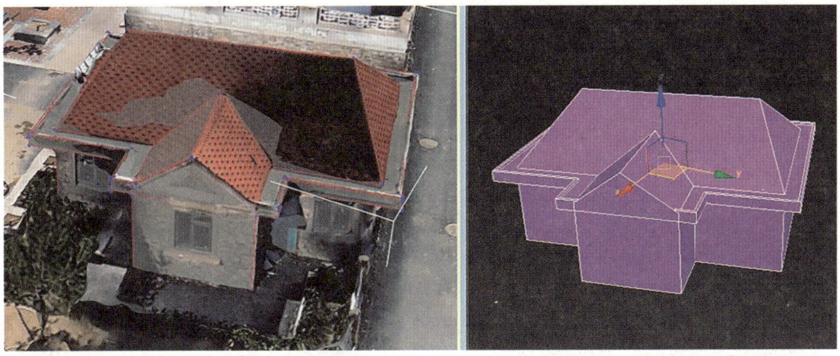

图 9-19　屋脊房的采集

④圆柱体工具：用于测量屋顶为圆形的圆柱、圆锥、圆台。

a. 左键，依次测量屋顶或者屋底圆周的三个点，量测第一点开始后默认状态下将打开高程锁定。

b. 调节视差，直到切准圆柱另一边，左键确认。

⑤球体工具：左键，依次量测大圆上 4 个点，量测第一点后将自动打开高程锁定，量测第三个点后自动关闭高程锁定。

小结：实景三维中量测的方法及工具和立体量测模型中的操作一样，区别在于实景三维中可以任意旋转角度浏览，更加直观。

3. 纹理映射及编辑

1）批量纹理映射

量测完成后将所有的附属结构都附加到主体上，右击转化为可编辑多边形后，进行模型纹理映射。纹理可以批量映射，也可以进行联动映射，批量映射是模型停止编辑后整体一键映射，同步映射纹理是在量测过程中软件自动联动到的影像进行映射纹理，这种同步操作一般不建议采用，如图 9-20 所示。

码 9-3　纹理映射

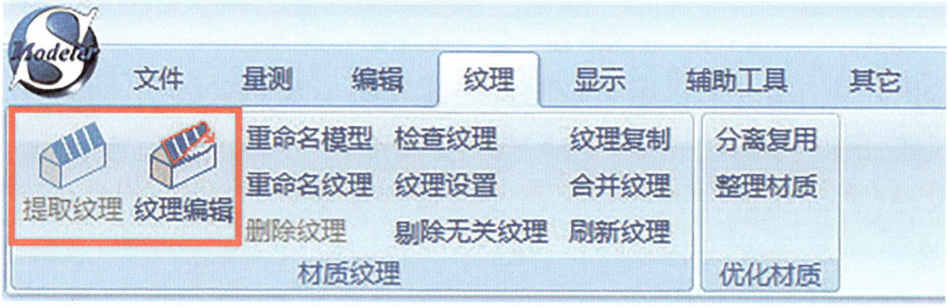

图 9-20　纹理命令条

纹理映射之前需要先保存 3DsMax 文件，再进行映射。选中需要映射的模型（可以选择一个或者多个同时进行），点击“提取纹理”命令进行批量贴图。

2）纹理编辑

若纹理出现遮挡或者色彩不符合要求，可以使用“纹理编辑”功能，在使用“纹理编辑”之前，需要先进行“提取纹理”，否则会出现异常。

（1）单击“纹理编辑”命令按钮，进入“贴图纹理纠正”窗口，选中模型或者选中模型的某个面进入“纹理编辑”，如图 9-21 所示。

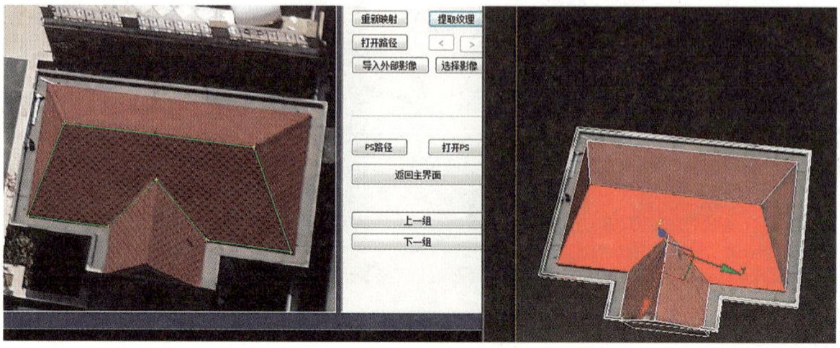

图 9-21　纹理编辑

(2)选择纹理影像的时候,可以在“多视影像”命令窗口进行影像的挑选,“多视影像”以鼠标中心位置搜索所有相关的影像,然后按照优先级列出来。

①鼠标落在纹理顶点附近,自动拾取顶点,左键按下并移动鼠标,即可调整顶点;

②框选纹理范围线,鼠标移动到面中心的绿色圆点附近,左键按下并移动鼠标即可移动整个平面;

③按住“Ctrl”键,选中纹理边线,鼠标移动到边附近,自动拾取,左键按下并移动鼠标可移动整个边;

④当各个顶点都对应正确后,选择“提取纹理”命令可完成被选中表面的纹理提取。

(3)检查纹理贴图,若需要进一步处理,设置 PS 软件路径,打开 PS 软件后进行处理,如图 9-22 所示。

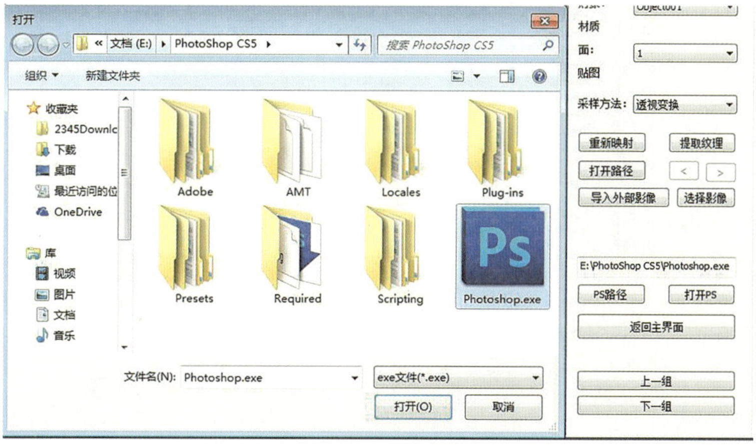

图 9-22　PS 软件路径设置

注意:在 PS 里面只能进行色彩方面的处理,不能修改纹理图片的长、宽比例,否则纹理坐标会出现异常。

在实际生产过程中,因项目要求高等因素,可以在建筑物进行量测完成后,采用外业手工拍摄的照片进行处理后对量测好的建筑物进行贴图,使模型更加地贴近现有的状态。

4.“纹理”命令介绍

“纹理”命令条见图 9-23。

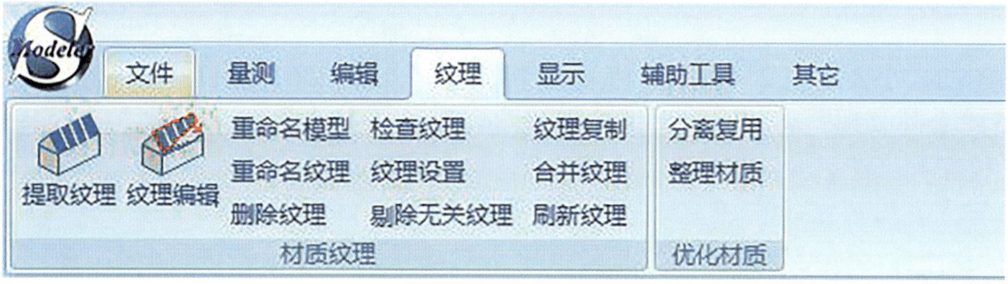

图 9-23　“纹理”命令条

(1)“删除纹理”:可将自动提取的纹理全部删除,整个建筑物还原到初始化白膜阶段,根据建筑物外观的纹理进行贴图处理。

(2)“剔除无关纹理”:可将文件夹中与模型无关的纹理贴图自动删除。

(3)“检查纹理”:此操作是模型贴图的检查工具,将模型选中点击“检查纹理”弹出的对话框,就会对检查结果进行分类显示,我们可以依据提示进行修改纹理或者修改模型,如图 9-24 所示。

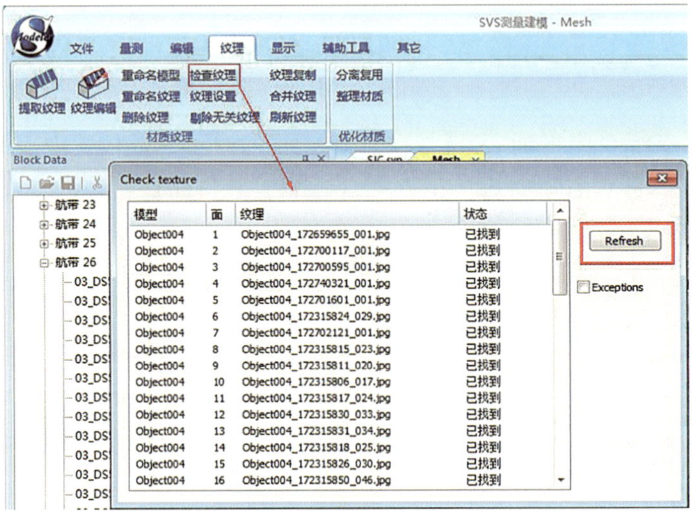

图 9-24　检查工具使用

(4)“纹理设置”命令,如图 9-25 所示。

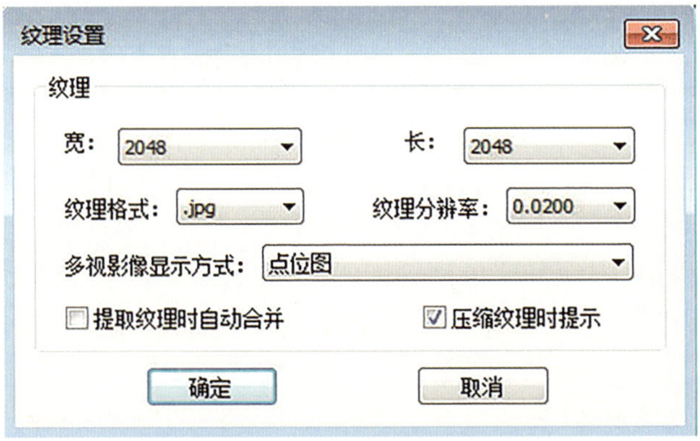

图 9-25　“纹理设置”命名

贴图的大小要求按 2^N 进行设置(4,8,16,32,64,128,256,512,1 024,…)。

(5)“合并纹理”:将整个模型的纹理贴图合并到一个纹理面板,方便整理纹理数据。

5. 模型和纹理的命名

1)重命名模型

使用“重命名模型”命令,可以批量或单个对场景内的建筑物进行命名。模型的命名必须按照项目要求进行合理的命名,模型命名如:“Tile_MX0001”,需要注意模型的附属结构以及一个完整的院落做完后必须附加到一起形成一个完整的建筑物,必须遵循一栋建筑物一个名称,这样在模型导出后不会出现一栋建筑物中有许多个 OSGB 文件的情况,如图 9-26 所示。

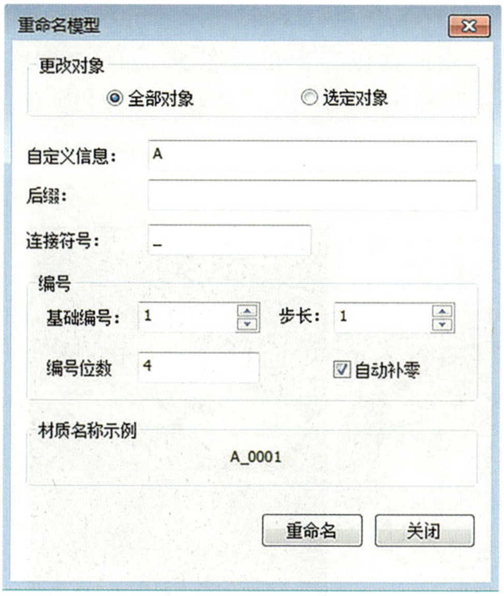

图 9-26　重命名模型

2)纹理贴图的重命名

使用“重命名纹理”，可批量修改材质和纹理名称，纹理的命名和模型的命名一样根据项目的要求进行合理的命名，注意命名中不能出现汉字，一般都是字母数字的组合形式命名，依据需求添加前缀，除默认的符号外，不能添加其他符号。例如：“QJS_0001”，如图 9-27 所示。

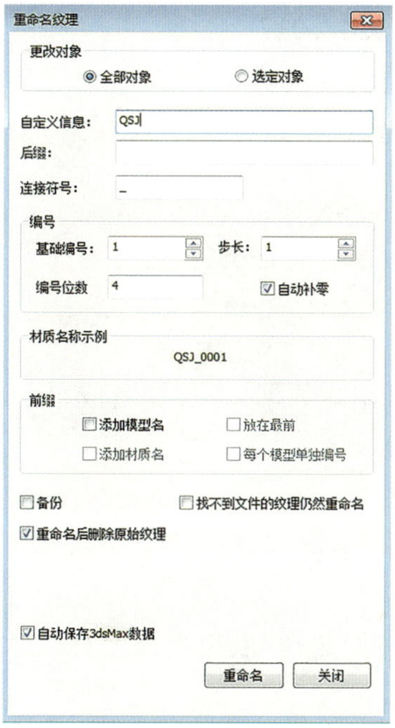

图 9-27　重命名纹理

6. 模型成果数据的输出

模型以 Max 格式保存，软件提供导出的文件格式有 OSGB、OBJ 两种格式，可以依据后期平台的要求对数据进行输出，使用格式转换工具对模型进行成果格式的转化，如图 9-28 所示。

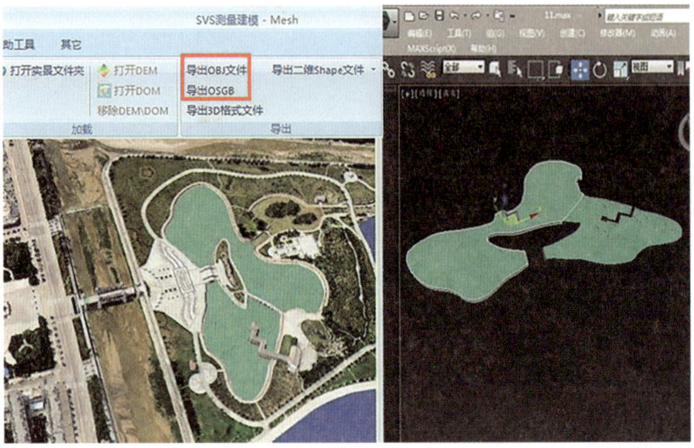

图 9-28 成果输出

码 9-4 成果输出

7. 场景融合

转换合适的数据格式直接放入实景三维场景的文件夹中，通过浏览软件查看数据成果，如图 9-29 所示。

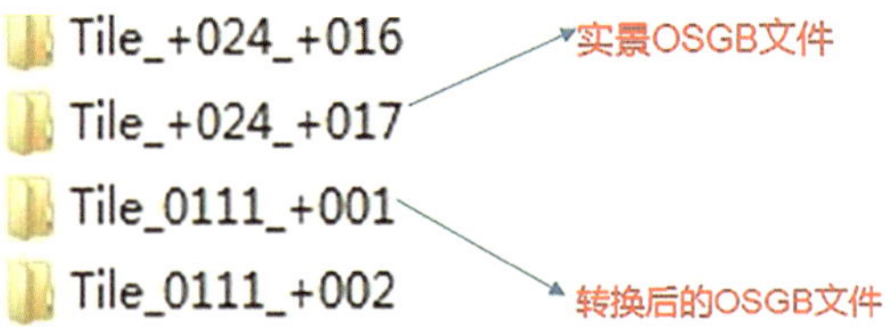

图 9-29 场景融合

【任务二】 DPSlnManager 单体化任务实施

1. 创建工程

1）数据准备

实景三维模型 OSGB、OBJ 格式数据；空三加密成果 *. xml 文件；在空三平差成果的基础上导出的无畸变影像。

2）配置解决方案

（1）打开 DPSlnManager 程序，设置解决方案名称及存放路径，如图 9-30 所示，点击“下一步”。

（2）进入到“导入数据”界面，选择“航空影像”，再选择“导入影像”，导入数据界面如图 9-31 所示。

（3）点击左上角“导入影像”，勾选“xml 文件”，点击打开加载 xml 空三文件，“影像导入”界面如图 9-32 所示。

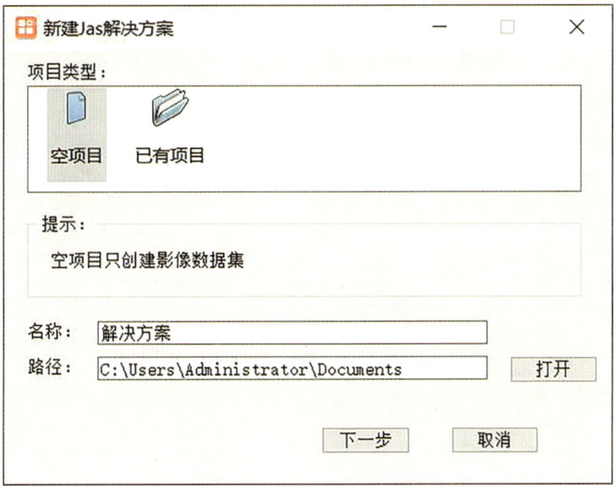

图 9-30　新建解决方案

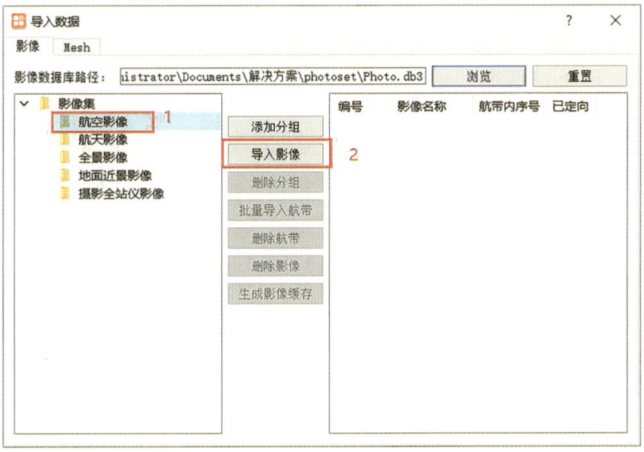

图 9-31　导入数据界面

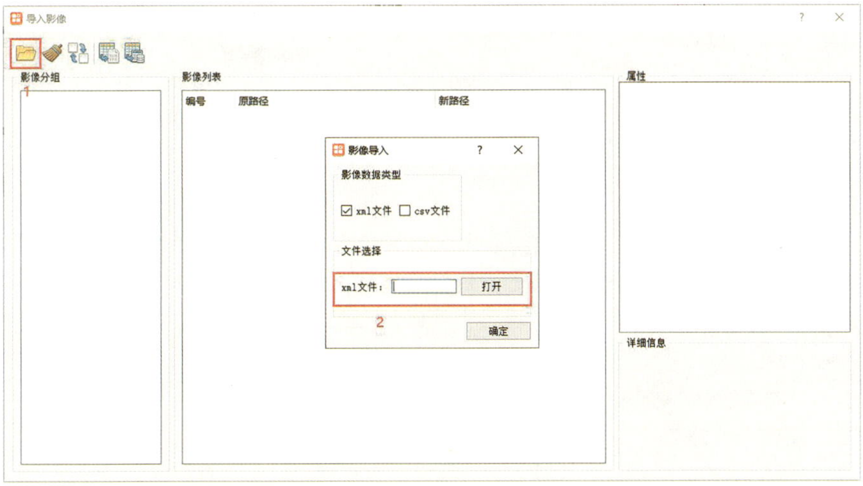

图 9-32　“影像导入”界面

(4)映射影像新路径,在目标目录名称位置点击打开选择空三平差导出的无畸变影像,影像映射前后如图 9-33、图 9-34 所示。

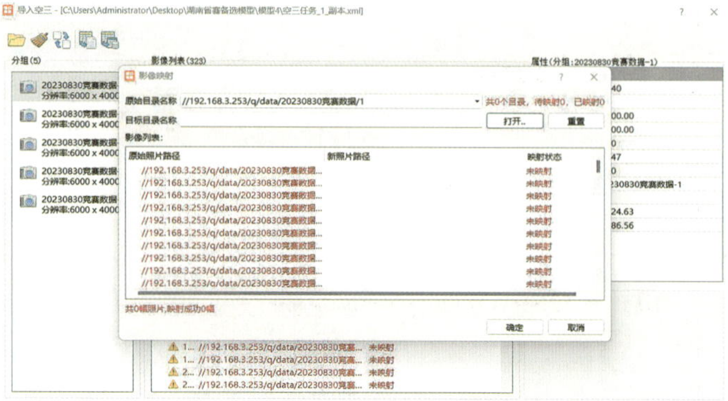

图 9-33　影像映射前

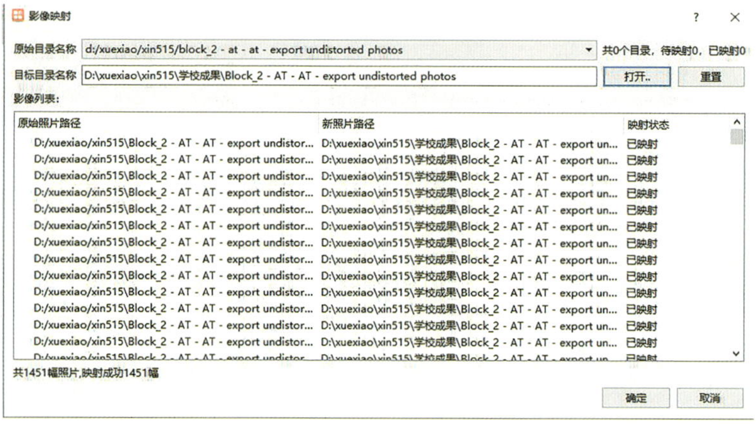

图 9-34　影像映射后

(5)映射完成后,导出文本设置导出位置后确定,导出 Dp Modeler 工程,导出影像设置为默认,等待进度条完成,导出工程界面如图 9-35 所示。

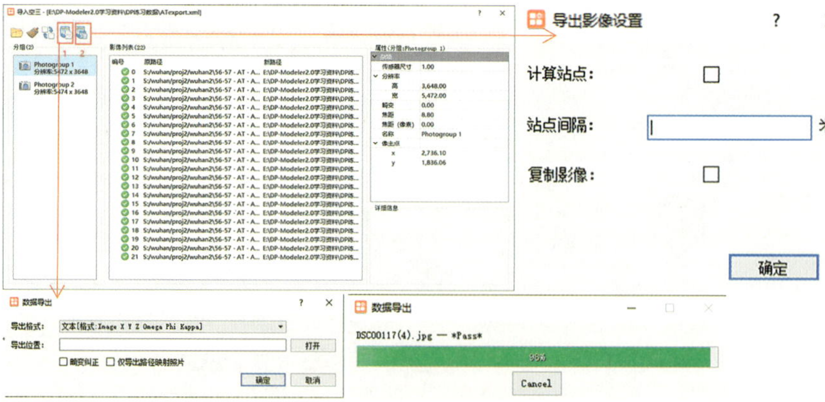

图 9-35　导出工程界面

(6) 切换到 Mesh 界面，依次导入 OSGB 和 OBJ 格式模型文件，设置偏移值导入 metadata.xml 文件，完成后关闭程序，Mesh 设置界面如图 9-36 所示。

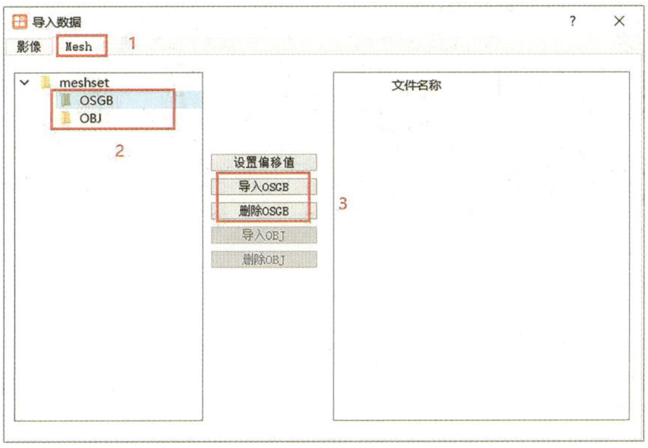

图 9-36　Mesh 设置界面

2. 模型结构编辑

1) 平顶房制作

打开 Dp Modeler 程序，打开解决方案.jas 工程。

(1)“解决方案资源管理器”—“Dp Modeler 文件”—右键“新建”—输入名称，“解决方案资源管理器”界面如图 9-37 所示。

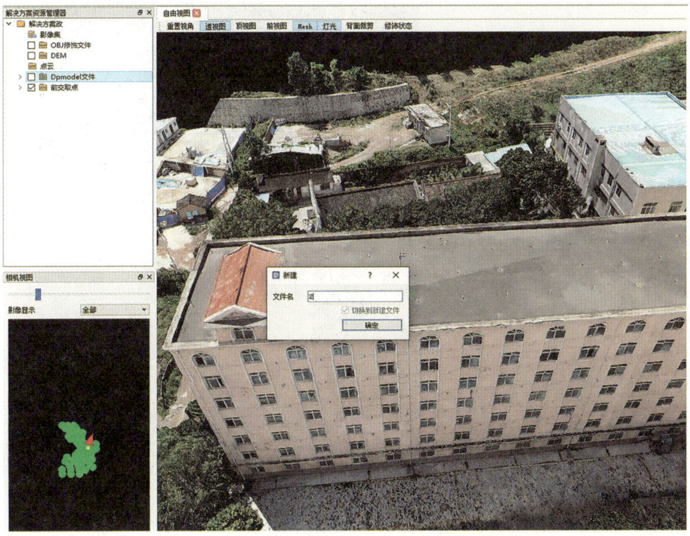

图 9-37　“解决方案资源管理器”界面

(2)“自由视图”—选择目标建筑，“自由视图”界面如图 9-38 所示。

①模型旋转：“Alt”键+鼠标中键；②模型平移：鼠标中键。

(3) 在建筑物顶部设置基准点。

工具箱—建模—激活“基础面”工具—命令属性栏激活单点模式—在自由视图中点击建筑物顶部边缘，基准面设置如图 9-39 所示。

图 9-38　“自由视图”界面

图 9-39　基准面设置

①基准面单点模式：适用于采集高程信息；②基准面两点模式：调整基准面坐标轴方向；③选择顶部边缘时，选择较平坦位置。

（4）点击“相机视图”中的点，投影视图会自动显示该点对应的影像，并且该点变成橘黄色，相机布局视图和投影视图如图 9-40 所示。

①“相机视图”：辅助建模、纹理映射，其中绿色表示四个方向倾斜影像，灰色表示垂直影像；②垂直影像：下视角度影像，看见房屋立面较少的影像；③垂直影像：判断平面位

图 9-40　相机布局视图和投影视图

置(X、Y)；④倾斜影像：判断高程位置(Z)。

(5)在垂直影像上采集建筑物顶部轮廓。

在相机视图中点选离小黄点最近的灰色点，调出垂直影像，“创建工具”—“多边形”，在投影视图中依次点击建筑物顶部角点，勾勒出屋顶轮廓线，右键闭合，建模工作视图如图 9-41 所示。

图 9-41　建模工作视图

①小黄点表示基准点所在位置，离小黄点最近的影像，相机视角最接近垂直。

②勾勒屋顶轮廓时，起始线段选择一条较长边，提高建模精度。

③勾勒完第一条线段后，软件会自动产生直角、相交约束，按钮为“开/关捕捉”。

④相机视图、自由视图、投影视图是相关联的。

⑤查看模型与影像套合。

方式一：默认工具—“调节透明度”—透明度调节工具（使用较多），透明度调节设置如图 9-42 所示。

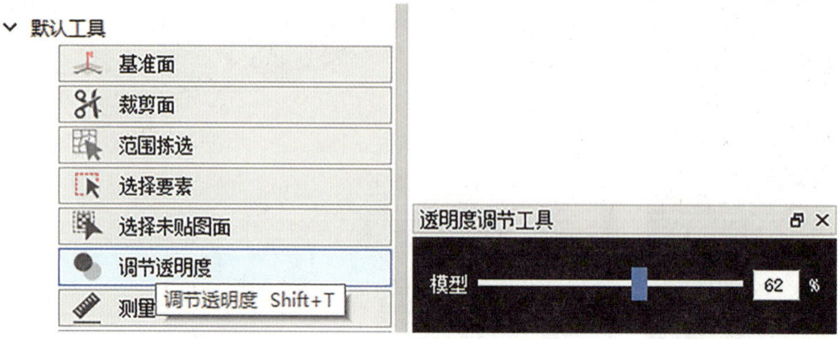

图 9-42　透明度调节设置

方式二：点击“显示模式”按钮—线框、模型、整体三种显示状态切换，显示模式如图 9-43 所示。

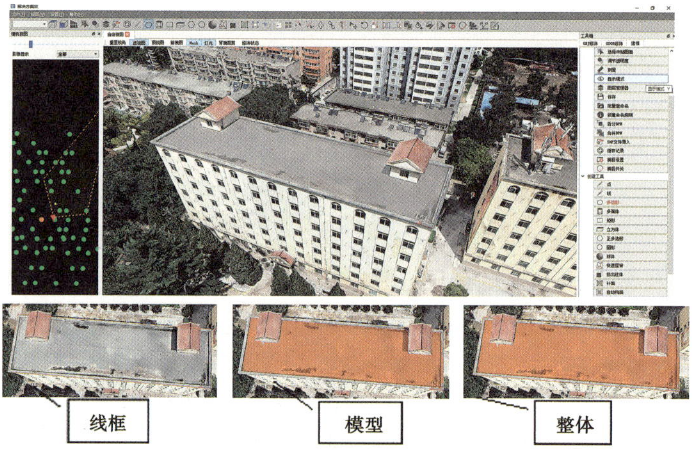

图 9-43　显示模式

⑥调整模型位置。

默认工具—“选择要素”（点、线、面等）—编辑工具—平移，选择移动的轴向，平移操作如图 9-44 所示。

⑦当前移动方向：选择需移动的坐标轴方向，鼠标左键激活后显示为黄色，鼠标指向“坐标轴”箭头，拖动鼠标。

⑧相机视图：切换倾斜影像，检查模型是否与影像套合。

（6）挤出柱体结构。

选择倾斜影像，通过影像判断高度，创建工具—“挤出柱体”—创建房屋主体，挤出柱体效果如图 9-45 所示。

①在倾斜影像上查看建筑底部位置，为看清楚可局部放大，点击鼠标需挤出柱体的“面”要素，变成红色后，移动鼠标到达目标位置，再次点击鼠标结束。

②判断倾斜影像：将房屋立面模型旋转正对自己，相机视图中“红色小三角”指的方向就是所需要的倾斜影像，选择较远位置的影像，能更好地判断建筑物高程。

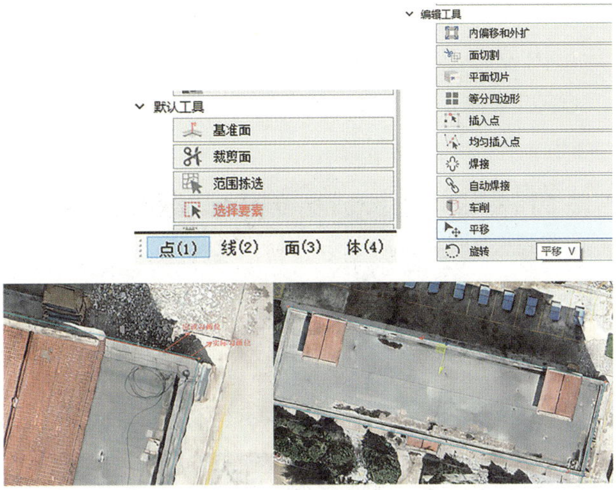

图 9-44　平移操作

图 9-45　挤出柱体效果

（7）女儿墙制作。

选择垂直影像，判断女儿墙宽度，编辑工具—“内偏移和外扩”—做出女儿墙宽度，内偏移效果如图 9-46 所示。

图 9-46　内偏移效果

①女儿墙宽度：点击顶面移动鼠标，参考投影视图确定目标位置，再次点击结束命令。

②内偏移：在多边形内偏移出一个等距的多边形。

选择倾斜影像，判断女儿墙下凹深度，挤出柱体，做出女儿墙高度，构建“内凹型”柱体，女儿墙如图 9-47 所示。

图 9-47　女儿墙

(8)房上房制作。

基准点—点击房上房的屋檐边缘设置基准面位置—选择垂直影像—勾画屋顶轮廓—挤出柱体—做出房屋高度，房上房制作如图 9-48 所示。

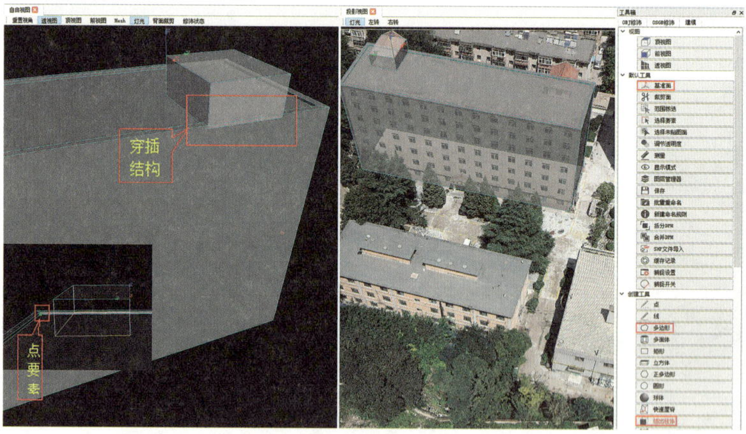

图 9-48　房上房制作

①创建房上房高度：激活需挤出柱体的面，移动鼠标到女儿墙深度位置，出现“点”要素显示为绿色，再次点击结束。

②“点”要素显示为绿色：具有捕捉、吸附功能。

(9)穿插结构：

编辑工具—切割面—点击需切割的面—切割出穿插的部分删除(Delete)—选择“点”

要素—平移—选择移动轴向—鼠标右键拖动—吸附到需要的高度。

穿插结构如图 9-49 所示。

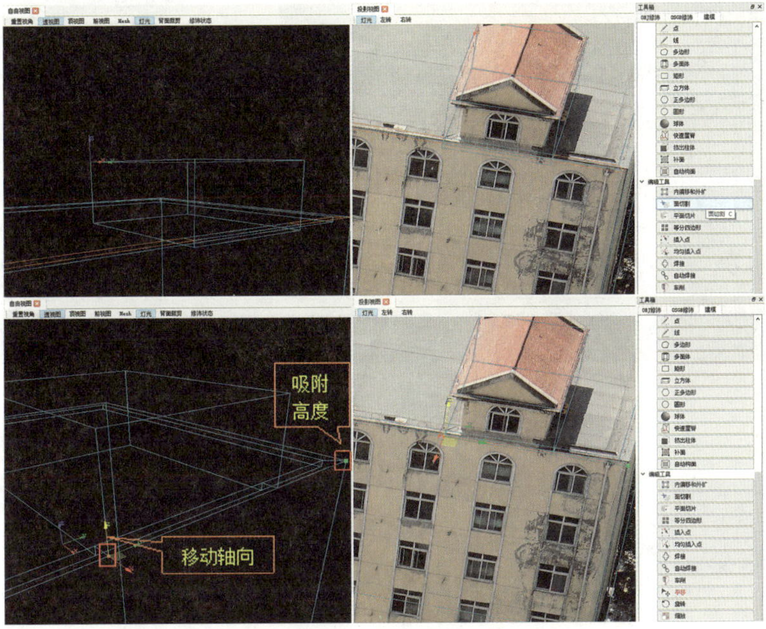

图 9-49 穿插结构

(10)纹理映射:“选择要素”—“面”—“贴图工具”—“自动纹理映射”,自动纹理映射如图 9-50 所示。

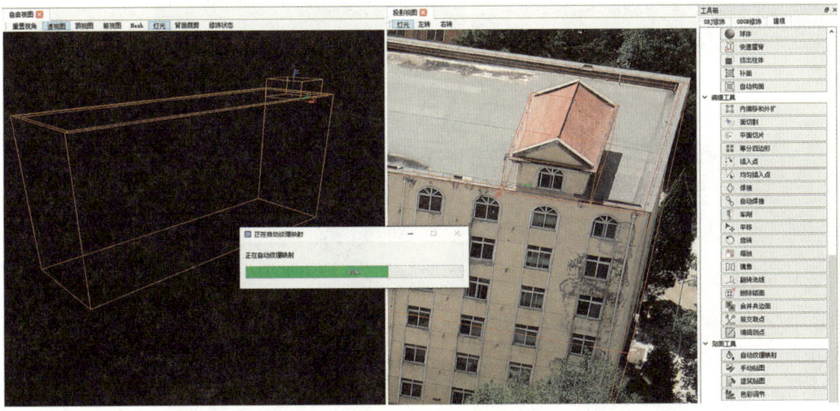

图 9-50 自动纹理映射

PS 设置:“设置”—“全局设置”—“图片编辑器路径”—浏览“PS 桌面图标”,PS 设置如图 9-51 所示。

(11)纹理修改:选择需要修改的面—手动贴图—影像视图(“X”键)—编辑图片(联动 PS)—图片修改并保存—重新加载。修改前如图 9-52 所示,修改后如图 9-53 所示。

依照以上方式,对影像纹理进行修改。

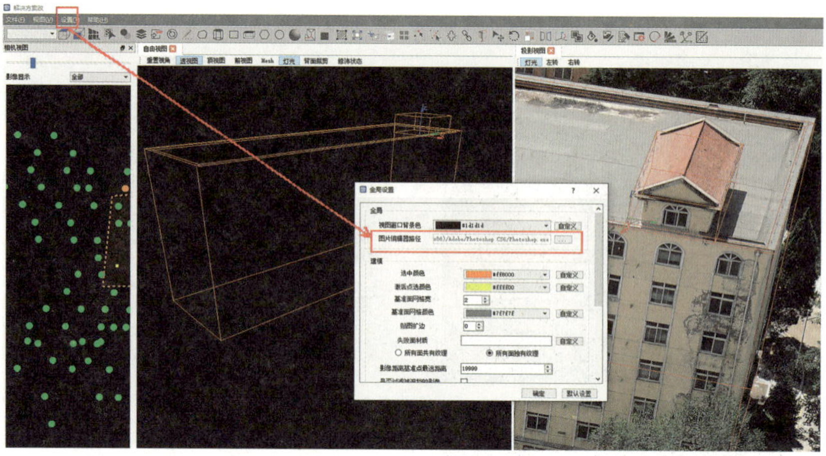

图 9-51　PS 设置

图 9-52　修改前

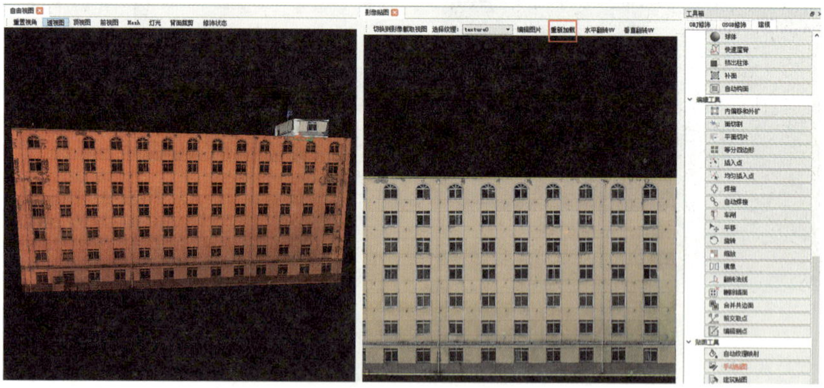

图 9-53　修改后

2）屋脊房制作

（1）“解决方案资源管理器”—“Dp Modeler 文件”—右键“新建模型”—输入名称，如图 9-54 所示。

（2）“建模”—“基础面”—自由视图—点击屋顶边缘，基准面如图 9-55 所示。

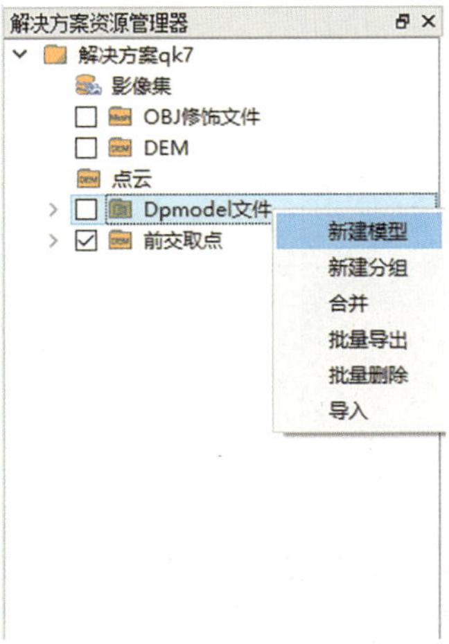

图 9-54　新建模型

图 9-55　基准面

(3)选择垂直影像—创建工具—“多边形”—投影视图—勾勒屋顶轮廓线，如图 9-56 所示。

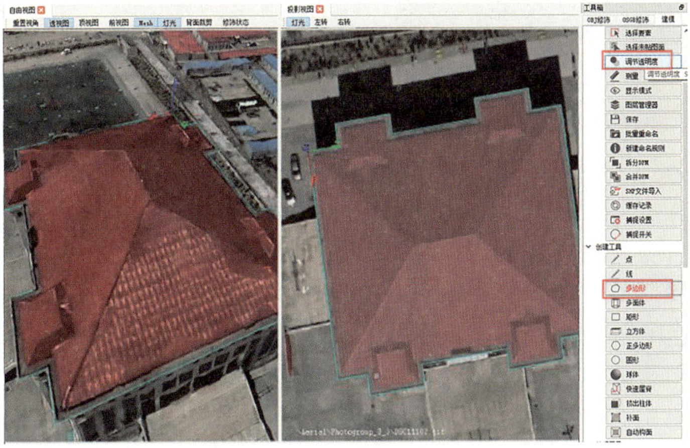

图 9-56　轮廓线创建

（4）选择倾斜影像，激活顶面，挤出柱体，参考投影视图创建屋檐厚度，挤出柱体如图 9-57 所示。

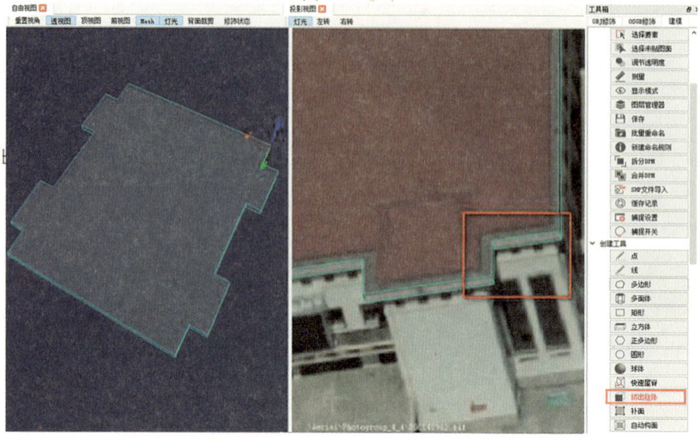

图 9-57 挤出柱体

①建筑要素复制：选择要素—“面”要素—编辑工具—“平移”—选择轴向—“Ctrl+鼠标”拖动，复制出一个面，建筑要素复制如图 9-58 所示。

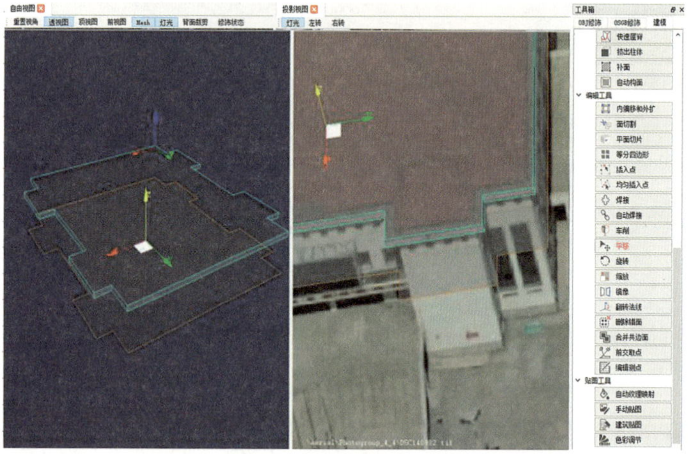

图 9-58 建筑要素复制

②吸附功能：选择要素—编辑工具—“平移”—选择轴向，鼠标右键拖动，“点”要素显示绿色—松开鼠标。移动前如图 9-59 所示，移动后如图 9-60 所示。

（5）“面”要素：选择要素—“面”要素—右键—翻转法线，如图 9-61 所示。

“面”要素方向：灰色为正面，黑色为反面。

（6）选择倾斜影像—选择复制“面”—内偏移和外扩，参考投影视图，紫色铅垂线对齐房屋墙角线，创建屋檐宽度。创建前如图 9-62 所示，创建后如图 9-63 所示。

（7）选择倾斜影像—判断房屋高度—选择“面”要素—“挤出柱体”—创建房屋立体，如图 9-64 所示。

建筑底面（红色显示），需删除。

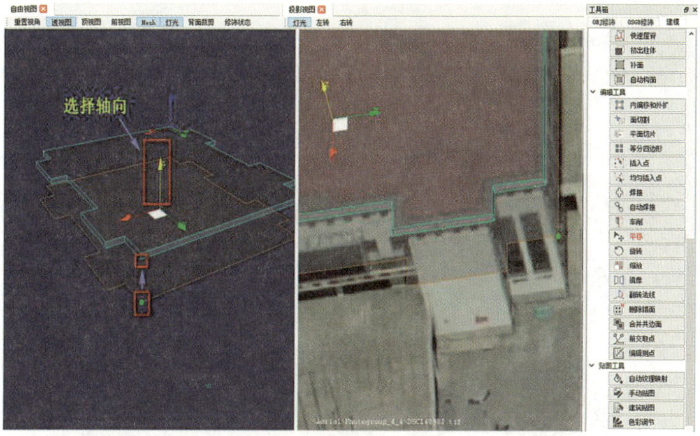

图 9-59　平移前

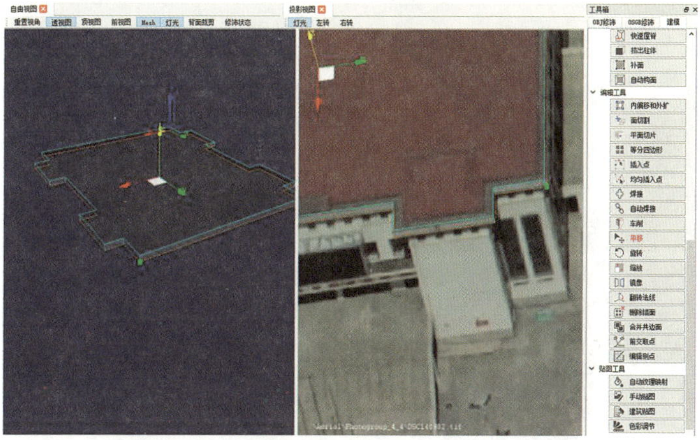

图 9-60　平移后

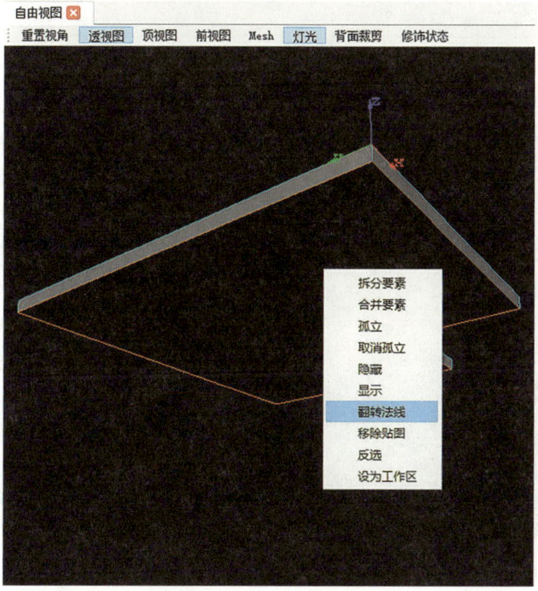

图 9-61　翻转法线

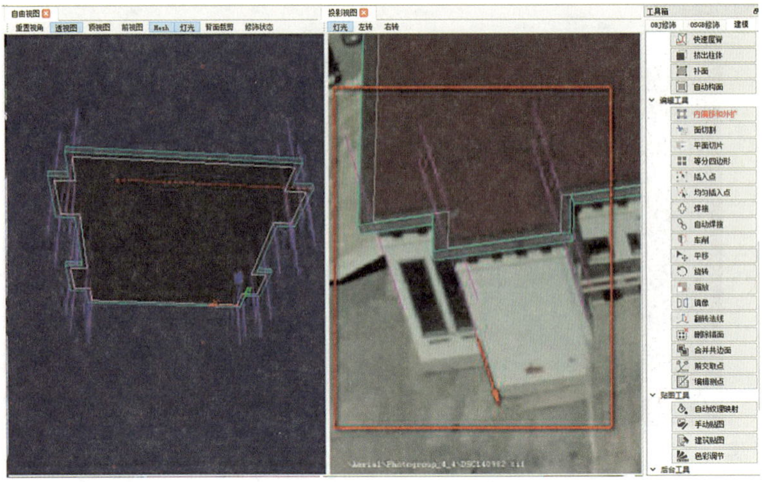

图 9-62　内偏移和外扩使用前

图 9-63　内偏移和外扩使用后

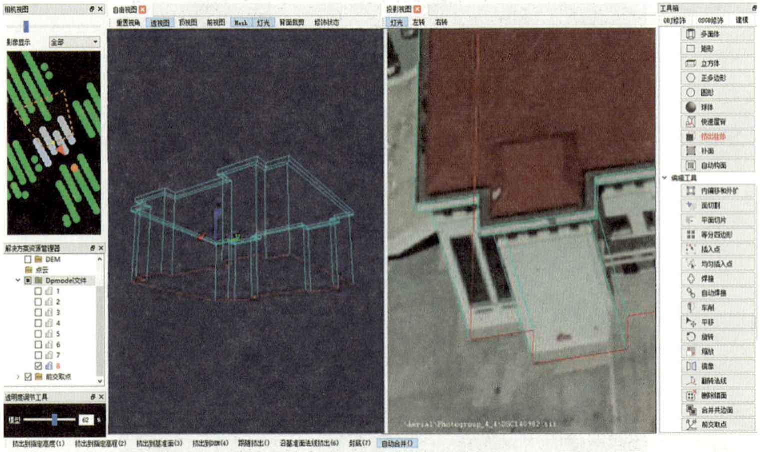

图 9-64　房屋立体

(8)选择垂直影像—“内偏移和外扩”—制作屋檐宽度—“切割面”—人字顶屋檐宽度，如图 9-65 所示。

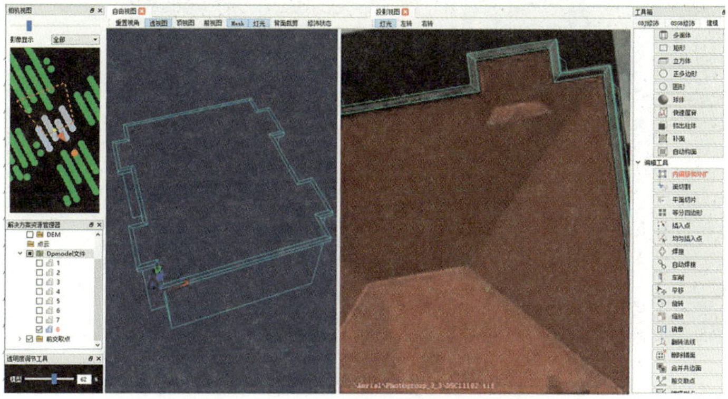

图 9-65　人字顶屋檐宽度制作效果

人字顶：“切割面”将人字顶骨架采集出来，如图 9-66 所示。

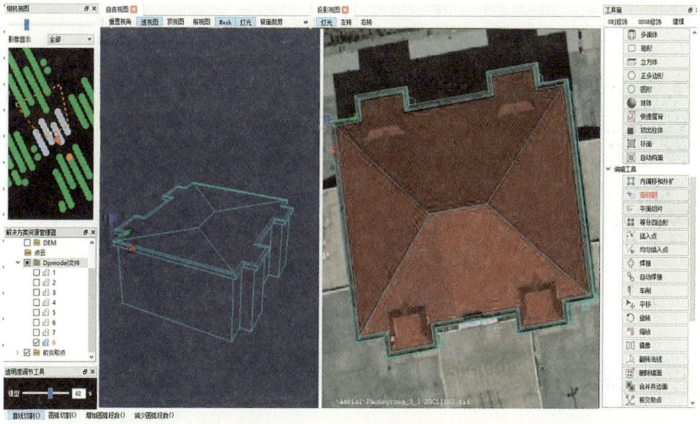

图 9-66　切割面效果

(9)选择倾斜影像—判断人字顶高度—选择“点”要素—平移，激活需要移动的轴向。平移前如图 9-67 所示，平移后，参考投影视图平移，如图 9-68 所示。

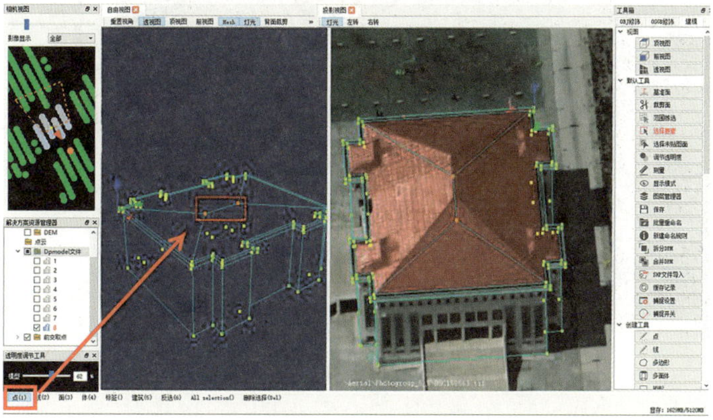

图 9-67　平移前状态

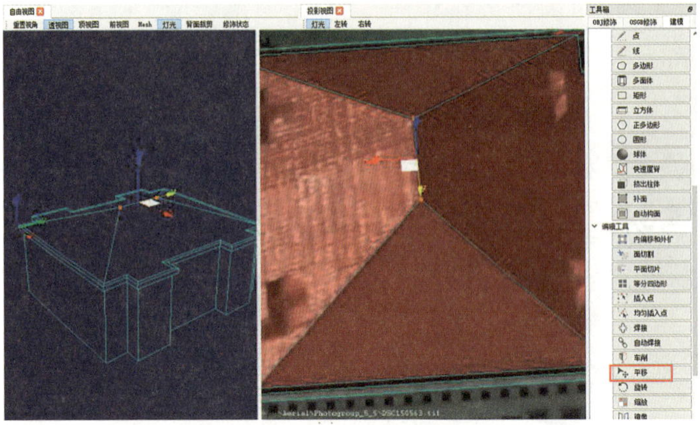

图 9-68　平移后效果

3）附属结构制作

（1）选择房屋立面—“基准面”—双点模式—选择房屋立面上两“点”要素，确定基准面位置及坐标轴方向，基准面如图 9-69 所示。

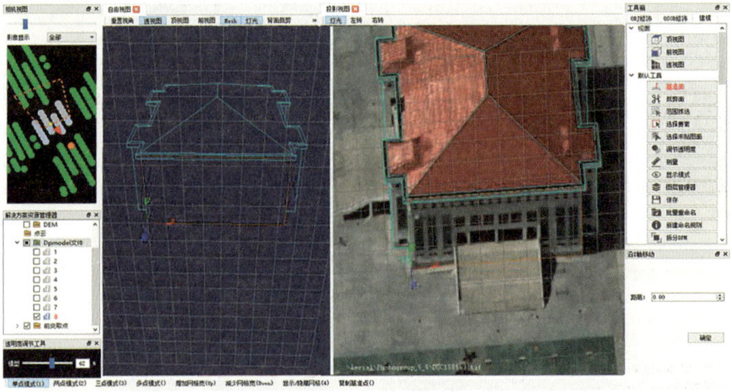

图 9-69　基准面

（2）创建工具—“矩形面”—在房屋立面上绘制矩形，矩形面如图 9-70 所示。

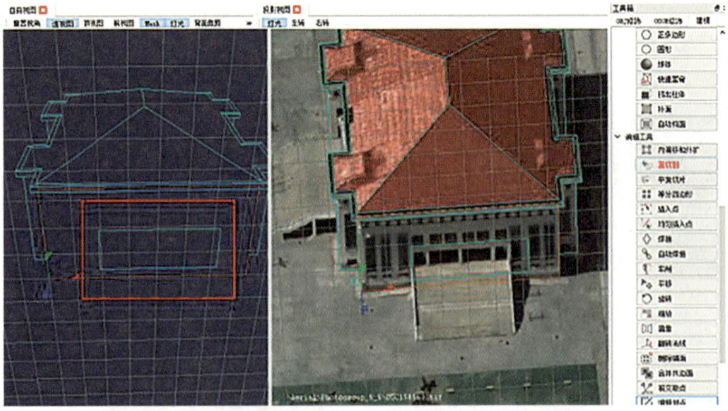

图 9-70　矩形面

（3）“挤出柱体”—选择“面”要素，参考投影视图，创建楼梯主体，楼梯主体如图 9-71 所示。

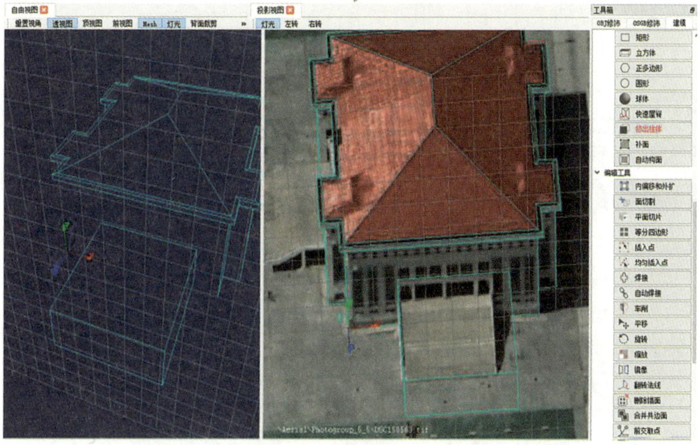

图 9-71　楼梯主体

(4)“相机视图”—影像切换—选择“面”要素—使用“平移”将模型与影像套合，如图 9-72 所示。

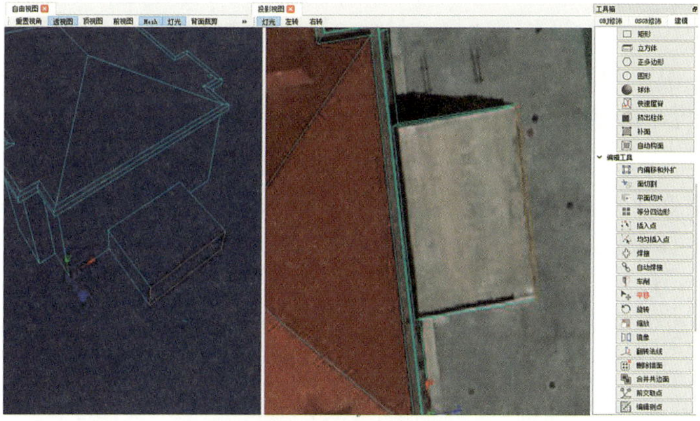

图 9-72　套合后效果

(5)“切割面”—选择垂直影像，参考投影视图切割出台阶，台阶线如图 9-73 所示。

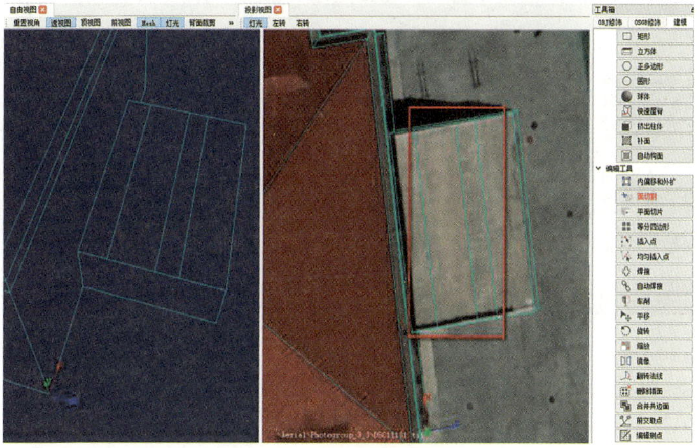

图 9-73　台阶线

(6)选择倾斜影像,激活台阶面,判断台阶高度,平移合适位置,如图 9-74 右侧标注需平移所示。

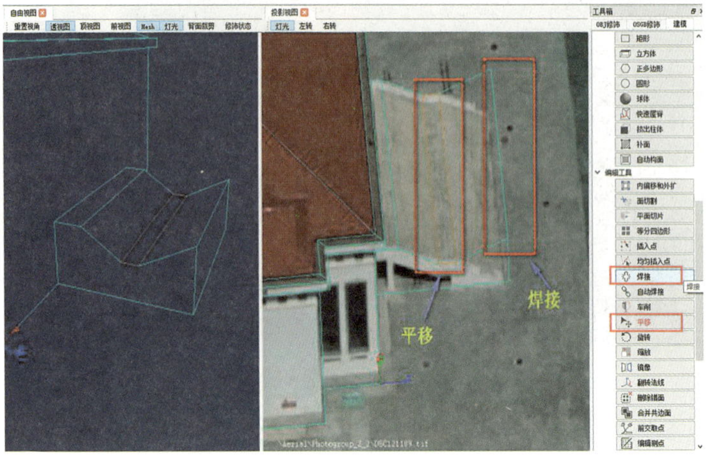

图 9-74　台阶制作

(7)焊接工具,如图 9-74 右侧标注焊接的点要素位置所示。

①焊接:点击不需要的“点”要素,再点击需保留的“点”要素;

②依次制作每个附属结构。

(8)参照平顶房建筑纹理步骤进行纹理映射及修改。

选择建筑—“自动纹理映射”—选择需要修改的纹理—“相机视图”—挑选无遮挡或遮挡较少的纹理—PS 修改并保存—重新加载。

3. 成果导出

(1)“解决方案资源管理器”—“Dp Modeler 文件”—选择图层—右键选择导出成果,导出如图 9-75 所示。

图 9-75　导出

(2)文件类型选择导出“ *. osgb”或“ *. obj”,单击“确定”后选择成果存放路径,如图 9-76 所示。

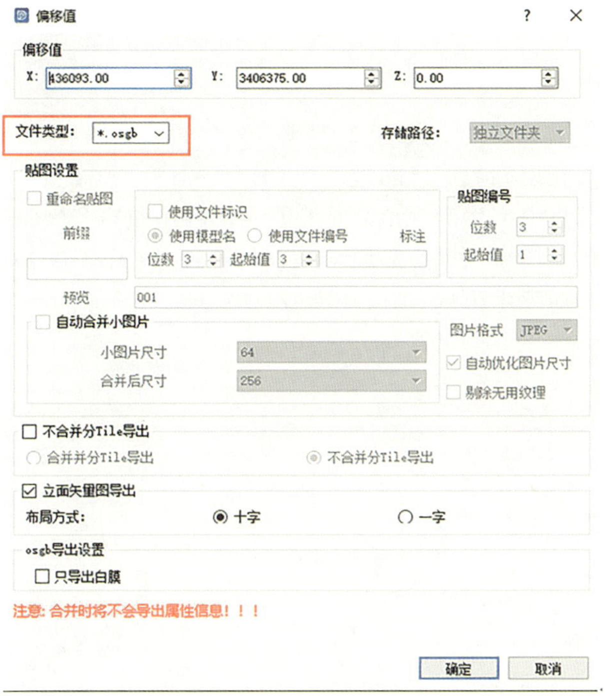

图 9-76　导出设置

4. 常用快捷命令

基准面 Q	顶视图 T	透视图 P
选择要素 S	调节透明度 Shift+T	显示模式 Y
捕捉开关 Shift+S	多边形 G	挤出柱体 E
内偏移和外扩 N	面切割 C	自动纹理映射 A

码 9-5　DP 教学视频

四、任务考核

参考《三维地理信息模型数据产品质量检查与验收》(CH/T 9024—2014)的要求检查,以成果质量为考核核心,兼顾实践教学实际情况制订任务考核标准(见表 9-2)。

表 9-2　实景三维模型单体化任务实施考核标准

序号	内容	说明	比例/%	分项成绩	总成绩
1	考勤	出勤率、纪律情况	30		
2	实践报告	实践活动形成的技术报告	20		
3	实践成果	航空摄影影像成果	10		
4		快拼成果质量报告	40		

注:成果质量报告有明显错误者,综合成绩判断为不合格。

五、学习资源

相关规范：

(1)《实景三维中国建设技术大纲(2021 版)》;

(2)《三维地理信息模型数据产品规范》(CH/T 9015—2012);

(3)《三维地理信息模型生产规范》(CH/T 9016—2012);

(4)《三维地理信息模型数据产品质量检查与验收》(CH/T 9024—2014);

(5)《摄影测量与遥感术语》(GB/T 14950—2009)。

项目十 平民化低空摄影测量实训

一、项目描述

Double Grid 是将计算机网络技术、并行处理技术、高性能计算技术与数字摄影测量处理技术相结合而研制的新一代摄影测量处理平台,该软件打破了传统的摄影测量流程,集生产、质量检查、管理为一体,合理地安排了人、机的工作,充分应用当前先进的数字影像匹配、高性能并行计算、海量存储与网络通信等技术,实现了航空航天遥感数据的自动化快速处理和空间信息的快速获取,其性能远远高于当前的数字摄影测量工作站。

Double Grid 主要针对于低空无人机航片的实际情况,能够快速处理飞行姿态与影像质量较差的无人机航片,实现了自动空三、自动 DEM 与正射影像自动生成、大大提高了自动化程度。在本项目中将基于 Double Grid 平民化低空摄影测量系统,进行 4D 产品生产实践。

二、项目目标

(一)知识目标

(1)通过 4D 产品制作实践深入理解摄影测量成图的相关知识;

(2)掌握摄影测量成图的相关步骤及知识。

(二)能力目标

(1)熟练使用软件进行摄影测量成图;

(2)熟练使用软件进行 DEM、DOM、DLG 生产;

(3)培养学生综合使用软件进行 4D 产品制作的能力。

(三)素质目标

(1)通过摄影测量成图操作的学习,培养学生独立思考、勇于创新的素质;

(2)培养学生结合相关规范进行测绘成果质量自查的素养。

三、项目实施

(一)项目参考标准

《测绘产品检查验收规定》(CH 1002—1995);

《测绘产品质量评定标准》(CH 1003—1995);

《无人机航摄安全作业基本要求》(CH/Z 3001—2010);

《低空数字航空摄影测量内业规范》(CH/T 3003—2021);

《低空数字航空摄影测量外业规范》(CH/T 3004—2021);

《低空数字航空摄影规范》(CH/T 3005—2021);

《数字测绘成果质量检查与验收》(GB/T 18316—2008);

《数字航空摄影测量 空中三角测量规范》(GB/T 23236—2009)；

《国家基本比例尺地图图式 第 1 部分：1∶500 1∶1 000 1∶2 000 地形图图式》(GB/T 20257.1—2017)；

《基础地理信息数字成果 数据组织及文件命名规则》(CH/T 9012—2011)；

《基础地理信息数字成果 1∶500 1∶1 000 1∶2 000 数字线划图》(CH/T 9008.1—2010)；

《基础地理信息数字成果 1∶500 1∶1 000 1∶2 000 数字高程模型》(CH/T 9008.2—2010)；

《基础地理信息数字成果 1∶500、1∶1 000、1∶2 000 数字正射影像图》(CH/T 9008.3—2010)。

(二)项目流程

平民化低空摄影测量系统操作流程见图 10-1。

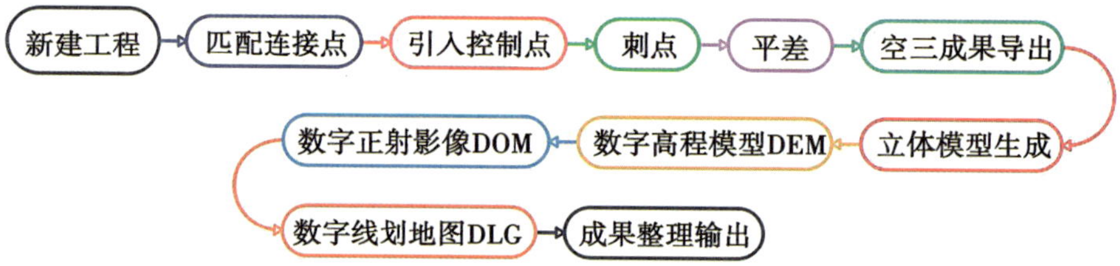

图 10-1　平民化低空摄影测量系统操作流程

(三)任务实施

【任务】　平民化摄影测量系统

Double Grid 平民化低空摄影测量系统充分应用当前先进的数字影像匹配、高性能并行计算、海量存储与网络通信等技术，实现了航空航天遥感数据的自动快速处理和空间信息的快速获取，能满足三维空间信息快速采集与更新的需要，可推广应用于国家基础测绘、城市地理信息动态更新、国土资源调查、生态环境监测等多个领域，以其为例介绍摄影测量成图的内容。

1. 资料准备

测图所需资料包括影像数据(原始影像)、控制点资料(点位图、点位分布图、控制点坐标)、航飞高度、坐标设置资料、相关技术要求等。

2. 创建工程

(1)打开 Double Grid 软件，在弹出的主界面，单击菜单栏中的“文件(F)”，选择“新建(N)”，如图 10-2 所示。

(2)弹出新建工程窗口，单击工程路径后的“浏览”；弹出“浏览文件夹”界面，选择盘符（例如：D 盘)，单击“新建文件夹(M)”，按要求命名文件(注意：不能是中文、空格等特殊符号)，鼠标左键点击“确定”，如图 10-3 所示。

(3)鼠标左键单击 Image Name 下的“添加影像”，弹出“Select Images”界面，选择航飞获取的原始影像文件夹，将影像数据全部选中，鼠标左键单击“打开(O)”，软件回到“新建工程”界面，如图 10-4 所示。

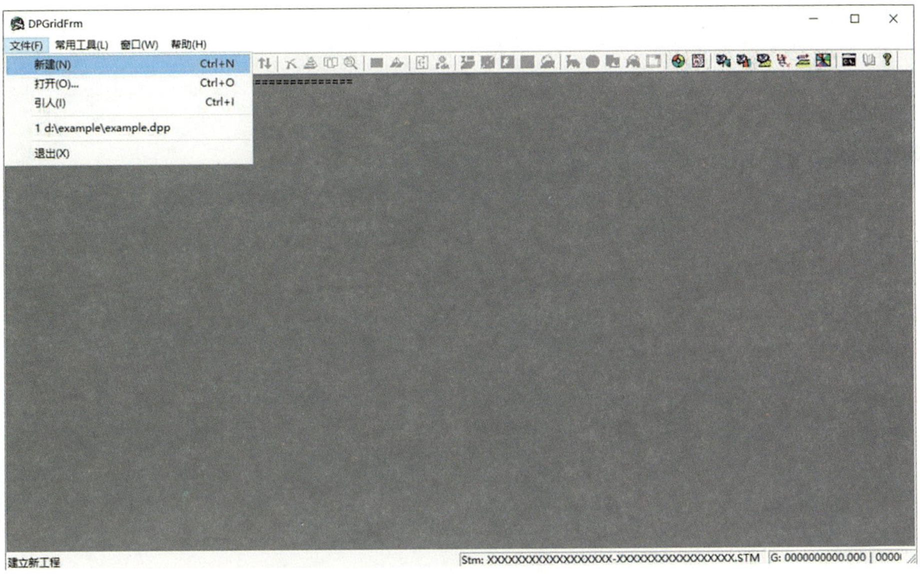

图 10-2　Double Grid 软件主界面

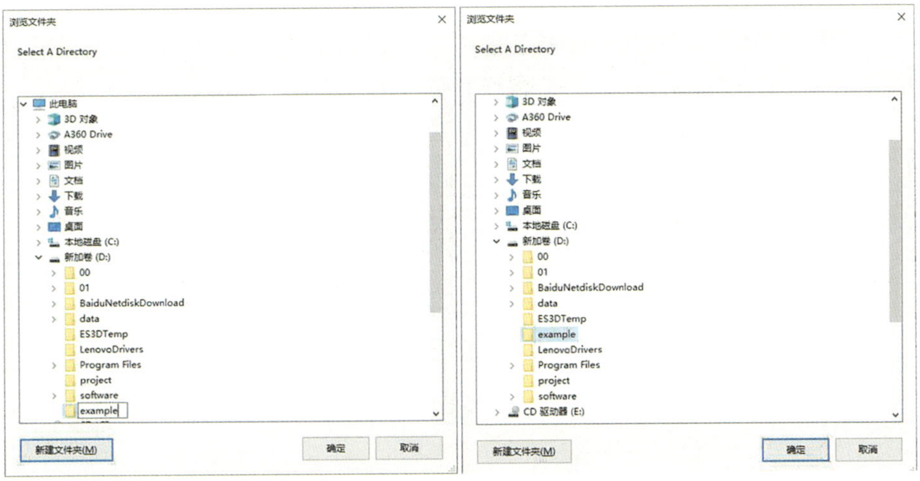

图 10-3　新建文件夹

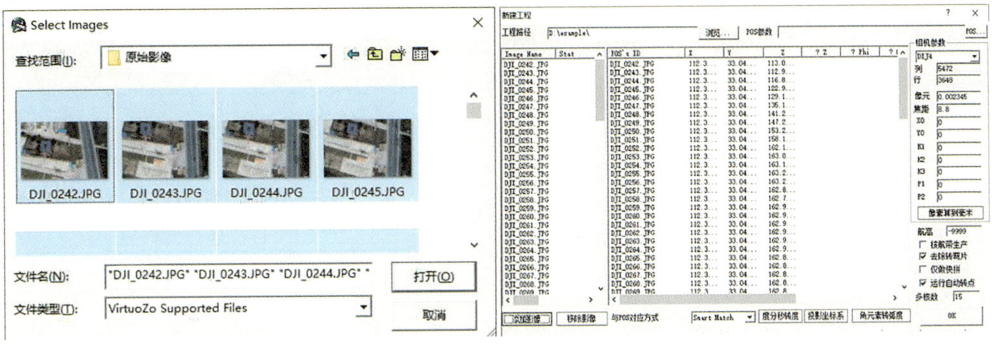

图 10-4　添加影像

(4)鼠标左键单击“投影坐标系”，弹出“椭球坐标系统设置…”界面，根据控制点坐标系统信息，设置“椭球信息”“投影系统”“中央经线”，鼠标左键单击“确定”，如图 10-5 所示。

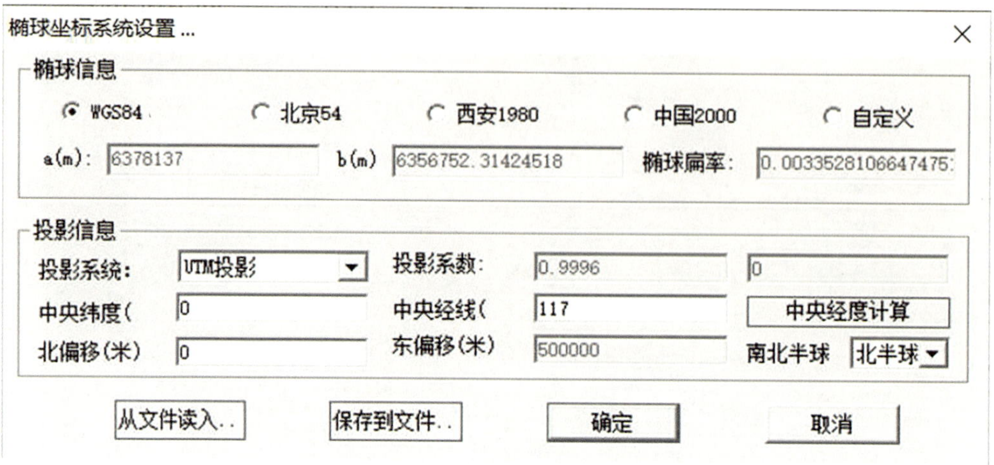

图 10-5　投影坐标系统设置

(5)将“新建工程”界面右下角航高改为实际航飞高度，勾选“去除转弯片”，点击“OK”开始处理，如图 10-6 所示。

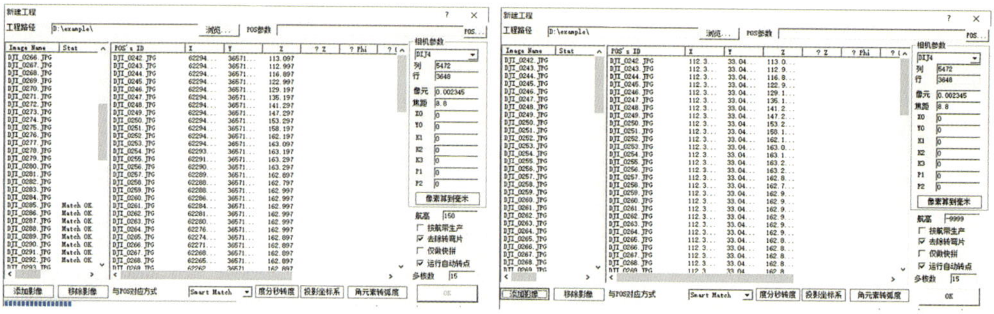

图 10-6　航向设置

3. 匹配连接点及引入控制点

(1)鼠标左键单击菜单栏中的“定向生产(T)”，选择“空中三角测量”下的“匹配连接点”(或鼠标左键单击工具栏中的“匹配连接点”)，进入“Extract TiePoints”界面，如图 10-7 所示。

(2)在“Extract TiePoints”界面中勾选“精细匹配(做空三必选)”，其他保持默认，鼠标左键单击“确认”，直至运行完成后自动退出界面，如图 10-8 所示。

(3)鼠标左键单击菜单栏中的“文件(F)”，选择“地面控制点”，弹出地面控制点参数窗口，如图 10-9 所示。

(4)鼠标左键单击“引入”，选择“控制点文件”，点击“打开(O)”，鼠标左键单击“保存”，如图 10-10 所示。

4. 刺点及成果输出

(1)鼠标左键单击菜单栏中的“定向生产(T)”，选择“空中三角测量”下的“平差与编辑”(或鼠标左键单击工具栏中的“平差与编辑”)，进入“TMAtEdit”界面，如图 10-11、图 10-12 所示。

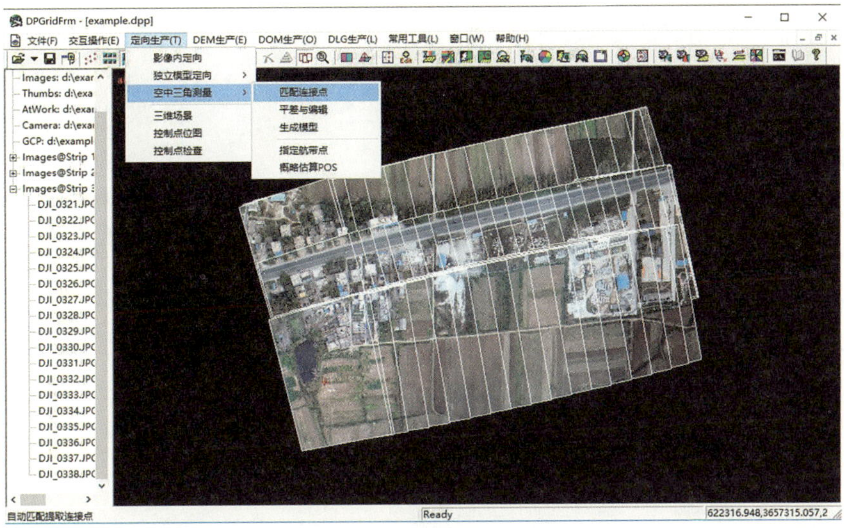

图 10-7　匹配连接点

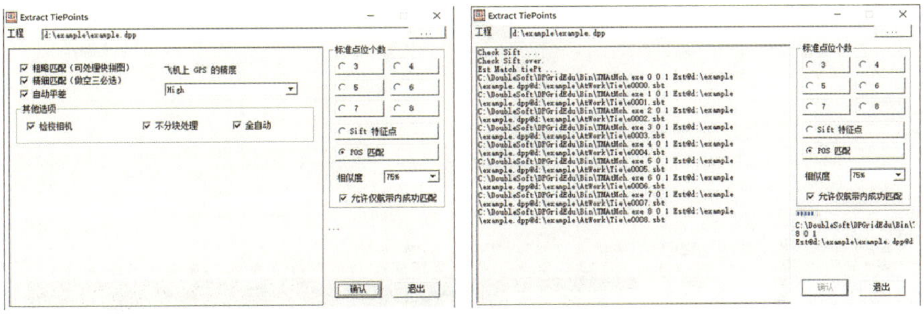

图 10-8　匹配连接点设置

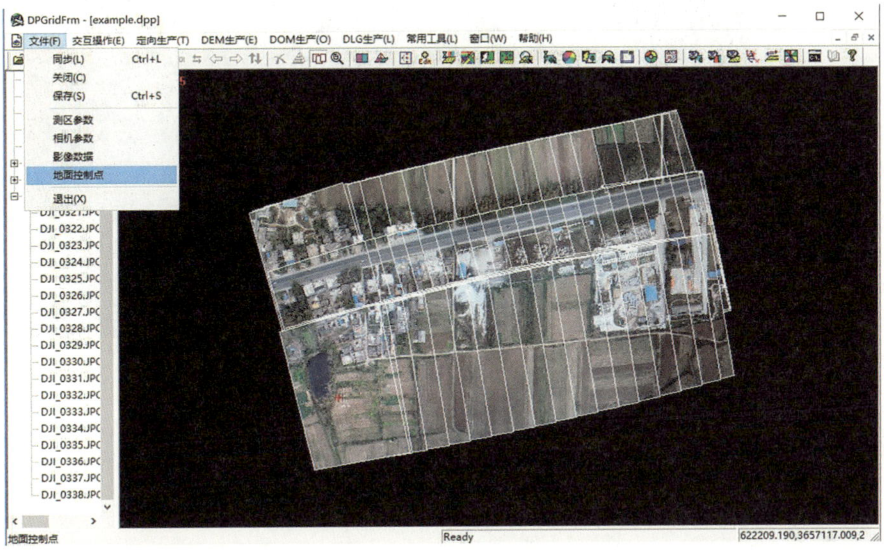

图 10-9　引入控制点

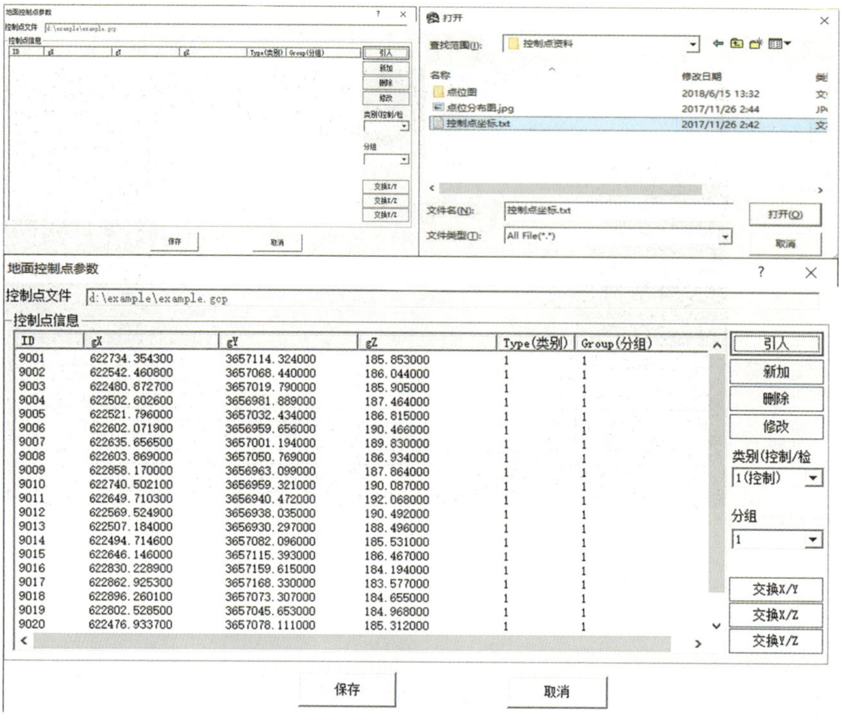

图 10-10　引入控制点流程

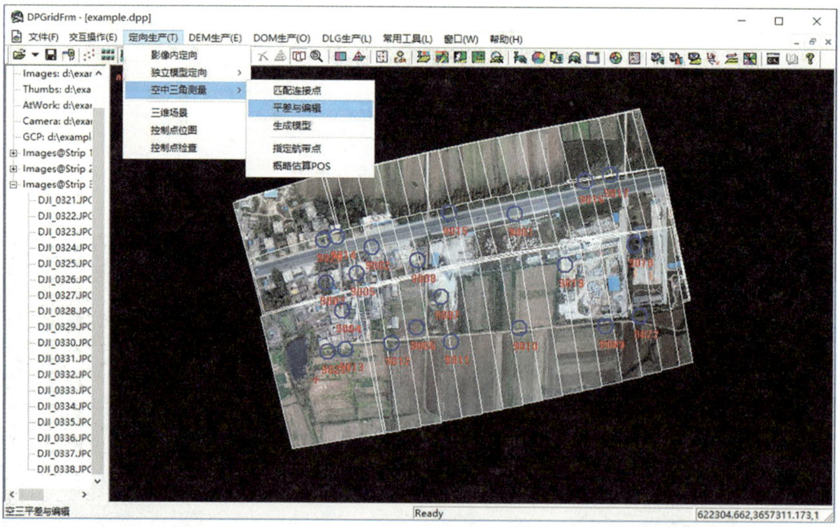

图 10-11　平差与编辑

(2)鼠标左键单击工具栏中的“处理(P)”—“匹配加连接点”,如图 10-13 所示。

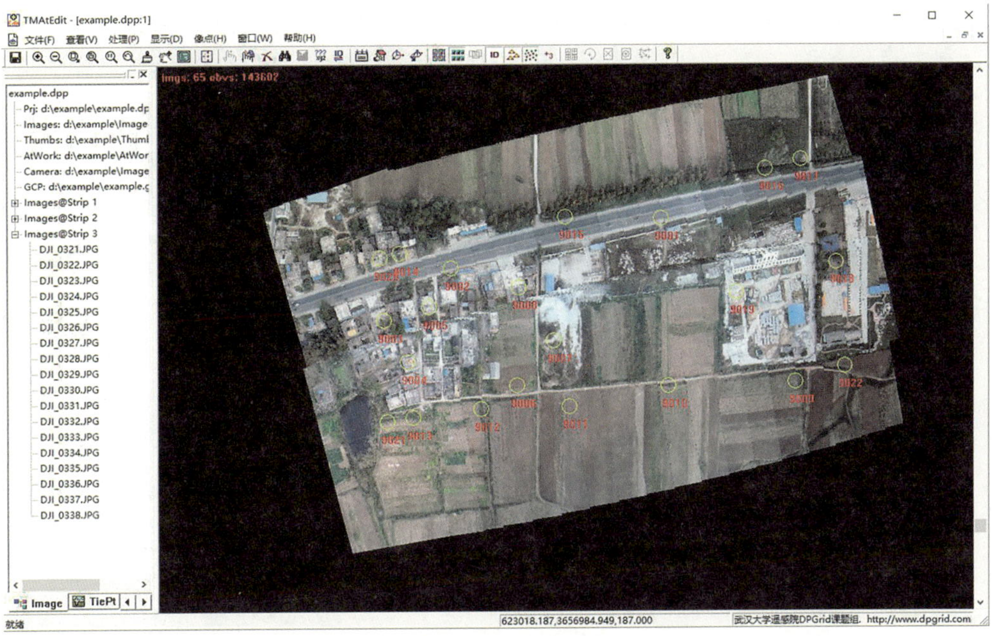

图 10-12　控制点点位

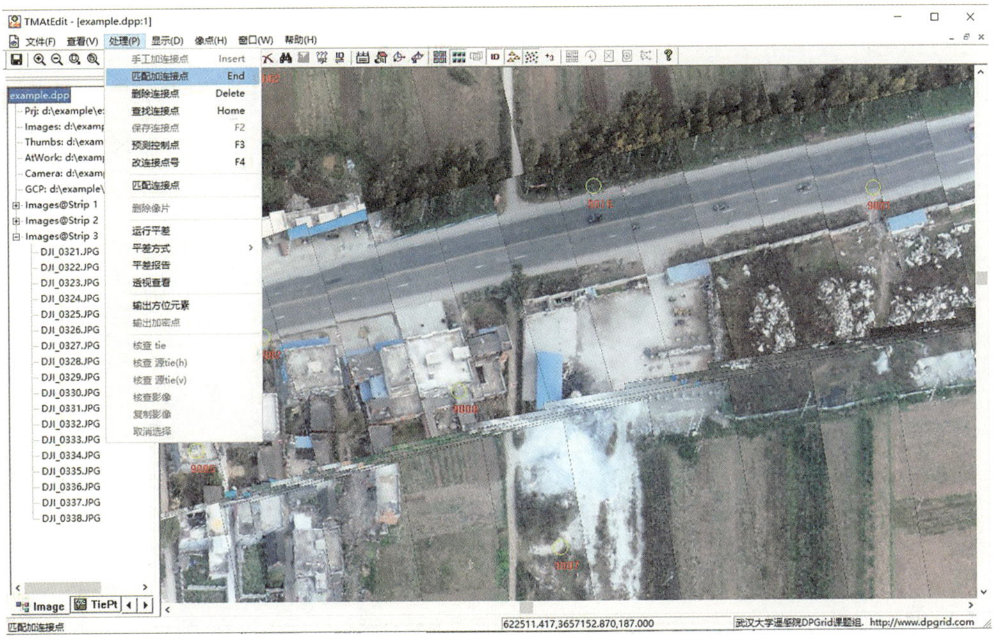

图 10-13　匹配加连接点

(3)根据像控点资料,在图上选取对应的控制点进行刺点,刺点步骤:先粗刺点再精刺点,每个点位精刺之后,单击“保存”,如图 10-14 所示。

图 10-14　刺点流程

(4)鼠标左键单击菜单栏中的“处理(P)”,选择“运行平差”(或鼠标左键单击工具栏中的“运行平差”),弹出“Adjust Frame Camera V2.0”界面,如图 10-15 所示。

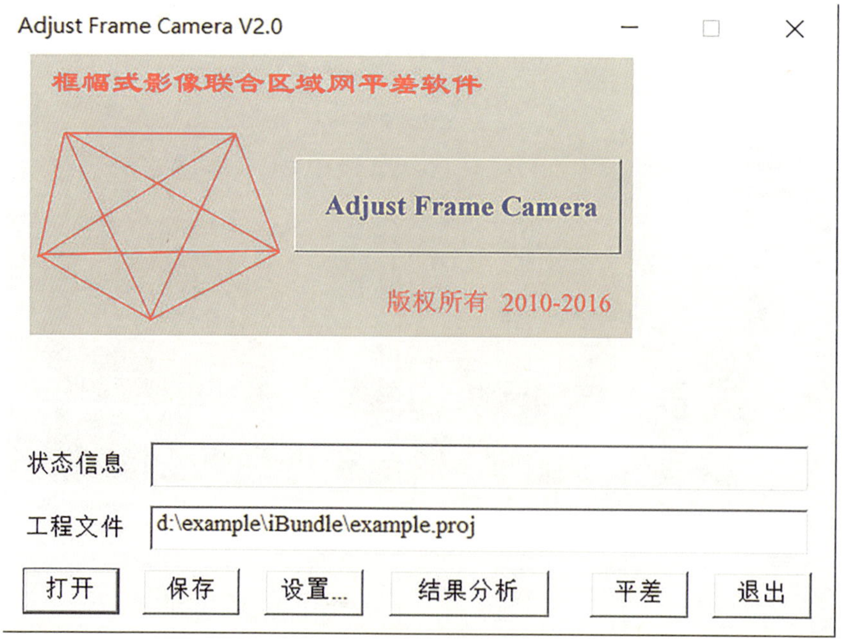

图 10-15　平差

（5）鼠标左键单击“设置”按钮，弹出“Bundle Adjustment Setup”界面，如图 10-16 所示。

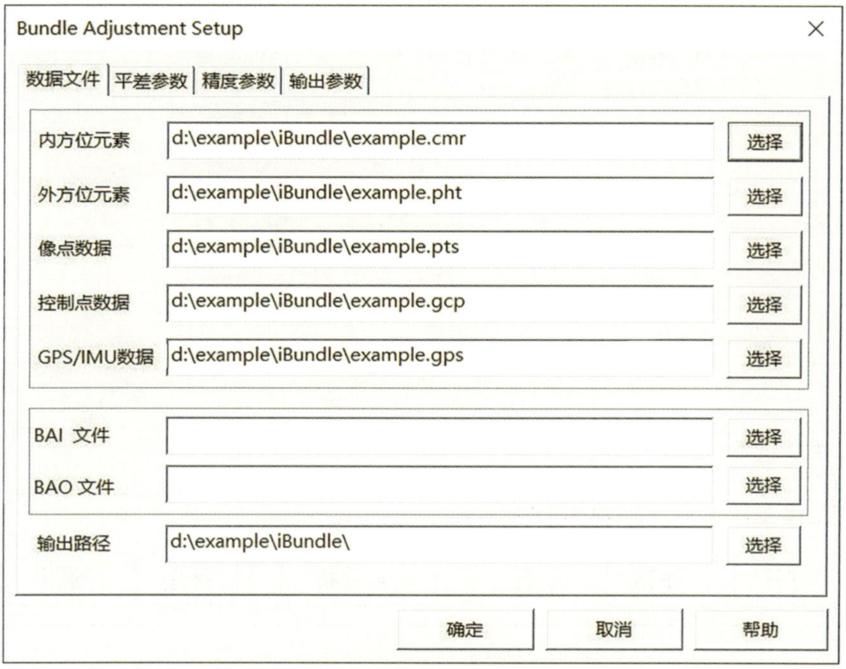

图 10-16　平差参数设置

（6）修改控制点精度（平面值和高程值）和 GPS 精度（平面值、高程值，勾选天线分量、航带漂移、线性漂移），其他保持默认，鼠标左键单击“确定”按钮，如图 10-17 所示。

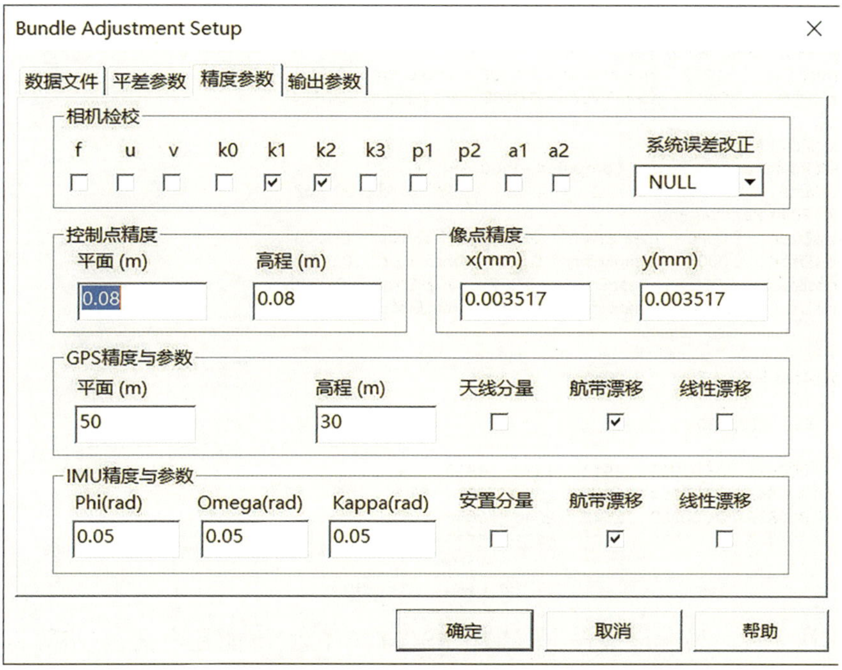

图 10-17　平差精度参数设置

(7)鼠标左键单击“平差”按钮,运行完成后点击“退出”按钮,如图 10-18 所示。

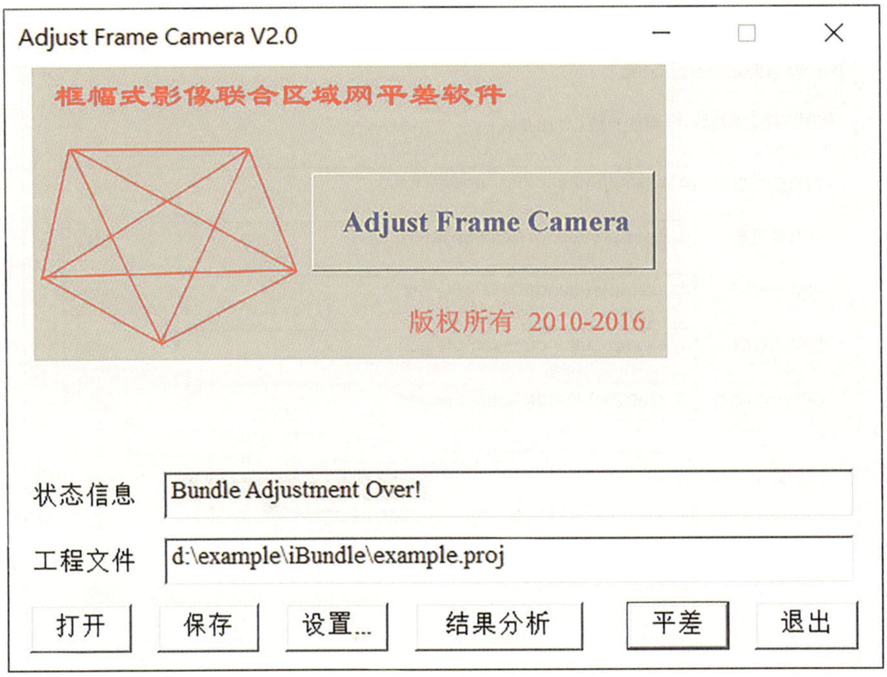

图 10-18　平差完成

(8)鼠标左键单击菜单栏中的“处理(P)”,选择“平差报告”(或鼠标左键单击工具栏中的“平差报告”),查看精度;若控制点精度超限,可返回刺点步骤重新调整或添加,如图 10-19 所示。

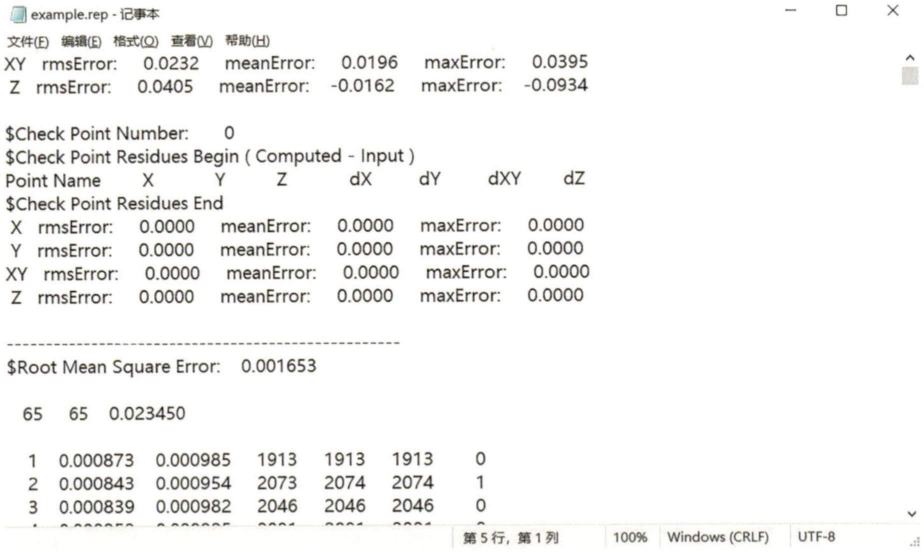

图 10-19　平差报告

(9)确认无误后另存该报告,命名为“KS. txt”(注意:不能是中文、空格等特殊符号),如图 10-20 所示。

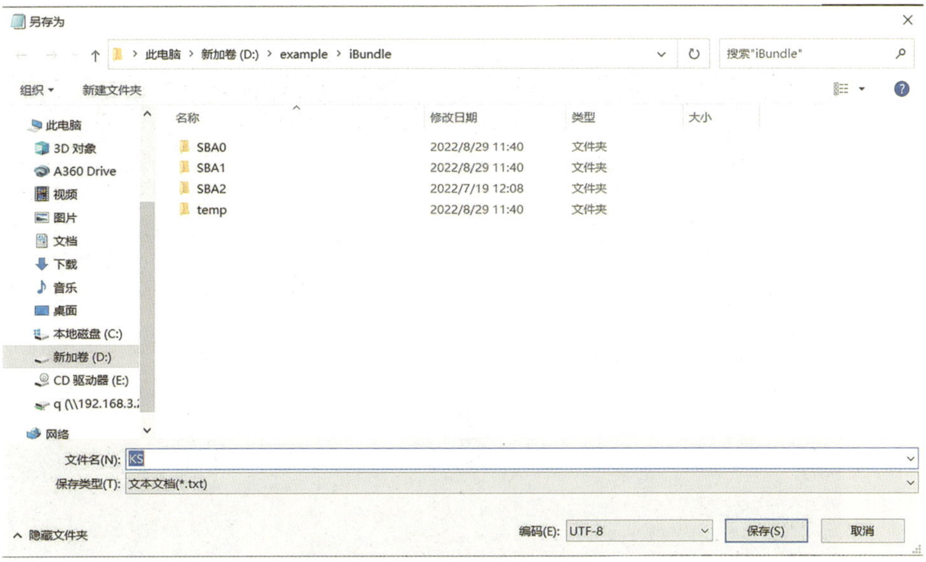

图 10-20　平差报告保存格式

(10)鼠标左键单击菜单栏中的“处理(P)”,选择“输出方位元素”(或鼠标左键单击工具栏中的“输出方位元素”),如图 10-21 所示。

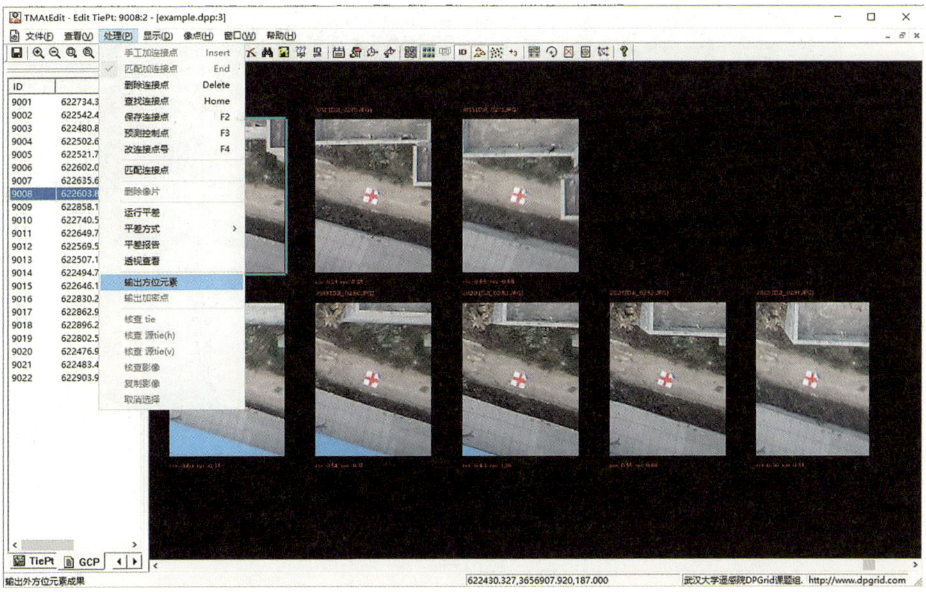

图 10-21　输出方位元素

(11)单击“是(Y)”,弹出成功导出平差成果,如图 10-22 所示。

(12)单击“确定”,关闭“TMAtEdit”界面,如图 10-23 所示。

5. 立体模型生成

(1)鼠标左键单击菜单栏中的“定向生产(T)”,选择“空中三角测量”下的“生成模型”(见图 10-24),弹出“立体模型参数”界面,如图 10-25 所示。

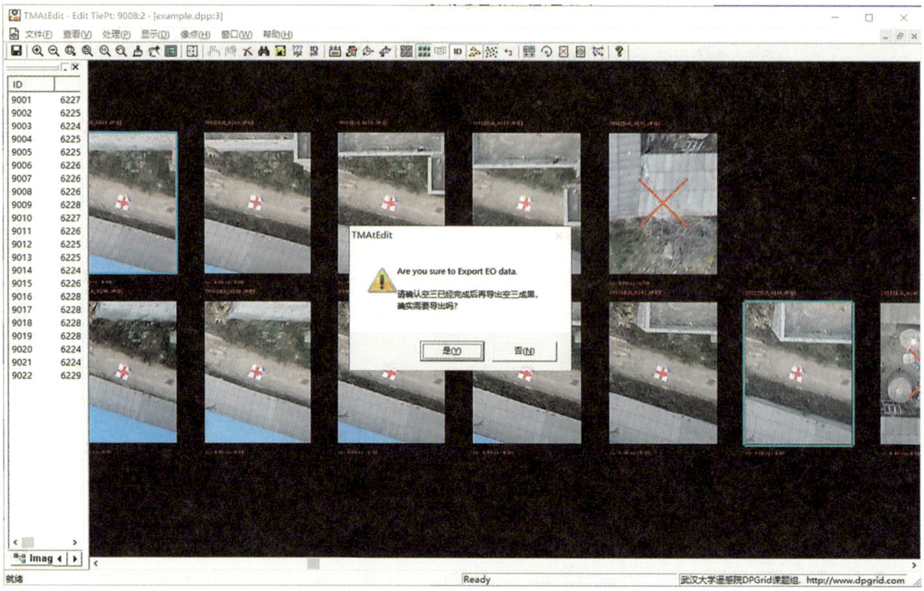

图 10-22　导出平差成果

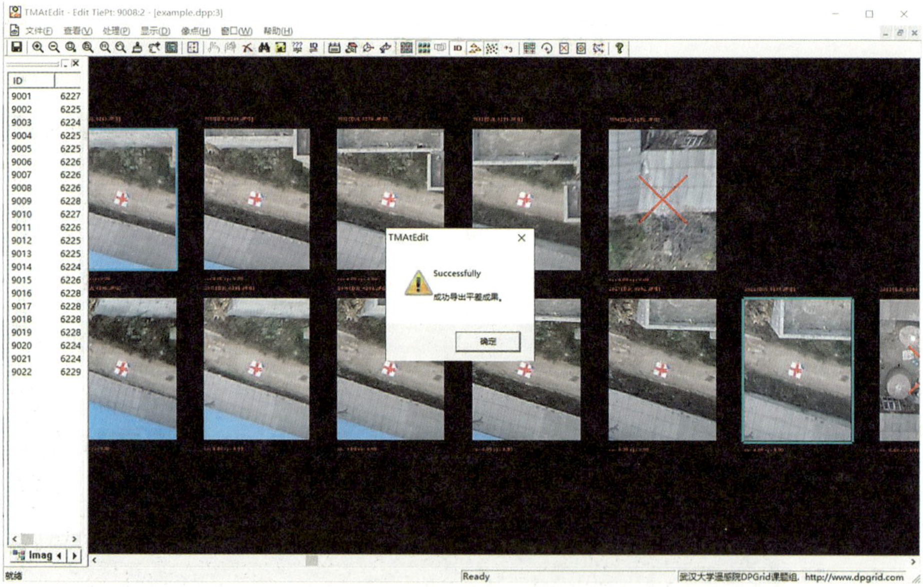

图 10-23　导出平差成果完成

(2)鼠标左键勾选“航带优先”选项,单击“自动产生”按钮,单击“确认”,如图 10-25 所示。

6. 数字高程模型 DEM

1)点云生成

(1)鼠标左键单击菜单栏中的“DEM 生产(E)”,选择“密集匹配”(或鼠标左键单击工具栏中的“密集匹配”),弹出“DPDem Mch”界面,如图 10-26 所示。

(2)鼠标左键单击菜单栏中的“处理(P)”,选择“匹配整个测区”,弹出“DEM Matching”

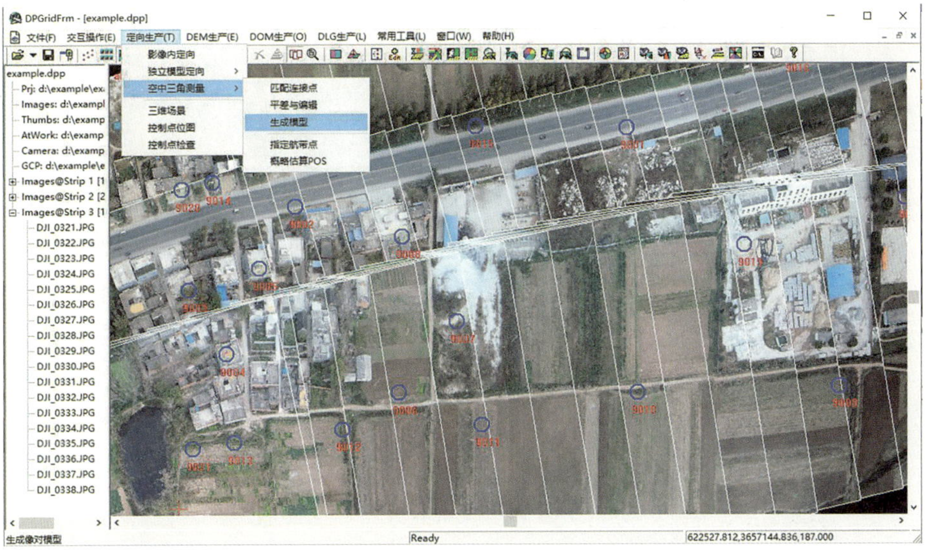

图 10-24　生成模型

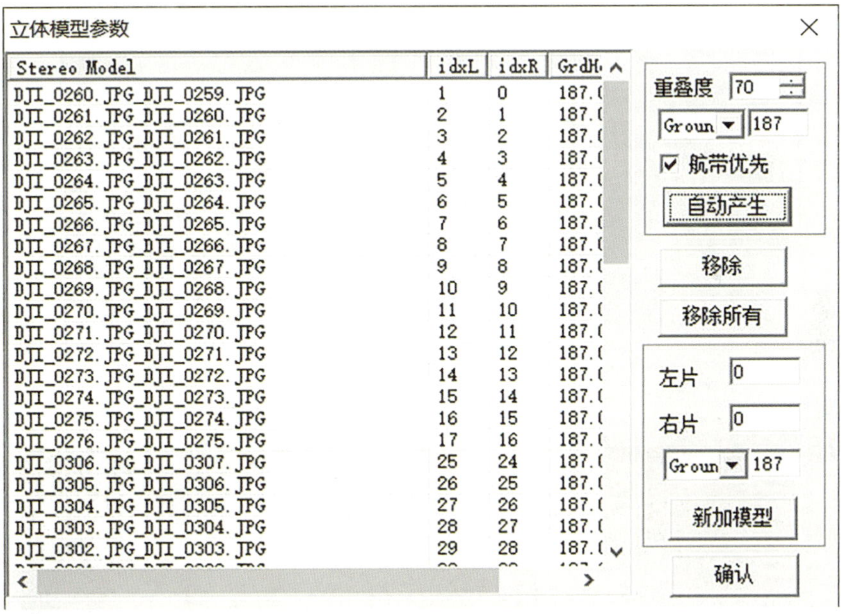

图 10-25　生成模型设置

界面,如图 10-27 所示。

(3)将 DEM 间隔改为 1(此值根据成图比例尺可进行调整),匹配方式改为“ETM 双扩展匹配”,点击“OK”按钮,直至运行完毕后 DEM Matching 界面自动关闭,如图 10-28 所示。

码 10-1　新建工程及空三制作

图 10-26　密集匹配

图 10-27　匹配整个测区

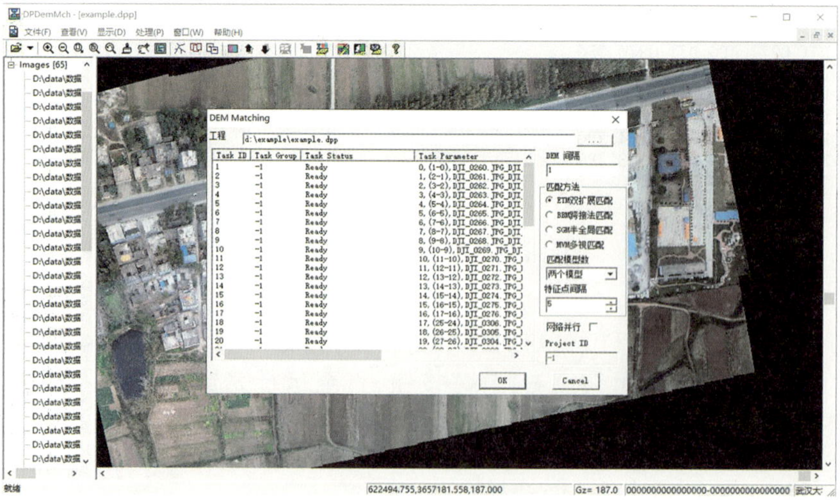

图 10-28　匹配测区设置

(4)鼠标左键单击菜单栏中的“处理(P)”,选择“编辑匹配点云”(见图 10-29),弹出“DPFilter”界面,如图 10-30 所示。

图 10-29 编辑匹配点云

2)生成 DEM 成果

(1)鼠标左键单击菜单栏中的“处理(P)”,选择“点云生成 DEM”,弹出生成“DEM”界面,如图 10-30 所示。

图 10-30 生成 DEM

(2)鼠标左键单击 DEM 后的“加载显示”,弹出“另存为”界面,将文件存放到工程的 DEM 目录下,命名为:DEM(注意:不能是中文、空格等特殊符号),点击保存,如图 10-31 所示。

(3)将“*X* 间隔”和“*Y* 间隔”改为 1(此值根据成图比例尺可进行调整),选择“三角网算法”,勾选“平滑”“无效区”“滤波”,点击“确定”,如图 10-32 所示。

(4)在弹出的对话框中选择“否(N)”;关闭“DPFilter”界面,回到主界面,如图 10-33 所示。

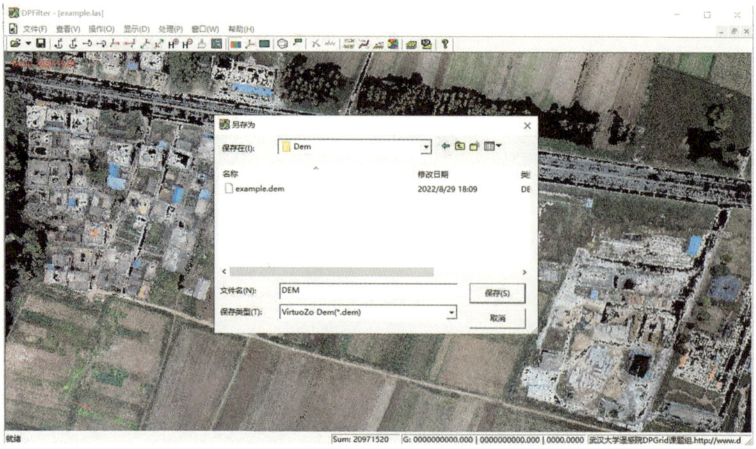

图 10-31　DEM 存放路径

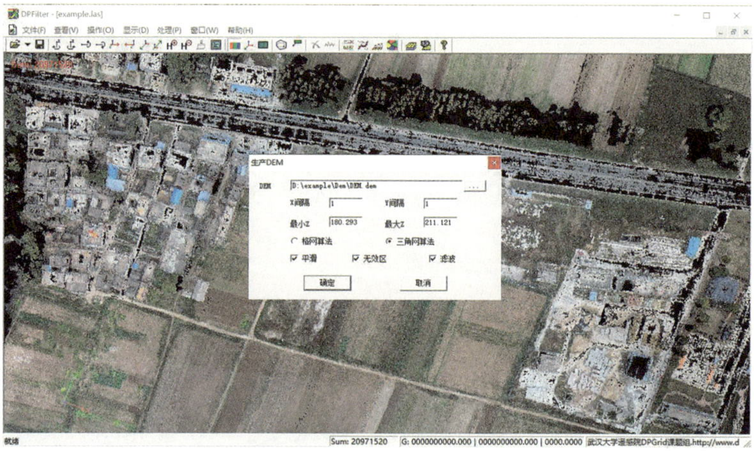

图 10-32　DEM 设置

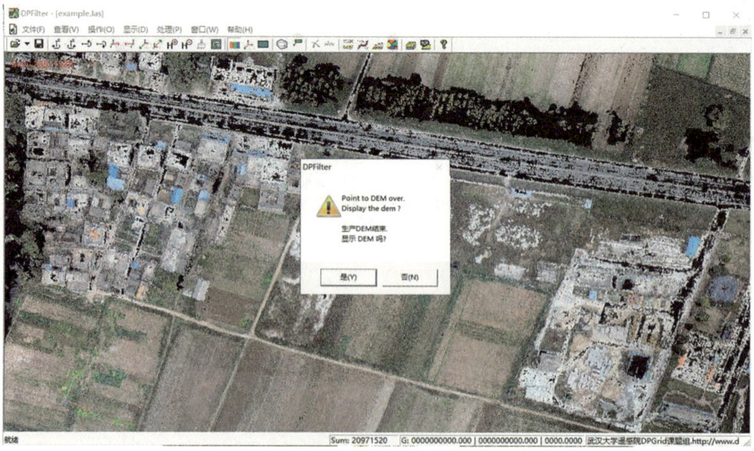

图 10-33　DEM 生成完成

3)编辑生成 DEM

(1)鼠标左键单击菜单栏中的“DEM 生产(E)”,选择“DEM 编辑”,弹出“DPDemEdt”界面,如图 10-34 所示。

(2)打开需要编辑的 DEM,在界面左下角“Stereo Images Pair”列表空白处,单击鼠标右键,选择“测区”,如图 10-35 所示。

码 10-2　DEM 生产

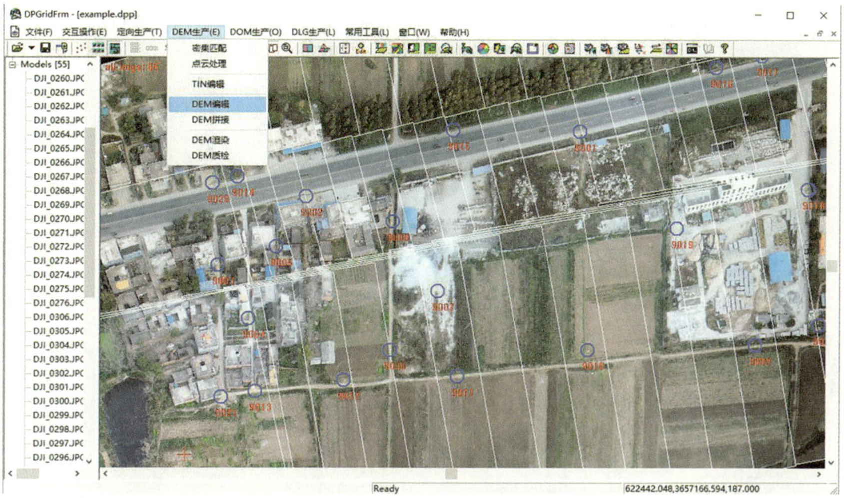

图 10-34　编辑 DEM

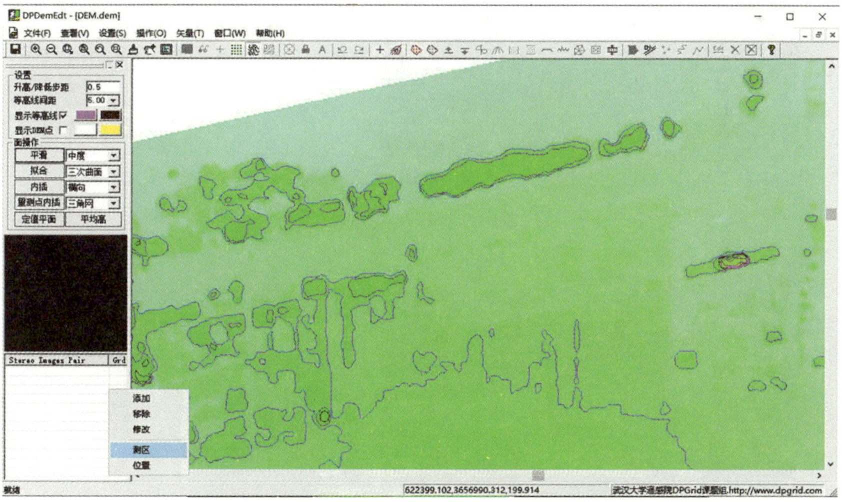

图 10-35　打开 DEM 测区

(3)在弹出的页面,选择工程路径下 DPP 格式文件,点击“打开”,左下角显示导入的立体像对,如图 10-36 所示。

(4)鼠标左键双击一组像对,右边弹出模型和 DEM 渲染图窗口;戴上红蓝(绿)眼镜,选择区域,并通过面操作功能对 DEM 进行编辑,如图 10-37 所示。

(5)切换其他像对继续编辑,直至任务区域所有 DEM 都无问题;编辑完成后,鼠标左键单击菜单栏中的“文件(F)”,选择“保存(S)”及“退出(X)”,如图 10-38 所示。

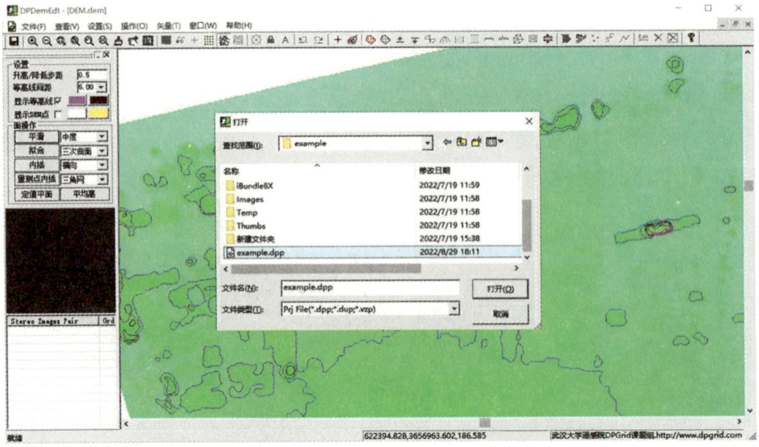

图 10-36　测区文件格式

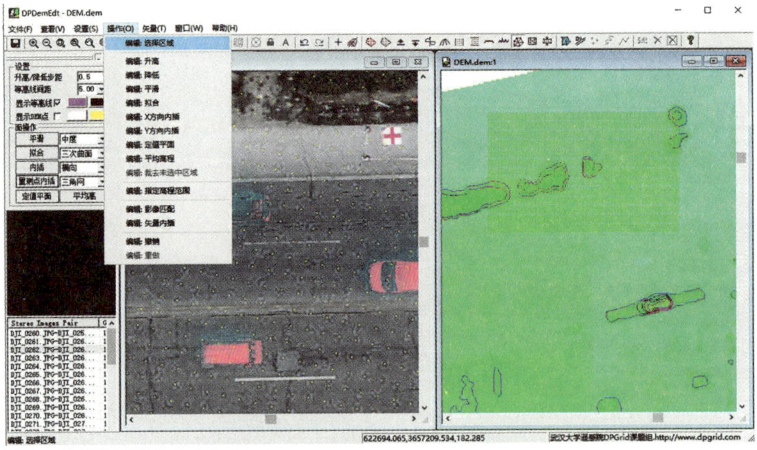

图 10-37　DEM 编辑界面

图 10-38　保存 DEM 编辑成果

7. 数字正射影像 DOM

1) 正射生产

(1) 鼠标左键单击菜单栏中的"DOM 生产(O)",选择"正射生产",系统弹出生产正射影像界面,如图 10-39 所示。

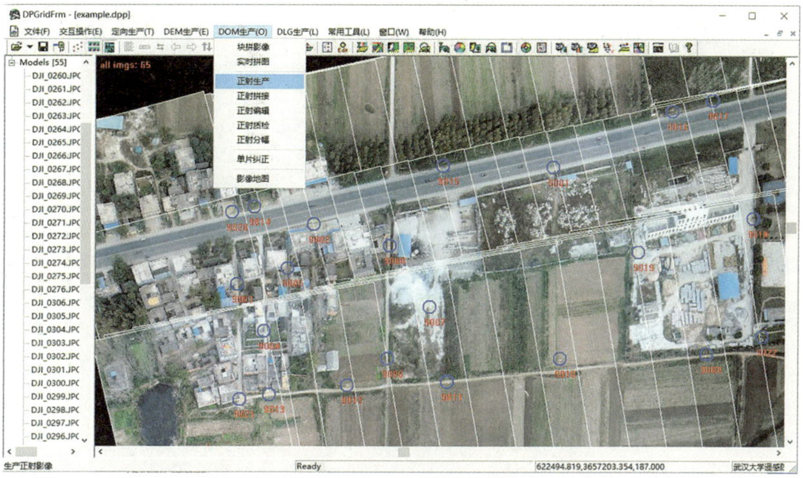

图 10-39　正射生产

(2) 选择编辑保存的 DEM 成果,修改正射影像输出分辨率为 0.1(此值根据成图比例尺可做调整),单击"确认",如图 10-40 所示。

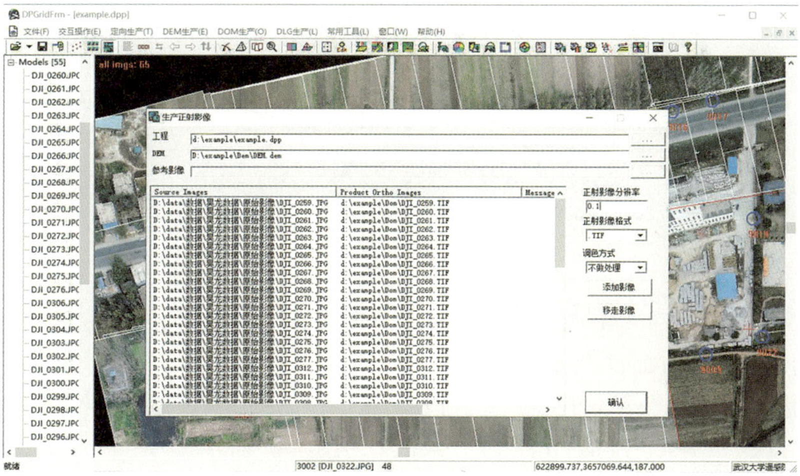

图 10-40　修改输出分辨率

2) 正射拼接

(1) 鼠标左键单击菜单栏中的"DOM 生产(O)",选择"正射拼接",系统弹出"DPMzx"界面,如图 10-41 所示。

(2) 鼠标左键单击菜单栏中的"文件(F)",选择"新建(N)",弹出"参数设置"对话框,如图 10-42 所示。

码 10-3　DOM 生产

图 10-41　正射拼接

图 10-42　新建 DOM

(3)将文件存放到工程的根目录 DOM 下,命名为 PJYX,单击打开;其他参数默认不变,单击“确认”,如图 10-43 所示。

(4)鼠标左键单击菜单栏中的“文件(F)”,选择“添加影像”(或鼠标左键单击工具栏中的“添加影像”),弹出“Select Images”界面,如图 10-44 所示。

(5)选择 DOM 文件夹下的所有单片正射影像,单击“打开(O)”,如图 10-45 所示。

3)拼接线生成及编辑

(1)鼠标左键单击菜单栏中的“处理(P)”,选择“生成 拼接线”(或鼠标左键单击工具栏中的“生成 拼接线”),生成拼接线,如图 10-46 所示。

(2)单击“编辑 拼接线”,直至任务完成,如图 10-47 所示。

4)拼接线成果输出

鼠标左键单击菜单栏中的“处理(P)”,选择“输出 拼接线”(或鼠标左键单击工具栏

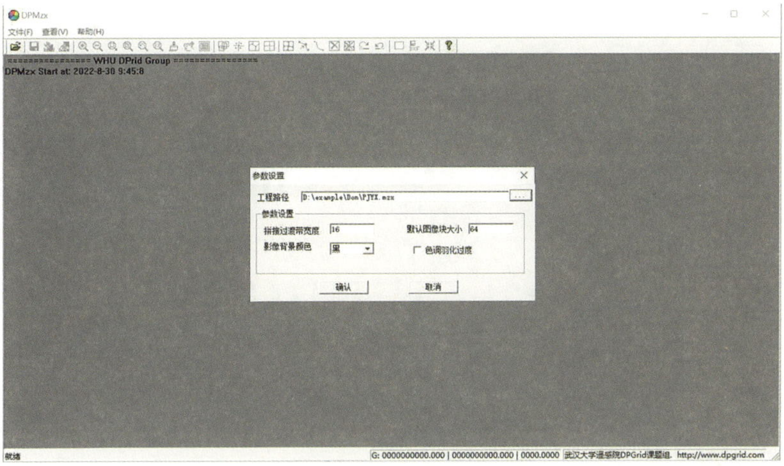

图 10-43　DOM 存放路径设置

图 10-44　添加影像

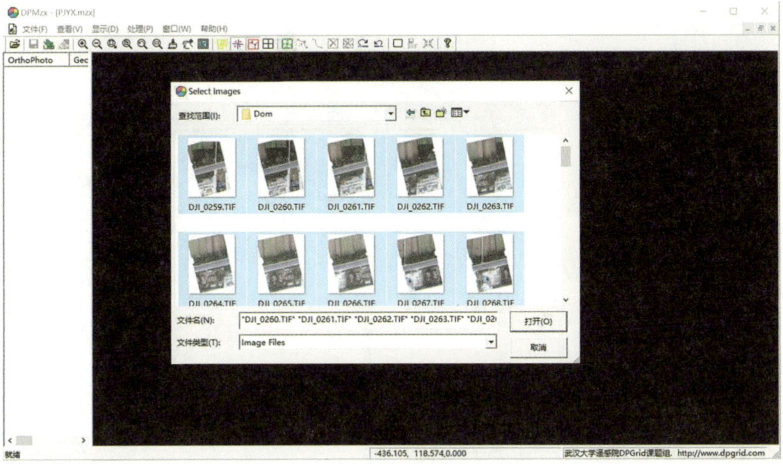

图 10-45　选择正射影像

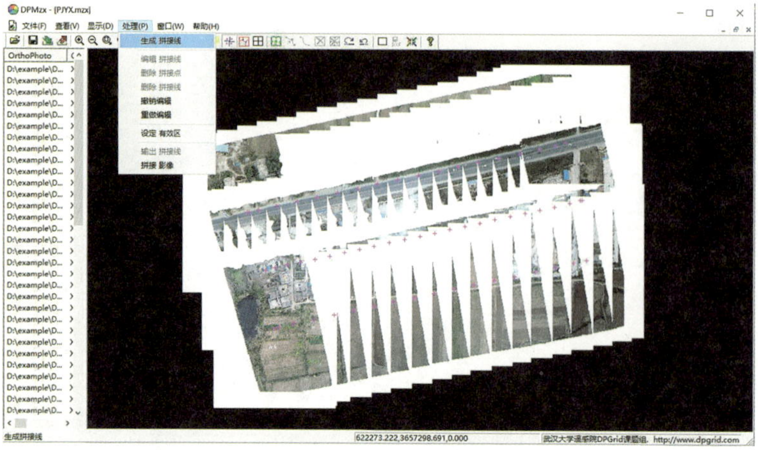

图 10-46　生成拼接线

图 10-47　编辑拼接线

中的“输出拼接线”),作为成果进行保存,命名为 PJX. dxf(注意:不能是中文、空格等特殊符号),如图 10-48 所示。

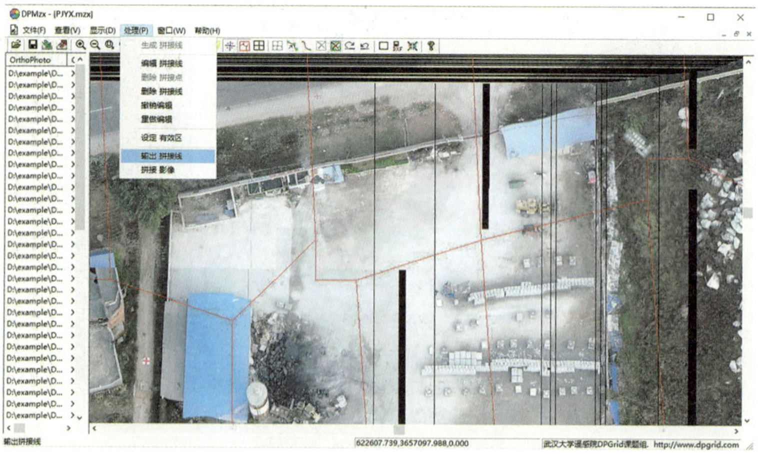

图 10-48　输出拼接线

5)正射影像输出

(1)鼠标左键单击菜单栏中的“处理(P)”,选择“拼接 影像”(或鼠标左键单击工具栏中的“拼接 影像”),如图 10-49 所示。

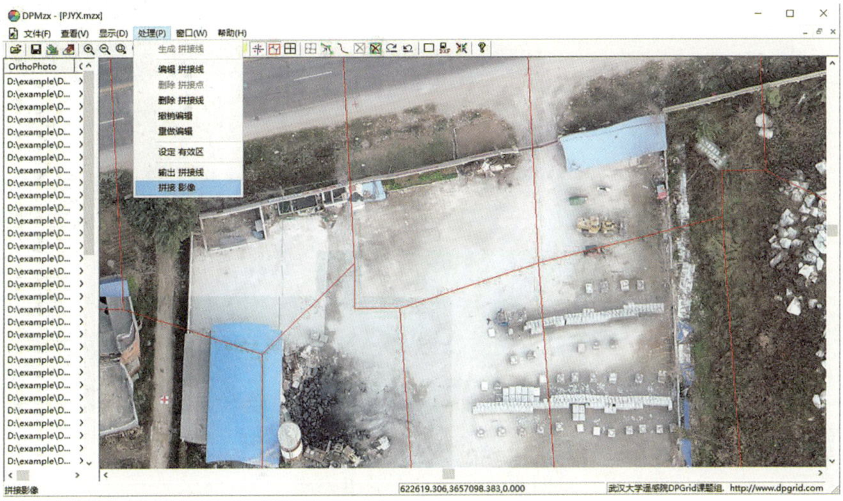

图 10-49　拼接影像

(2)弹出“另存为”界面框,命名为 DOM(注意:不能是中文、空格等特殊符号),文件格式设置为 TIFF(根据成果要求可做调整),如图 10-50 所示。

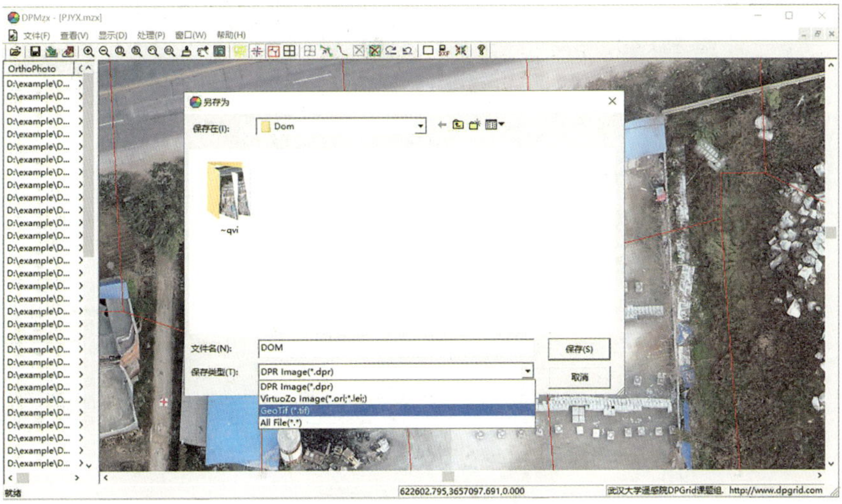

图 10-50　DOM 存放格式

(3)在弹出的对话框中选择“是(Y)”;关闭“DPMzx”界面,回到主界面,如图 10-51 所示。

8. 数字线划地图 DLG

1)新建矢量文件

(1)鼠标左键单击菜单栏中的“DLG 生产(L)”,选择“立体影像测图”(或鼠标左键单击工具栏中的“立体测图”),弹出“DPDraw”界面,如图 10-52 所示。

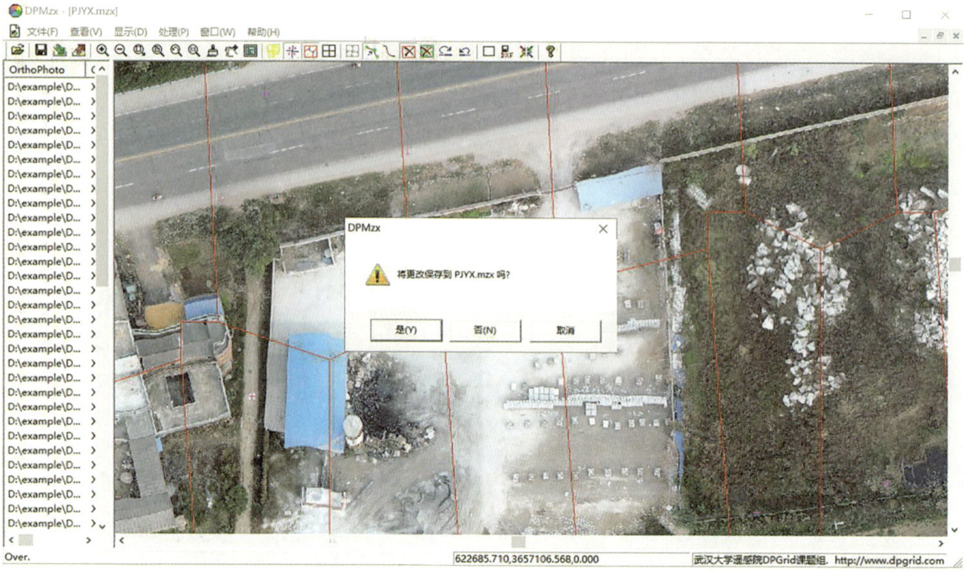

图 10-51　DOM 输出完成

图 10-52　DLG 生产

（2）鼠标左键单击菜单栏中的“文件(F)”，选择“新建(N)”，弹出“图幅参数”界面，如图 10-53 所示。

（3）在图幅参数界面设置符号比例为 1∶1 000，高程点小数位为 2，将“起点 *X*”“起点 *Y*”“右上 *X*”“右上 *Y*”，按照测图范围进行设置（注意：以上参数可根据要求做调整），设置完后单击“保存”，弹出打开对话框，如图 10-54 所示。

（4）将矢量文件保存在工程根目录下，命名为 DLG，单击“打开(O)”，弹“DPDraw”界面，如图 10-55 所示。

图 10-53　新建 DLG

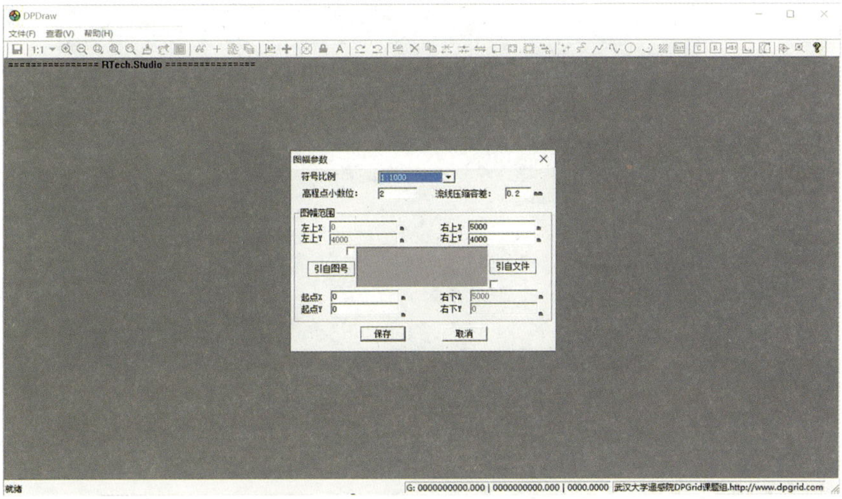

图 10-54　新建 DLG 参数设置

(5)在界面左下角“Stereo Images”列表空白处，单击鼠标右键，选择“测区”，如图 10-56 所示。

(6)在弹出的页面，选择工程路径下 DPP 格式文件，单击“打开(O)”，左下角显示导入的立体像对，如图 10-57 所示。

(7)鼠标左键双击一组像对，弹出“DPDraw”对话框，选择“是(Y)”，右边弹出“模型和矢量”窗口，如图 10-58 所示。

2)地物采集

(1)戴上红蓝(绿)眼镜，通过鼠标滚轮调整测标高程，鼠标左键单击左上角的符号面板，选择判绘的正确符号，在模型上采集对应的地物、地貌，一个模型完成后，继续用其他模型采集地物、地貌，如图 10-59 所示。

(2)依据成果需求，采集点、线、面构成的地物类型，如图 10-60 所示。

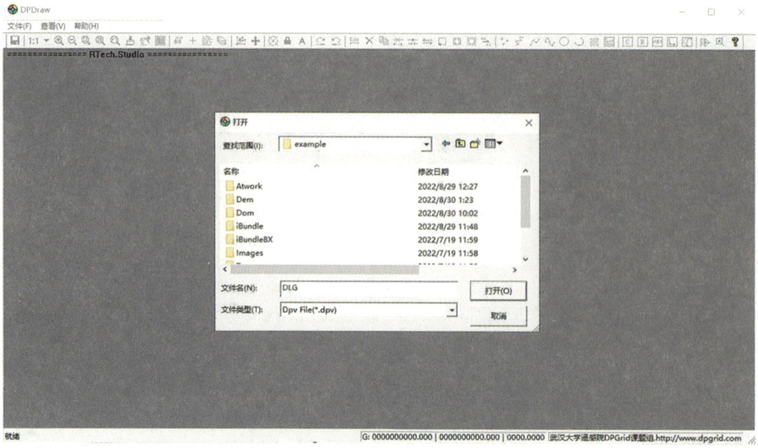

图 10-55　设置 DLG 存放路径

图 10-56　选择测区

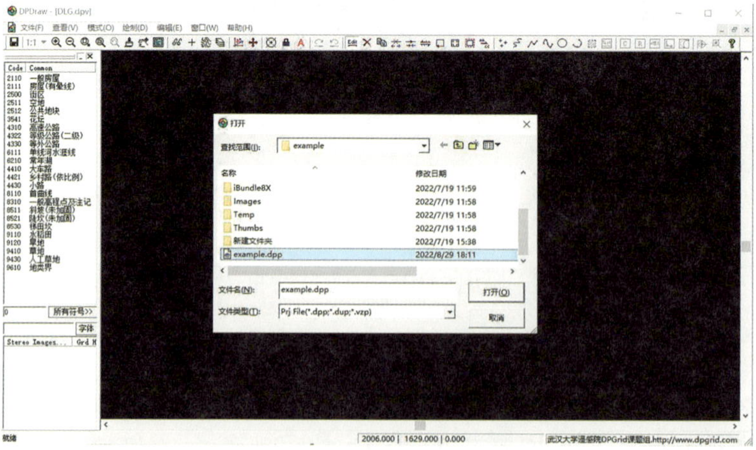

图 10-57　测区文件格式

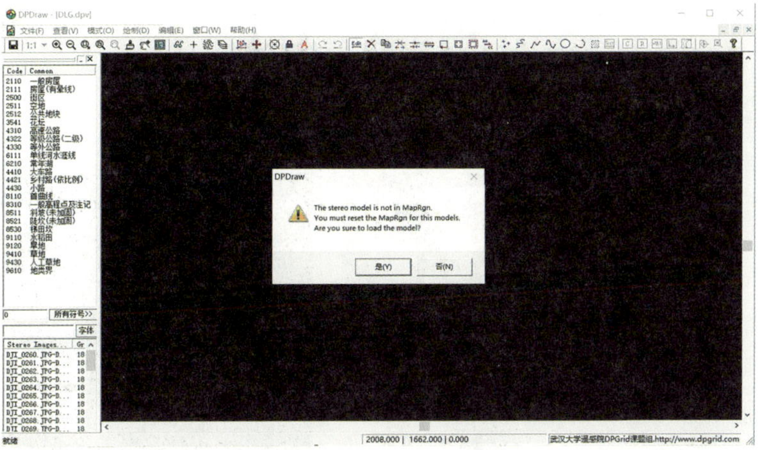

图 10-58　选择像对

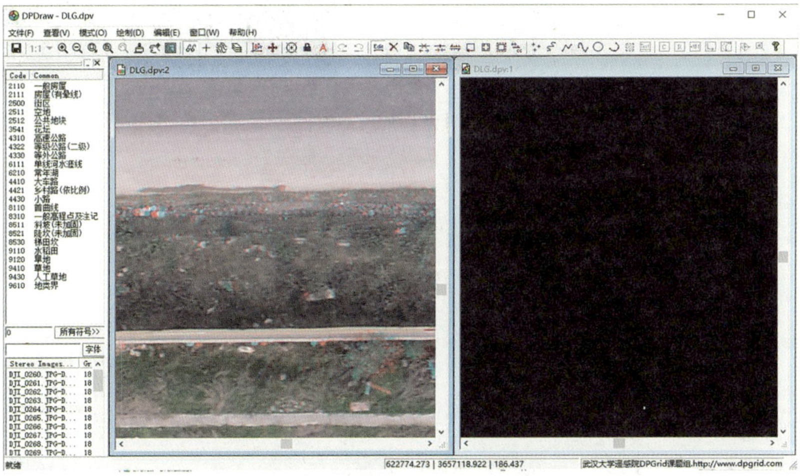

图 10-59　DLG 采集流程

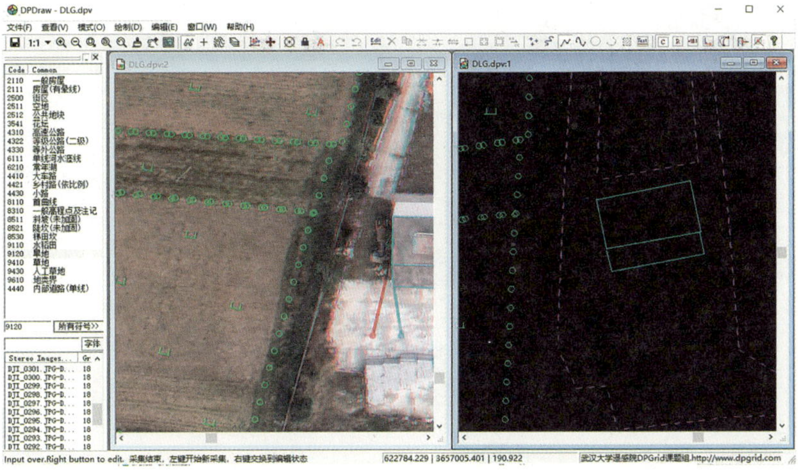

图 10-60　DLG 采集界面

(3)完成所有规定的地物、地貌的绘制后,鼠标左键单击菜单栏中的“文件(F)”,选择“保存(S)”及“退出(X)”,如图 10-61 所示。

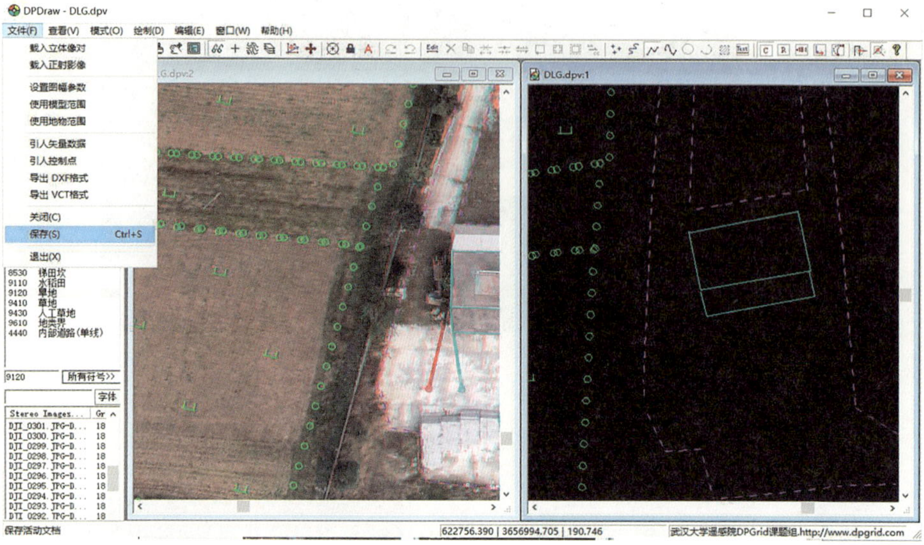

图 10-61　DLG 保存流程

3)整饰出版

(1)鼠标左键单击菜单栏中的“DLG 生产(L)”,选择“整饰出版”(或鼠标左键单击工具栏中的“整饰出版”),弹出“DPPlot”界面,如图 10-62 所示。

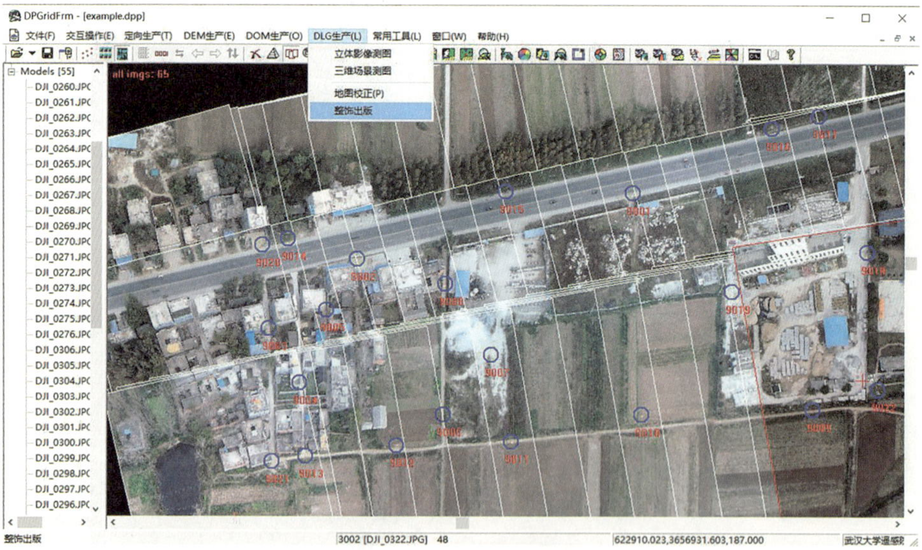

图 10-62　整饰出版

(2)鼠标左键单击菜单栏中的“文件(F)”,选择“打开(O)”,弹出“打开”界面,如图 10-63 所示。

(3)在弹出的界面中选择 DLG 生产中保存的.dpv 格式的矢量文件,如图 10-64 所示。

(4)鼠标左键单击菜单栏中的“设置(S)”,选择“设置图廓参数”(或鼠标左键单击工

图 10-63　打开 DLG 矢量文件

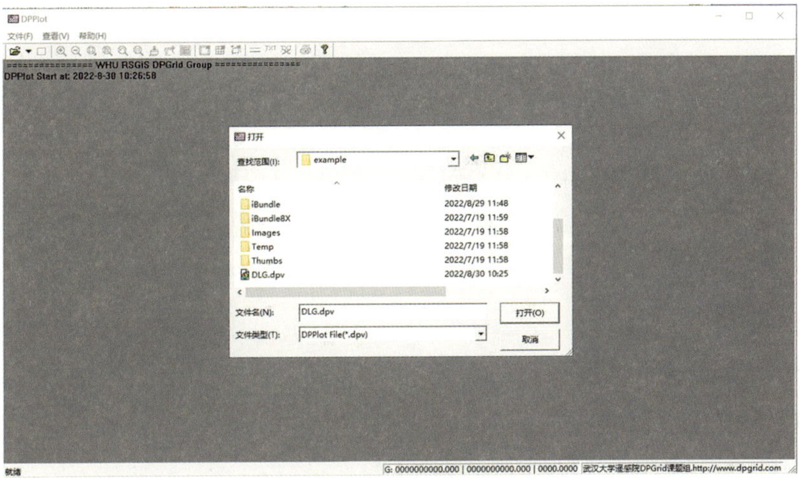

图 10-64　DLG 矢量文件格式

具栏中的“设置图廓参数”)设置,如图 10-65 所示。

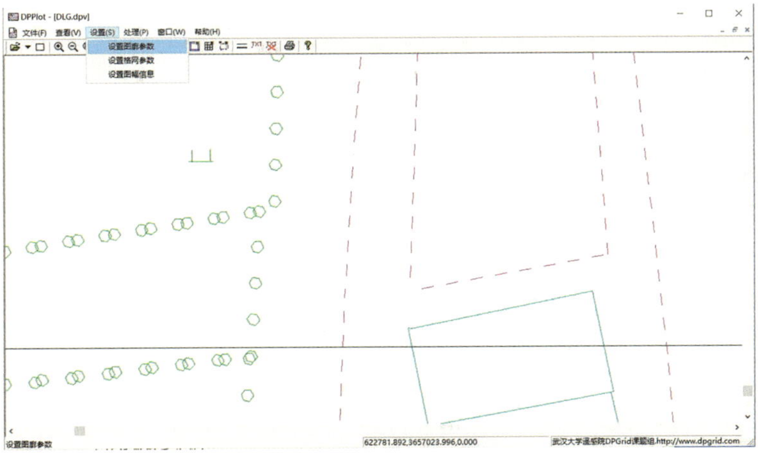

图 10-65　设置图廓参数

(5)鼠标左键单击菜单栏中的“设置(S)”,选择“设置格网参数”(或鼠标左键单击工具栏中的“设置格网参数”),按照要求对格网进行设置,如图 10-66 所示。

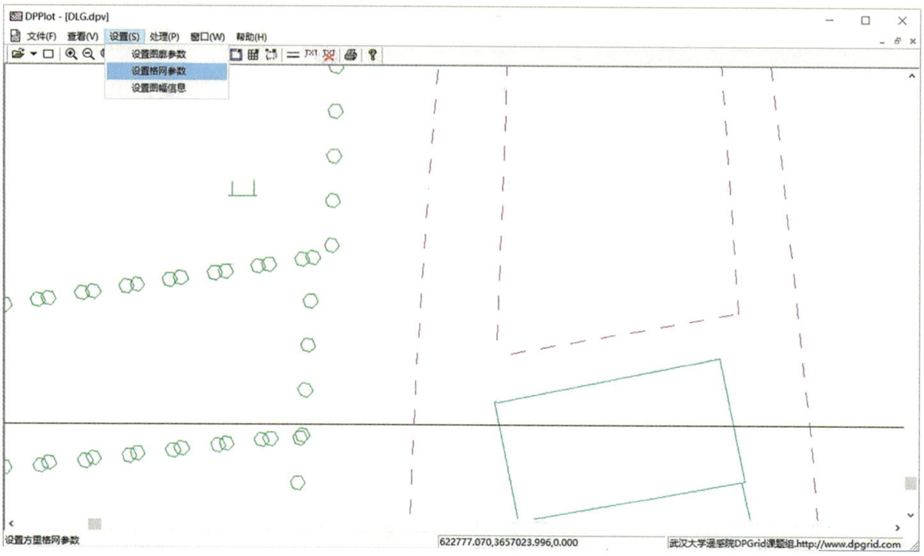

图 10-66　设置网格参数

(6)鼠标左键单击菜单栏中的“设置(S)”,选择“设置图幅信息”(或鼠标左键单击工具栏中的“设置图幅信息”),如图 10-67 所示。按照要求对图名、图号、地区、版权单位进行设置,核查比例尺数值,不勾选结合图表选项(以上参数可根据要求进行调整),单击“确认”。

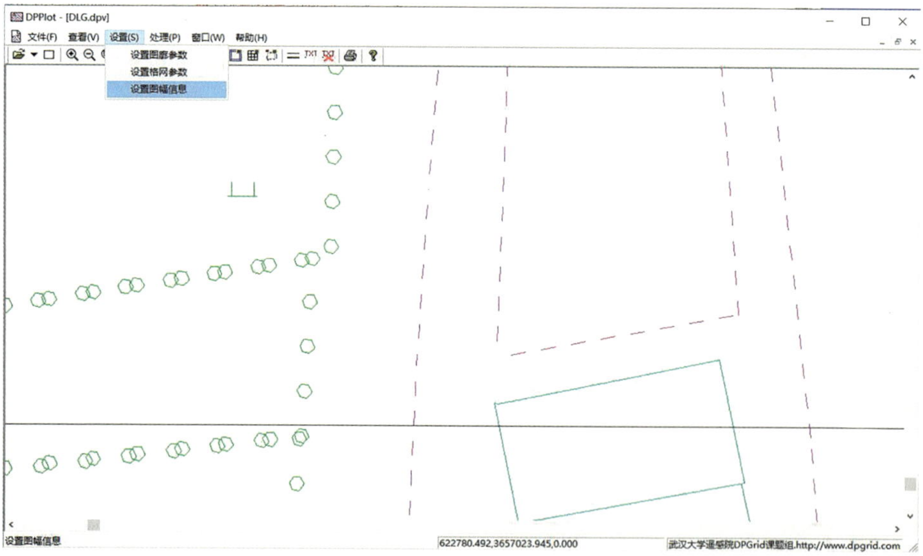

图 10-67　设置图幅信息

(7)鼠标左键单击菜单栏中的“处理(P)”,选择“输出结果”(或鼠标左键单击工具栏中的“输出结果”),弹出输出成果图对话框,命名为 DLG,如图 10-68 所示。

(8)文件的格式设置为. jpg,单击“确定”,弹出“DPPlot”对话框,如图 10-69 所示。

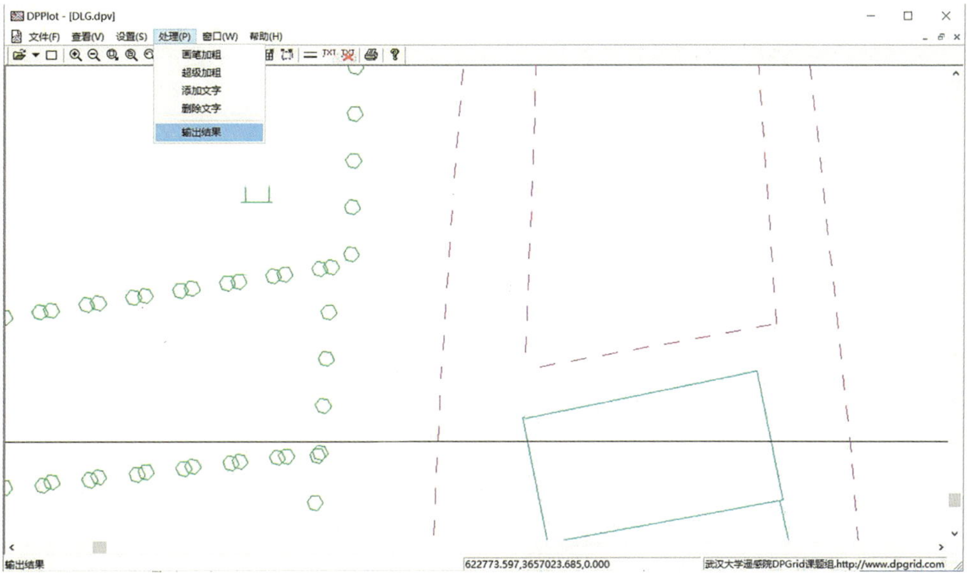

图 10-68　成果输出

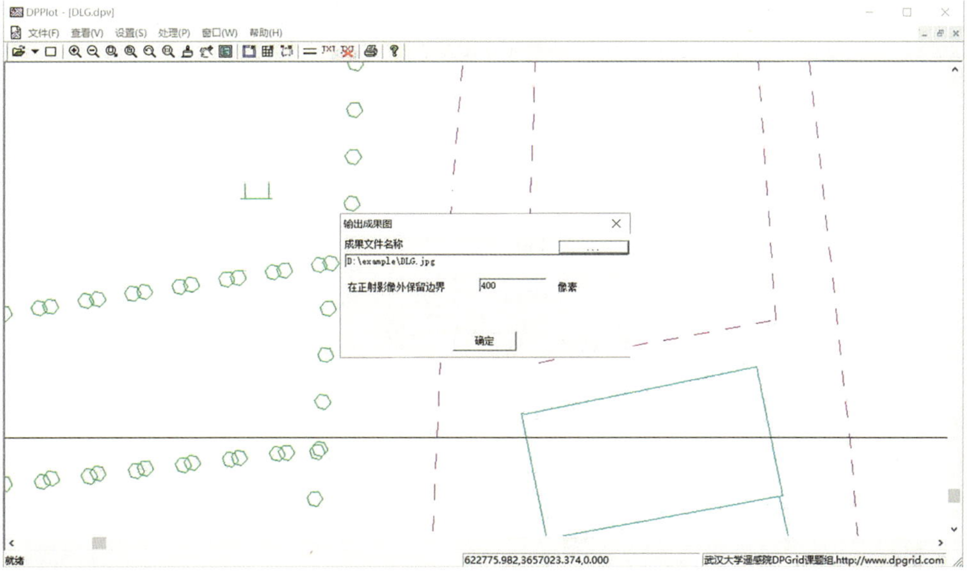

图 10-69　DLG 保存格式

(9)单击“是(Y)”,弹出“DPviewer”界面查看整饰成果,如图 10-70 所示。

码 10-4　DLG 制作

四、任务考核

参考《基础地理信息数字成果 1∶500 1∶1 000 1∶2 000 生产技术规程 第 1 部分:数字线划图》(CH/T 9020.1—2013)和《国家基本比例尺地图图式 第 1 部分:1∶500 1∶1 000 1∶2 000 地形图图式》(GB/T 20257.1—2017),以成

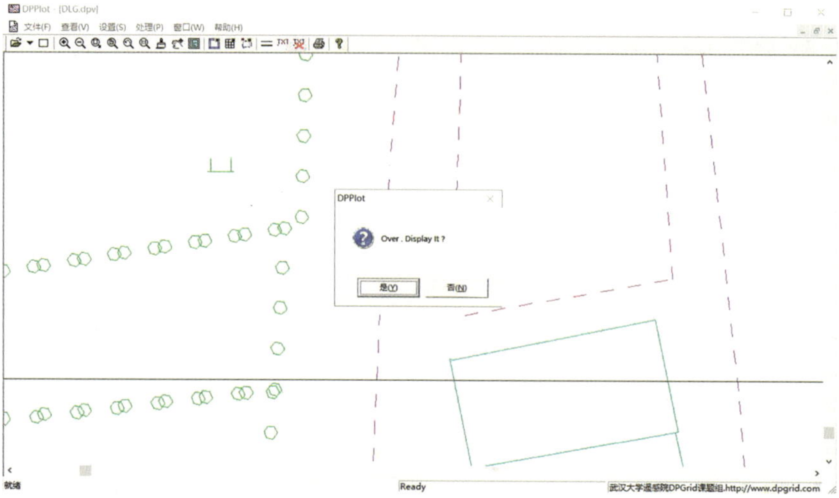

图 10-70　查看 DLG 整饰成果

果质量为考核核心,兼顾实践教学实际情况制订任务考核标准(见表 10-1)。

表 10-1　DLG 采集编辑任务实施考核标准

序号	内容	说明	比例/%	分项成绩	总成绩
1	考勤	出勤率、纪律情况	10		
2	实践报告	实践活动形成的技术报告	10		
3	实践成果	空三	10		
4		DEM	20		
5		DOM	20		
6		数字线划图	20		
7		质量报告	10		

注:成果质量报告有明显错误者,综合成绩判定为不合格。

五、学习资源

相关规范:

(1)《基础地理信息数字成果 1∶500 1∶1 000 1∶2 000 生产技术规程 第 1 部分:数字线划图》(CH/T 9020. 1—2013);

(2)《国家基本比例尺地图图式 第 1 部分:1∶500 1∶1 000 1∶2 000 地形图图式》;(GB/T 20257. 1—2017);

(3)《1∶500 1∶1 000 1∶2 000 地形图航空摄影测量内业规范》(GB/T 7930—2008);

(4)《测绘成果质量检查与验收》(GB/T 24356—2023);

(5)《摄影测量与遥感术语》(GB/T 14950—2009)。